写给孩子的**昆虫记**

Fabre.J.H.

写给孩子的
昆虫记
草丛奏鸣曲

［法］法布尔 著

王光波 编译

江西美术出版社
全国百佳出版单位

图书在版编目（CIP）数据

写给孩子的昆虫记. 草丛奏鸣曲 /（法）法布尔著；
王光波编译. -- 南昌：江西美术出版社，2023.2
　ISBN 978-7-5480-8715-1

　Ⅰ. ①写… Ⅱ. ①法… ②王… Ⅲ. ①昆虫学—儿童
读物 Ⅳ. ①Q96-49

中国版本图书馆 CIP 数据核字（2022）第 126338 号

出 品 人：刘　芳
企　　划：北京江美长风文化传播有限公司
责任编辑：楚天顺　朱鲁巍　　策划编辑：朱鲁巍
责任印制：谭　勋　　　　　　封面设计：韩　立

写给孩子的昆虫记·草丛奏鸣曲
XIE GEI HAIZI DE KUNCHONGJI · CAOCONG ZOUMINGQU

［法］法布尔 著　王光波 编译

出　　版：江西美术出版社
地　　址：江西省南昌市子安路 66 号
网　　址：www.jxfinearts.com
电子信箱：jxms163@163.com
电　　话：010-82093785　　0791-86566274
发　　行：010-58815874
邮　　编：330025
经　　销：全国新华书店
印　　刷：河北松源印刷有限公司
版　　次：2023 年 2 月第 1 版
印　　次：2023 年 2 月第 1 次印刷
开　　本：880mm×1230mm　1/32
总印张：16
ISBN 978-7-5480-8715-1
定　　价：148.00 元（全 4 册）

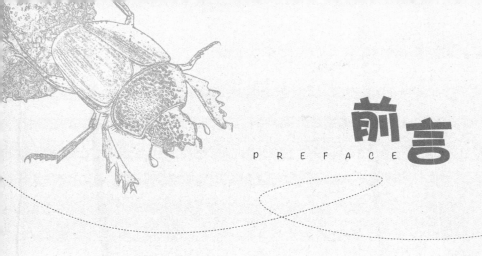

19 世纪末 20 世纪初的法国，一本集自然科学和人文关怀于一体的昆虫百科全书——《昆虫记》出版了。全书共 10 卷，长达二三百万字。在《昆虫记》中，作者将专业知识与人生感悟熔于一炉，娓娓道来，在对各种昆虫的特征和日常生活习性的描述中体现出作者对生活世事特有的眼光，字里行间洋溢着其对生命的尊重与热爱。该书一出版便立即成为畅销书，法布尔也因此书于 1910 年获得诺贝尔文学奖的提名。

数十年间，法布尔不局限于传统的解剖和分类方法，选取了蚂蚁、蟋蟀、圣甲虫、蜘蛛、黄蜂、大孔雀蝶、蝉等读者感兴趣的昆虫，生动详尽地记录下这些小生命的体貌特征、食性、喜好、生存技巧、蜕变、繁衍和死亡，使昆虫世界成为人类获得知识、趣味、美感和思想的文学形态。1923 年，《昆虫记》

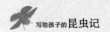

由周作人译介到中国，近一百年来一直受到国人的广泛好评，长销不衰。目前，《昆虫记》已被列入教育部语文新课标必读书目，并受到中国科普作家协会鼎力推荐。

这套《写给孩子的昆虫记》本着优中选优、独立成篇的原则，精心编选，既保留了原著的语言风格，再加上百余幅精美手绘图，让读者有身临其境之感。读完本书，可以让我们去思考很多问题，诸如该如何面对自己短暂的人生，如何让一个渺小的生命在奋斗中得以升华。

《昆虫记》的确是一个奇迹，这样一个奇迹，在地球即将迎来生态学时代的今天，也许会为我们提供更为珍贵的启示。

目录

CONTENTS

第一章

爱弹琴的蟋蟀

　　似乎所有身怀绝技的人，都无须要求工具的昂贵和复杂。当博物学家看到蟋蟀展示的歌唱工具时，他们没想到这位出类拔萃的歌唱者，使用的乐器是这样简单，和螽斯的乐器采用相同的原理：有齿条的琴弓和振动膜。

　　蟋蟀两只前翅的结构完全相同，就像是人的左右手，了解了一个就可以知道另一个。不过，它的右前翅除了裹住体侧的褶皱外，几乎把左前翅完全遮住。这与绿色蝈蝈儿、白额螽斯和距螽等近亲完全相反，它们是左撇子，而蟋蟀是右撇子。那么，就让我从右前翅开始说起吧。蟋蟀的右前翅几乎完全贴在背上，这个部分的翅脉比较粗壮，呈深黑色；在侧面，它突然折成直角斜落，将身体紧紧裹住，这部分的翼上有细细的翅脉，斜着平行排列。整个前翅好像是一幅抽象画，让人猜不出画的主题。

　　除了左右两只前翅相交的两点之外，前翅是透明的，呈非常淡的棕红色。前面的呈三角形，大一些；后面的呈椭圆形，小一

些。这两处是蟋蟀的发声部位，细薄透明，上面都有一条粗壮的翅脉和一些细微的翅脉纹。前面的一块镶嵌着四五条人字形的皱纹；后面的一块则画着弓形的弧线。

蟋蟀的这两个部位与螽斯的镜膜有些类似。蟋蟀的前部镜膜比较光滑，被歌唱者涂上了一抹橘红色。两条翅脉呈平行的曲线状，将前部镜膜与后面分隔开来；它们之中的一条翅脉，是精致的锯齿状，约有一百五十个三棱柱状的锯齿，这就是蟋蟀的琴弓。两条翅脉之间有凹陷，其间排列着五六条黑色的横脉，让人想起楼梯的梯级。这些小小的梯级就是摩擦脉，左前翅和右前翅一模一样。摩擦脉在演奏中发挥着重要作用，它们增加了琴弓的接触点，从而加强了振动。

蟋蟀的乐器确实比白额螽斯的精巧许多：白额螽斯只有一个柔弱的镜膜；而蟋蟀的琴弓上雕刻着多达一百五十个三棱柱锯齿，它们与左前翅的摩擦脉相啮合，四个扬琴同时弹奏，下面的两个直接靠摩擦发声，上面的两个由于摩擦脉的振动发音。白额螽斯的歌声是低吟浅唱，它的声音只有在几步远的地方才能听得到；但是蟋蟀的歌声十分洪亮，甚至在几百米远的地方也能听到它高亢的歌声。这让我想起了底气十足的美声歌唱家，无须辅助的扩音设备，就能让浑厚的声音响彻整个剧场。

在我国北方，蝉用嘶哑的歌声赢得了人们的赞誉；蟋蟀的歌声和蝉相比毫不逊色，甚至比蝉更胜一筹。蟋蟀的歌声更加清亮、更加细腻，蝉重复着"知了知了"的单调曲子，蟋蟀却懂得抑扬顿挫。它的前翅在侧面伸出，形成一个宽边。宽边放低或者抬高，就会改变与腹部接触的面积，从而使得声音的强度产生变化。蟋蟀就是利用这个制振器，调节声音的大小高低，时而放情高歌，时而低柔清唱。

我在前面讲到过，蟋蟀的两只前翅一模一样，完全对称，但是我所见到的蟋蟀都是右撇子，用处在上方的右边的琴弓拉琴。而左边的琴弓似乎毫无用处，它没有放在任何东西上，不能和任何地方接触发音。

那么，会不会有聪明的蟋蟀交替使用这两把琴弓，用一把、歇一把，以此来延长演出的时间呢？或许，至少会有一种蟋蟀是例外的左撇子，用结构相同的左琴弓拉琴吧？然而，事实与我的猜测完全相反。我观察了许多的蟋蟀，它们都安分地遵循这条普遍的规则，没发现一个例外的左撇子。

我还是不明白，既然两只前翅完全对称，所需要的演奏工具和右前翅是完全一样的，那么，只要把原来处于下方的左前翅移到上方来，就能用它演奏出和右琴弓一样的曲调。既然蟋蟀自己没有发现这个问题，那么我就试试用人为的方法来帮助它们利用这把闲置的琴弓吧。

我设法将蟋蟀的左前翅挪到右前翅上面，我小心翼翼地拿着镊子，大气也不敢喘，生怕手上一哆嗦弄伤了我的实验对象。还好，我的耐心和小心帮助我顺利完成了任务，左前翅终于压在右前翅上面了，而且蟋蟀脆弱的胳膊没有脱臼，细嫩的翅膜也没有

损伤，就好像它生来就是长成这样的，对于这次改造我非常满意。下面，就等待着整形后的蟋蟀用左琴弓拉出美妙的歌曲了。

然而，事情并没有朝着我所期望的方向发展。蟋蟀刚开始的时候还比较平静，但是没过多久，就对整形手术产生排异反应，费劲地将翅膀扳回原位。我又反复地试了几次，但是，蟋蟀都不能够接受这样的改变，最后，面对蟋蟀的顽强坚持，我终于放弃了。

我想，也许是因为成年蟋蟀的翅膜已经僵硬，纹理已经形成，所以无法接受突然的改变；那么，如果我从翅膀发育的初始时期就对它进行改造呢？如果翅膀从一开始就按照左前翅在上、右前翅在下的样子自然生长，蟋蟀会不会顺应这样的形势，改用左琴弓弹奏呢？

于是，我找来了蟋蟀的幼虫，留心它的羽化，这是它再生的

重要时刻。此时的歌唱家，它的乐器还是稚嫩的四个小薄片，又短又小，还开着叉。我严密地监视着它的变化，终于等到了蜕皮。我清楚地记得，五月初的一个上午，大概十一点钟，一只幼虫褪去了它的旧衣，换上了一身栗红色的衣服，但前后翅是纯白色的。刚刚蜕皮的蟋蟀，翅膀又小又皱。后翅一直是退化的样子，前翅则开始慢慢展开、变大。起初，左右前翅还很小，没有相互接触到，是在一个平面上生长的；它们长得很慢，看不出来谁要盖住谁。慢慢地，两只翅膀的边缘碰到了一起，眼看着右前翅就要盖住左前翅了，到了我进行改造的时刻了。

为了保护这些稚嫩的薄翼，我抛弃了硬邦邦的镊子，选择一根草作为手术工具。我轻轻地将左前翅扳到右前翅的上面，但是小蟋蟀挣扎了一下，又给扳回了原位；我耐心地再一次将左前翅挪上来。这一次，它没有反抗，左前翅终于叠放在右前翅的上面，尽管只盖住了不到一毫米。这次改造较之上一次更加棘手，不过我还是成功了。

随后的时间里，正如我所期盼的那样，蟋蟀的翅膀按照这种颠倒的次序生长着，左前翅终于盖住了右前翅。下午五点左右，蟋蟀的翅膀由白色变成了正常的成虫颜色，前翅终于发育成熟了。蟋蟀在我的干预下成长为一个左撇子。第二天、第三天，事情没有任何变化，看来它没有不良反应，这次整形应该说是取得了圆满成功。我们就耐心等待着这位使用左琴弓的演奏者为我们拉出美妙的音乐吧！

第三天，新歌手初次登台，等待已久的时刻终于来临。我听到几声短促的咯吱声，像是错位的齿轮相互摩擦的声音。哦，没关系，这只是演奏者在试音，在调弦，我们再等等。然而，下面的情形让我彻底失望了。整形后的左撇子还是要用它的右琴弓，前翅在颠倒的状态下已经长硬了、成形了，它还是坚持要把右前翅掰上来，弄得胳膊都脱臼了。在经历一番痛苦的挣扎之后，它终于将前翅恢复原位。

对此，我惭愧万分。我还欣喜地以为我创造出蟋蟀家族第一个左撇子演奏家，岂知将人为的推理和想象千方百计地强加给动物，最终也不能变成现实。我的那点技术和阴谋，终究抵不过蟋蟀的本能和坚强。正如我们人类大多数是右利手，不过牛顿、富兰克林、居里夫人，他们都是左利手的最佳代表。如果，除了罕见的例子外，左手能像右手一样灵活有力，那该多好啊！

可是，通过对蟋蟀的观察研究，我们得知：左边在平衡方面有一个天生的缺点，这个缺点永远无法消失，只能通过后天的训练和饲育得到一定程度的修正。所以，就算我从一开始就改变了蟋蟀前翅的叠放顺序，在它演奏的时候，还是会不顾一切地将它们扳回原位。至于左边这种天生弱势的原因，要求助于胚胎学才能弄明白。

不论如何，蟋蟀还是将左琴弓闲置不用，那么，这把与右琴弓同样精巧的齿条，存在的意义又是什么呢？除了寻求对称性，我实在想不出更好的理由了。然而，这个似是而非的理由明显是

经不起质疑的。蟋蟀的近亲白额螽斯、蝈蝈儿，有的只有琴弓，有的只有镜膜，倘若它们高举前翅问道："为什么我的亲戚蟋蟀有对称性，而我们螽斯没有呢？"面对这样的质疑，我找不到合适的回答，我那原本就摇摇欲坠的理论大厦，被这小小昆虫的前翅轻轻一碰，就顷刻崩塌。

我们还是不要纠缠于左前翅的问题了，来听听蟋蟀的精彩演奏吧！它总是走出家门，在自家门口，一边沐浴着温暖的阳光，一边架起琴弓开始长久的演奏。它的琴弓发出"克利克利"的清

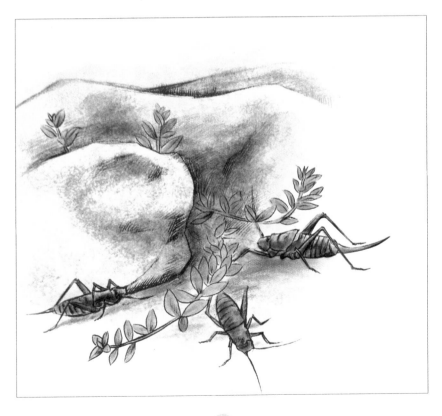

纯声响，这音乐既柔和又响亮，既圆浑又充满律动。就这样，整个春天的闲暇时光，都被这些美妙的音符染上了快乐的色调。

蟋蟀刚开始是为了自己而拉起琴弓，是为了歌唱自己的幸福生活。在它的音乐中，流淌着柔美的阳光，闪耀着甜美的露珠；它用音乐赞颂太阳的永恒，感谢大地的慷慨；每一棵青草、每一个平静的隐蔽所，都能成为它音乐的主题。当然，它也经常演唱情歌，那是献给它喜欢的女邻居的动人歌声，歌者用音符来谱写爱意。

可惜，想要在田野中、在非囚禁的状态下观察蟋蟀的婚礼，难度非常大。这种昆虫不仅深居简出，而且十分胆小。我之前的每次尝试都是白费力气。看来，我还要耐心地等待机会，等待命运女神向坚持不懈者微笑。现在，我们只好仔细观察笼子中的蟋蟀了。

蟋蟀都喜欢待在自己家里，蟋蟀先生和蟋蟀小姐不住在一起。那么，婚礼要到谁的家中举办呢？如果说，蟋蟀先生的歌声是它们双方唯一的联络方式，那么，应该是不出声的女友循着声音前往唱歌的男友家中。不过，事实恰恰相反。我根据自己的推测以及网罩中蟋蟀的现实行为，猜想雄蟋蟀很有可能有一套独特的方法，用来找寻默不作声的女友的家。

那么，雄蟋蟀又是何时出发的呢？胆小的它选择在夜幕降临时悄悄启程。然而，这种夜间出行对它来说艰险万分。它平时足不出户，唱歌也只是在自己家门口，可以说，它对外面的世界一

无所知，没有任何旅行经验的它基本上是个路痴。尽管路途只有二十步，对于它来说无异于长途跋涉；在千辛万苦找到女友的家之后，它要怎么回来呢？

这位夜间旅行者的命运真是令人担忧啊！它很有可能找不到自己的家了；而且，完成了人生大事之后，它也没有力气再给自己挖一个新的洞穴了。它会流离失所，四处流浪。如果不是在网罩中，而是在田野里，筋疲力尽的它多半会成为夜间巡查的蟾蜍的夜宵。

不过，即使面临着这么大的危险，雄蟋蟀还是义无反顾地前往女友的家，在伸手不见五指的黑夜中，翻山越岭，来到女友家门口的空地上，去完成它传宗接代的任务。

虽然我们现在所了解的资料，只有网罩中发生的那点现实情况和对田野中发生的事的推测，但还是简要叙述出了事情的全部过程。我在一个网罩里放了好几对蟋蟀，它们相处和睦，四处溜达，好像没有建造永久住所的计划，只是蜷缩在一片生菜叶下面。

不过，邻里之间的和睦很快被求偶期的争风吃醋取代，情敌之间经常发生激烈的争吵。它们面对着面，脸上似乎都带着妒忌的神情，或许不久之前它们还是一起歌唱的好兄弟，然而现在，它们将要为了爱情而大打出手。它们扭打在一起，互相咬住对方的头。战斗结束后，失败者灰溜溜地逃跑，而胜利者则引吭高歌，扬扬得意地炫耀自己的战绩，然后又跑到女友身边，轻声唱起情意绵绵的曲调。

它描眉画眼，以取悦女友。它把一根触角拉到大颚下，卷曲起来，用唾液涂上美容剂。它还用肢体语言不断向女友示好，它那镶嵌着红色饰带的长后腿向空中猛踢。它太激动了，尽管琴弓还在迅速拉着，可是却发不出声来，或者只是一阵没头没尾的摩擦声。

然而，这激动人心的表白并没有打动它的爱人。雌蟋蟀故作矜持地跑开了。两千年前的牧歌这样唱道："它向草丛逃去，一面窥视着求婚者。"两千年后的雌蟋蟀，竟然还是使用一模一样的恋爱宝典啊！

雄蟋蟀没有就此放弃，它似乎看出了女友芳心已动。它又开始了歌唱，歌声时而灵动，时而舒缓，时而有一会儿静默的间歇。女友终于被这动情的歌声感动了，它从草丛中走出来，迎着它的男友走去。经过了多次尝试，交尾完成了。雌蟋蟀身体中涌出一个细粒，明年它将变成这对伴侣的后代。

接下来就是产卵了，这对伴侣住在了一起，却没有开始幸福美满的生活。雄性被雌性打得肢残腿断，曾经为它演奏情歌的琴弓也没能幸免，被撕得破破烂烂。昨日还是亲爱的伴侣，现在却成了讨厌的家伙。可怜的雄蟋蟀，几乎快被它的伴侣吃光了。如果不是在封闭的网罩里，而是在开阔的田野中，估计它就要逃命了。

雌蟋蟀在交配后对雄蟋蟀这种凶残的行为，我们在蝈蝈儿和白额螽斯身上都见过。这些习性告诉我们：在昆虫的世界里，

雌性才是生命活动的主
角，是真正的繁衍者和
劳动者；在昆虫的世界
里，雄性只要完成了交
配任务就该早早退出
舞台。

　　不过，就算幸运的
雄蟋蟀能够逃脱，勉强保住一条小命，也还是躲不过命运早已安
排好的终结。六月，我网罩中的小虫就全部死掉了。它们热情地
消耗掉自己储存的精力之后便是生命的干涸，是死期的临近。

　　如果雄蟋蟀被单独囚禁起来，事情就完全不同了。它们虽然
没有完成自己的人生大事，但是它们都非常长寿。普罗旺斯以及
整个南方的小孩子都喜欢把蟋蟀放在小铁丝笼子里饲养，这些被
迫单身的蟋蟀就这样一直欢快地歌唱着，一直到草地上的伙伴们
都永久地静默了，它们还在唱着。它们一直活到九月，多活了三
个月，成年之后的生命延长了一倍。

　　在这里，我插一些题外话，虽然与主题关联不大，却也十分
必要。有人说，热爱音乐的希腊人把蝉养在笼子里，听它们歌唱。
我想说，它们养的一定不是蝉，却很有可能是蟋蟀。

　　首先，用笼子养蝉是不太可能的，除非里面有一棵梧桐树或
是橄榄树；而且，蝉喜欢高飞，将它放置于一个狭小封闭的空
间里，它会厌倦郁结而死的。其次，蝉的歌声十分沙哑，对耳

朵来说，长时间听这种刺耳的鸣叫无异于找罪受；拥有娇嫩耳朵的希腊人，会喜欢这样的歌声吗？

或许，就像人们把绿色蝈蝈儿和蝉混淆一样，希腊人将蟋蟀误认是蝉了。蟋蟀深居简出，对生活空间几乎没什么要求，天生就能适应被囚禁笼中的生活。只要每天给它生菜叶吃，它就会高高兴兴地当囚犯，还会尽情地演唱着田野的欢歌。

我家附近还有三种蟋蟀，我对它们的研究不是很深入，也没有得到什么特别的结论。它们都居无定所，四处漂泊，今天住在土地的裂缝里，明天可能就躲在一堆枯草下；当然，它们似乎也不打算要建造一个永久的居所。它们使用的乐器和田野蟋蟀基本一样，只有细微的差别；歌声也是一样，只不过声音的大小程度不同而已。

这些蟋蟀中体形最为小巧的是波尔多蟋蟀，它的歌声是如此细微，以至于我耳朵的老骨膜要非常努力，才能够捕捉得到。但是，音量的大小丝毫不影响它的演奏，它毫不吝啬地敞开歌喉，在我家门前的黄杨树下歌唱。

虽然，我所居住的地区没有家蟋蟀，不能在厨房的地板缝隙里听到蟋蟀的鸣唱；不过没关系，只要你在夏夜走进田野，就能欣赏到它们演奏的交响乐。春天，田野蟋蟀迎着阳光拉起了琴弓；夏天，树蟋在静谧的星空下尽情歌唱。春日的暖阳和夏夜的恬静，它们平分这美好的季节；当田野蟋蟀收起琴弓、退下舞台，树蟋就弹奏起小夜曲。

　　树蟋又叫意大利蟋蟀，它细细瘦瘦，苍白纤弱，全无蟋蟀类所特有的笨重体形；一对大翅膀薄得让人担心，好像一口气就会被吹破。它喜欢住在高一点的地方，迷迭香、小灌木和长得高高的草，它就在这些植物上面四处漂泊，很少到地上来。

　　树蟋热爱炎热的夏夜，它是不知疲倦的夜晚歌唱家，从七月到十月，从日暮时分到深夜，它一直鸣唱着优美的小夜曲。它的交响乐团遍布田野，我们这里的每个人几乎都听到过它的音乐。然而，人们对这种习性神秘的蟋蟀知之甚少，还以为这幽雅柔美的抒情歌曲是普通蟋蟀唱的呢！其实，普通蟋蟀这时候还没长大，还不会唱歌呢。

　　请凝神细听，树蟋的音乐是"克里—依—依""克里—依—依"的声音，歌声轻柔舒缓，还带有轻微的颤音，像是温柔地拉着小提琴。爱好音乐的人可以从这音乐声中推断出，这位歌者的振动膜十分宽阔而细薄。它的歌声清朗而甜美，是田野合唱队出类拔萃的歌者。我有多少个迷人的仲夏夜啊，是躺在荒石园中，在它们优美的音乐中度过的。

　　树蟋敏感胆小，还精通腹语，想要拜访它并非易事。如果草丛里没有什么声响，它就安心地唱歌；但是哪怕有一丁点儿的风吹草动，它就改用腹语唱歌。刚才还听到它在你身旁鸣唱，突然，它的声音又从另一边传来；当你蹑手蹑脚地走到那里时，声音又从原来的地方响起；可是似乎也不对，声音的方位忽左忽右，甚至有时从后面传来。单凭听觉找到它真是太难了！我拎着提灯，

屏住呼吸，小心翼翼，才幸运地抓到了几只。我把它们关进网罩里，现在，我终于能够近距离地观察这些神秘的歌唱者了。

树蟋的乐器十分精致，两只前翅都十分宽大，是呈半透明状的薄膜，薄得就像是包糖果用的糯米纸，整块糯米纸都能够振动。前翅下部浑圆，曲线优美。翅面上有三条翅脉，一条较长的纵脉斜着镶嵌在上面，两条横脉与之垂直相交，构成丁字形。当树蟋休息时，翅缘便裹住身体的两侧。

和田野蟋蟀一样，树蟋的前翅也是右前翅压在左前翅上。在靠近臀角的部分有一块厚茧，从那儿辐射出五条翅脉，两条朝上，两条朝下，第五条差不多是横向的，略成棕红色。这些翅脉上还横向排列着细小的锯齿，这就是树蟋的琴弓。前翅的其他地方还有另外几条相对较细的翅脉，这些翅脉不参与摩擦活动，只是把薄膜绷紧。左前翅的结构与右前翅的一样，只有细微的差别：左边的琴弓、厚茧和厚茧辐射出来的翅脉，是位于上部的。

左琴弓和右琴弓彼此倾斜交叉，当树蟋唱出最洪亮的歌声时，两把琴弓都高高竖起，彼此只是内缘相接触。这时，一把琴弓斜着与另一把琴弓相啮合，相互摩擦着，使绷紧的两片薄膜振动，发出鸣响。

那么它又是怎样巧妙地使用这两把琴弓，制造出声音的幻觉，来迷惑我们的耳朵呢？首先，它可以发出不同的声音，每把琴弓在另一个前翅的厚茧上摩擦是一种声音，在四条光滑的辐射翅脉上摩擦就是另一种声音了。这样一来，我们根据听觉的判断，就认为歌声似乎不是在原来的地方，而是突然将位置变换到了别处。

其次，它还善于改变音量的强弱高低，进而误导耳朵对歌声距离远近的判断。它想要高声歌唱时，就将前翅完全竖起；它想要压低声音时，就把前翅多多少少放下些。当前翅放下时，外缘也不同程度地压在它柔软的侧部，振动部分的面积相应缩小，声音也因此减弱了。

田野蟋蟀及其同属的歌者，也懂得这种调节音量的方法；可是，在声音的迷惑性方面，没有哪位歌者能够超过意大利蟋蟀。我们的乐器中也有制振器，也有弱音器；但是，意大利蟋蟀的乐器结构更简单，效果也不错，完全可以和我们的乐器相媲美，甚至比我们的乐器更好。

这位精通音乐的演奏家，只要感觉到一点风吹草动、感觉到一点不安全，它就把振动片的边缘放在柔软的腹部，声音忽远忽近，让想要抓它的人迷惑不解，不知道它到底躲在什么地方。只要你以一个倾听者的身份，而不是捕猎者的角色，静静地不打扰它的演唱，它清纯的音乐就会一直在迷迭香丛中回响。

夏天，我喜欢在夜深人静的时候，来到荒石园，躺在草地上。不是为了看头顶星光熠熠的银河，而是为了听蟋蟀们的歌唱。在这里，我忘记了尘世的喧嚣，也忘记了生活的烦恼，整个身心都沉醉在蟋蟀们动听的交响乐中。这是一个阵容多么庞大的交响乐团啊！那些开着红花的岩蔷薇，那些枝叶摇动的野草莓树，都是

它们的舞台；每一簇迷迭香上都有自己的小提琴手，每一束薰衣草上都有自己的抒情歌者。

这些田野中的小生命啊，它们忘情地歌唱着自己的欢乐；我徜徉在这生命的合唱里，甚至忘记了头顶那条璀璨的银河。天上的星星望着我们，但是目光中没有生命的悸动；它们光彩熠熠，却没有生命的色彩；它们辽阔宽广，却没有滋养生命的土壤。生命的快乐，它们感受不到；生命的苦痛，它们也无从知晓。

科学会告诉我们星星们的秘密，科学会告诉我们它们为什么闪闪发光，是凭借自己的力量，还是靠着太阳的恩惠；科学会告诉我们它们的运行轨迹和行动速度，帮助我们测算出它们在多少年后的几时几分离地球最近；科学会告诉我们它们的体积和质量，是比地球大还是比地球小……但是，在这些用仪器和数字探寻出来的秘密里，却唯独没有一个与生命相关。也正是因为如此，才不能拨动我们的心弦。

可是，这些在仲夏夜里陪伴着我的小生命啊，这些为生命而欢呼的歌手啊，是你们让我懂得了太阳照耀的意义，是你们让我触摸到了苍茫大地的灵魂，这就是生命。在我心里，那些遥远的庞大星球啊，永远也不会比草叶上一只小小的蟋蟀更能打动我。

第二章

绿色蝈蝈儿的故事

　　蝈蝈儿可称得上是最漂亮的螽斯，它体态优美，苗条匀称，身着一袭嫩绿的衣裳，体侧有两条淡白色的丝带，两片大翼轻薄如纱。

　　这漂亮的虫儿是夜晚的低音歌者，它的发声器官是一个带刮板的小扬琴。蝈蝈儿的低音曲绵长而又暗哑，时而也会发出一声急促的响声，如银铃碰撞般清脆；乐段之间有静默的间歇，此外则是伴唱。在苍茫夜色中的绿叶丛里，蝈蝈儿的歌声并不起眼，仿佛轻声呢喃，又像是窃窃私语，我耳朵的鼓膜要十分努力才能隐隐约约地捕捉到这窸窸窣窣的声音。

　　然而当四野蛙声和其他虫鸣暂时沉寂时，我所能听到的绿衣歌者的声音是如此柔和，恰似夏夜的静谧。在北方，沐浴在阳光中的蝉用它那骄阳般热情的歌声赢得了人们的青睐，又岂知，倘若这绿色螽斯的琴声再响亮一点儿，就是比蝉更胜一筹的歌者。

　　不过，绿色蝈蝈儿并不是田野合唱队唯一的出类拔萃者。在夜晚抒情歌曲方面，有一位演奏者远远超过了它，这就是意大利蟋蟀。当盛夏晚会的灯光师萤火虫点亮幽然的蓝色小灯笼，四面八方的意大利蟋蟀便赶到迷迭香上来参加合唱。

这位演奏者身材很小，纤弱苍白，一对大翅膀细细薄薄、闪闪发光。靠着这双翅膀，它演奏起幽雅的小提琴，琴声响亮而富有颤音，与铃蟾忧郁缓款的歌声配合得恰到好处。

提到铃蟾，这是我花园中可亲的两栖类居民。七月中旬的薄暮里，有十来只铃蟾在我身边歌唱，它们大多数蜷缩在花盆中间，花盆一行行排得紧紧的，在我的房前形成一个前庭。每一位歌者都在唱着，它们的歌声节奏缓慢、抑扬顿挫，仿佛在吟唱一曲老歌。它们之中有的声音低沉些，有的尖锐些，但都短促而清晰，是极悦耳的清纯音色。

作为歌曲来讲，铃蟾合唱团的歌难免显得有些凌乱。这个喊一声"克吕克"，那个声音细的叫一声"克力克"，第三个是男高音，回上一句"克洛克"。就这样一直重复着：

"克吕克—克力克—克洛克"，"克吕克—克力克—克洛克"，就好像邻居家刚满五岁的小男孩儿，淘气地在键盘上随意敲打，不管什么八度音啊和弦音的，完全不循章法。然而用心去听，你会发现，这是铃蟾小伙儿求爱的清唱，是用歌谣谱成的情书。

不过，铃蟾夫妇婚礼结束的场面让我难以想象。当铃蟾小伙儿成长为一位慈爱的父亲，模样却变得让人完全认不出来了。它后腿的四周缠着一串梨子籽大小的卵，这是它的子女，这鼓鼓囊囊的包袱重重地压在它背上，铃蟾父亲跳不起来，只能拖着身子一小步、一小步地向前走着。

这位温情体贴的父亲啊，你背着这么重的负担，要走到哪里去呢？我要迎着潮湿和阳光前行，到附近的沼泽去，那里有小蝌蚪们生命所必需的温暖的水，是最适合它们发育的环境。在那里，黑色的小蝌蚪会孵化出来，一个一个，蹦蹦跳跳的，和水一接触就能挣破卵壳啦。

顽强的慈父继续它的远征，热爱干燥和阴暗的它，寻找着连做母亲的都不愿去的沼泽。终于，它找到了。它立即投入水中，腿相互摩擦着，那串梨子籽似的卵便脱落下来，父亲的潜水任务完成了。其余的事情会自动进行下去。远征者终于可以回到干燥的家中了。

还是让我们回到田野的联欢会吧，合唱还在继续。绿色蝈蝈儿似乎轻轻敲着小小的三角铁；意大利蟋蟀拨着小提琴 E 弦；铃蟾敲击着清脆的奏鸣曲；那有着金黄色眼睛的鸟儿，是"小公爵"

长耳鸮，它正优雅地独唱忧伤的爱情歌曲；远处传来稍弱的、猫叫般的不和谐音，那是猫头鹰求偶的喊声。

　　就这样，在盛夏的暮霭中，我沉醉于田野间的联欢会，在大自然的音乐中沉静、思考。而此时，在村庄的广场上，人们用篝火的光照亮了教堂的钟楼，用灿烂的烟花点燃了夜空，孩子们的笑声与咚咚的鼓声交织在一起，这是个举国欢庆国庆的夜晚。不过，我敢打赌，即使是我们这个平常如此宁静的小村庄，在这节庆的日子里，也离不开劣质烧酒和打架斗殴。

　　难道为了更好地品味快乐；就一定要加上痛苦的味道？在庆祝国庆的最高形式隆香阅兵典礼上，死亡和伤痛都是意料之中的，是列入计划的。如果你不能理解，可以去看第二天的报纸。报上刊登的照片中，广场上到处插着写有"军人救护车""平民救护车"字样的红十字旗，看到这你便会明白了。

　　我则更愿意远离尘嚣，独自一人，来到黑暗的角落，倾听这田野里夜晚艺术家们的音乐。昆虫们才不关心人类吵吵嚷嚷的纪念日呢，它们在为这丰收的季节欢呼，它们歌唱着生活的欢愉，歌唱着草叶上的晨露，歌唱着盛夏的如火骄阳，歌唱着夜幕下的静谧星空。

　　今天，我们充满信念地庆祝攻陷巴士底狱的胜利纪念日，可是在一两个世纪以后，又有几个人会谈起这件事呢？那时会有新的欢乐需要庆祝，有新的烦恼需要排解。人类和人类变化无常的喜与悲，和虫儿们有什么关系！

　　绿色蝈蝈儿还是会哼着它低沉的抒情曲，长耳鸮还是会对着月亮歌唱它的"康塔塔"。在我们都看不到的未来，总有那么一天，人类会被自己创造的所谓文明消灭。小铃蟾在意大利蟋蟀、绿色蝈蝈儿和其他动物的陪伴下，一直唱着它的老调子，而人类却会灭亡。在我们来之前它们就在地球上歌唱，我们死后它们还将继续唱着：歌唱太阳，歌唱大地。

　　不要在联欢会上流连了，我们还是回到昆虫的研究吧。

　　今年初夏，我那狭小的花园来了一群稀客。真是意外，去年还难以在我家附近寻到它们的踪影，我打算研究它们时，还不得不请求护林人的帮助，才得到了远在拉嘉德高原上的一对；或许是我的坚持不懈感动了命运女神，今年它们像约好了似的成群结队地前来，荒石园的草丛中到处是它们的鸣叫。这难得的客人就是身着绿衣的携刀者——绿色蝈蝈儿。

　　六月初始，我把不少的雌雄蝈蝈儿请到金属网罩里协助我的研究。对这些身材优美的虫儿，我十分满意，为了好好招待它们，我在瓦钵底铺上了一层细沙，也尽量找些合它们口味的食物。

　　不过就是在食物方面，我遇到了和喂养白额螽斯时同样的麻烦。根据在草地上嚼食的直翅目昆虫的一般饮食制度，我判断网罩中的寄宿者们是虔诚的素食主义者。可事实并非如此：我喂它们莴苣叶，它们吃是吃，可是吃得很少，好像是做客的人为了给主人几分薄面才勉强吃上两口，而实际上它们明显对呈上来的菜肴不是十分满意。看来要找其他食物招待这些被研究者了，到底是什么呢？

是鲜肉吗？命运女神再次对我微笑，一个偶然的机会我得到了答案。

清晨，我在门前散步，突然听到刺耳的吱吱声，感觉旁边的梧桐树上有什么东西落了下来。发生了什么事？我跑过去一看，一只蝈蝈儿正在享用它的战利品——奄奄一息的蝉的肚子。胜利者把头伸进蝉的肚子，一点儿一点儿地拉出它的肚肠。绝境中不幸的俘虏啊，它的哀鸣和挣扎也无法改变被开膛破肚的命运。原来，这是一场发生在梧桐树上的战斗。

清晨，当蝉在树枝上散步的时候，却不知已经被绿衣猎手盯上。蝈蝈儿纵身一跃，将猎物死死咬住，惊慌失措的蝉飞起逃窜，攻击者和被攻击者就从树上一起掉了下来。

绿衣猎手的捕猎在晚上更容易进行。沉沉夜色中，蝉已进入梦乡。它白天沐浴在阳光和盛夏的热浪之中，尽情地唱了一天，现在它累了，需要休息了。但蝈蝈儿没有休息，它是狂热的夜间狩猎者，只要在巡逻时碰上半睡不醒或是酣睡中的蝉，就一定不会放过，它可以轻而易举地将猎物牢牢抓住，而这正是捕猎的关键所在。若是夜晚万籁俱寂之时，树枝上突然响起一声短促而尖锐的悲鸣，那多半是一只正安静休息的蝉成了蝈蝈的美餐。

这一身嫩绿服装的携刀者称得上是勇猛的猎手，它飞身捕蝉的情态像是鹰在空中追捕云雀。不过不同的是，以劫掠为生的鹰进攻比自己弱的东西；而蝈蝈儿则恰恰相反，它所选择的猎物与自己的身材大小悬殊，是强壮有力的庞然大物。但是，搏斗的结果我们已经看到了：没有武器的蝉几乎毫无还手之力，蝈蝈儿凭

借它有力的大颚和锐利的钳子，总是能将蝉变成盘中美餐。

　　总算是找到了网罩中寄宿者喜爱的食物，我用蝉来喂养它们。它们对这道菜十分满意，吃得津津有味，尤其喜食蝉的肚子。这是个好部位，虽然肉不多，但是在嗉囊里面，储存着蝉用喙从嫩树枝里吮吸来的糖浆甜汁，既有肉又有甜食，就像英国人爱吃的用酱做佐料的带血牛排，味道似乎特别鲜美，比其他部位更受欢迎。也许正因为这个原因，蝈蝈儿每次抓到蝉都先吃肚子。以至于两三个星期间，网罩中到处是残肢断腿、被撕扯下的羽翼和肉吃光后的头骨、胸骨，蝉的肚子早就被吃光了。

　　但是，在我国北方，绿色蝈蝈儿很多，那儿找不到它们在这里喜欢吃的带糖的蝉肉，那么它们一定还吃别的东西。

为了证实这一点，我还喂它们吃肥美的松树鳃角金龟，对这道新菜肴，它们欣然接受。第二天，漂亮多肉的松树鳃角金龟就被蝈蝈儿吃得肚子朝天了。我还给它们吃黑绒鳃金龟，对于鞘翅目昆虫，这群肢解高手也十分喜欢，吃得只剩下鞘翅、头和足。为了变化食物的花样，我还给蝈蝈儿吃很甜的水果：几块西瓜、几颗葡萄、几片梨子，它们都很喜欢。

不过，面对美味的食物，自私与妒忌从不少见。我扔入一片梨子，一只蝈蝈儿立即趴在上面，而且不管谁要来分享这块美食，它都要踢腿将其赶走。饱餐之后，它便让位给另一只蝈蝈儿，而另一只也立刻变得咨啬起来。这样一个接着一个，所有蝈蝈儿都能品尝到一口美味。

网罩中的寄宿者存在和螳螂一样的同类相食现象。诚然，在我的网罩中，蝈蝈儿们除了面对食物时有点小小的敌对外，彼此之间相处还是十分和睦的，从没有发生严重的争吵和打架斗殴，更没有像螳螂那样捕杀同类的行为。但是，如果某只蝈蝈儿死了，那么活着的蝈蝈吃死去的同伴就像是吃普通的猎物一样，而且并不以饥饿为理由。另外，所有携刀者都不同程度地表现出这种爱好，即吃受伤的同类以自肥。

从以上例子中我们得到了许多资料，蝈蝈儿非常喜欢吃昆虫，尤其是没有过于坚硬的盔甲保护的昆虫；它十分喜欢吃肉，尤其是带有甜味的肉，但又不是修女螳螂那样的纯肉食主义者。它也吃水果的甜浆，死去的同伴也被列入菜单。有时没有好吃的，它

写给孩子的昆虫记

甚至还吃一点儿草。

蝈蝈儿一天中大部分时间都在休息，天气炎热的时候更是如此。当饱餐之后，嗉囊已经装满，它用喙抓抓脚底，用沾着唾液的足擦擦脸和眼睛，躺在细沙上或是抓着网纱，以沉思的姿势，怡然自得地消化食物。

太阳下山后，蝈蝈儿们开始兴奋起来，晚上九点达到高潮。它们闹哄哄地来回走动，突然纵身一跃爬上网顶，又急急忙忙跳下来，然后又爬上去，圆形网罩里到处是神情激动的蝈蝈儿。狂热的雄蝈蝈儿鸣叫着，这儿一只，那儿一只，用触角挑逗从旁边走过的雌蝈蝈儿。蝈蝈儿先生心仪的女友半举着尖刀，神态端庄地溜达。内行人一看便知，蝈蝈儿先生要办它的人生大事了，这就是交配。我在网罩中饲养蝈蝈儿的主要目的，就是看看白额螽斯所揭示的奇怪的婚配习俗到底有多大的普遍性。因此对我来说，交配是主要的观察事项。

蝈蝈儿爱情的表白延续的时间非常长，坠入爱河的蝈蝈儿先生和它的女友面对着面，几乎是头碰着头，用柔软的触须长时间相互触摸着、探询着，就像是一对正在切磋剑术的对手，剑交叉来、交叉去，而双方没有打起来。

雄蝈蝈儿时不时地唱上两句，弹几下琴弓，然后就沉默了，是因为太过激动而继续不下去了吗？婚礼的前奏曲还在延续，而时钟已经敲到十一点了，我实在困得不行了，只好放弃了观看交配。

第二天上午，雌蝈蝈儿的产卵管下面垂着一个奇怪的东西，

26

有豌豆那么大。这是一个乳白色的精子囊，中间有一条浅沟，把整个精子囊分成对称的两串，每串有七八个小球。当这位母亲走动时，囊泡擦着地面，粘上了几粒沙子。

就在这里，白额螽斯母亲那不可思议的婚配习性又在蝈蝈儿身上出现了，简直一模一样。当精子囊经过两个小时之后，里面已经空了，雌蝈蝈儿把黏糊糊的精子囊一块块地吃了下去；这块似乎非常美味的玩意被长时间地加工，被蝈蝈儿母亲津津有味地品尝。不到半天的时间，乳白色的囊泡消失了，被吃得一点儿不剩。

螽斯是地球上最古老的动物之一，它们的世界是多么奇怪啊！这种怪异的行为存在于整类昆虫中吗？我们再向另一种佩带尖刀的昆虫寻求答案吧。

七八月份的时候，我选择了距螽，它们很容易饲养，一些生菜叶和几片梨子就可以了。

雄距螽微微靠在一旁呼唤着它的女友。它弹奏的音乐是如此热烈而激情，使得它的整个身子都颤动不已。然后，它静默了。距螽先生和它的女友都很害羞的样子，它们踱着小步，慢慢地靠拢。这对情侣面对着面，都一动不动，前腿不自然地抬起，触须温柔地摇摆着，似乎在静静地说着情话。

　　这爱情的告白持续了几个小时，但是，时机似乎尚未成熟。它们好像是闹别扭了，莫非是雄距螽这么长时间的表白还没有打动女友的心？好像也不是这样，因为第二天它们和好了，又开始了诉说甜蜜的情话，可惜还是没有结果。

　　第三天，重要的时刻终于来了。雄距螽按照蟋蟀的习性，小心翼翼地倒退着钻到雌距螽的身下，在后面伸直身子仰卧，紧紧地抱住产卵管作为支撑，交配完成了。雄距螽排出了一个巨大的精子袋，在这一番伟业之后，它已经体力不支、瘦得干瘪了。任务一完成，它就去一块梨子那儿补充能量了。而雌距螽则懒洋洋地小步溜达着，身上还带着有它身体一半大、雄性排出的精子袋。

　　这个精子袋和白额螽斯还有蝈蝈儿的长得差不多一样，像是装着大籽粒的覆盆子，颜色和形状令人想起一袋蜗牛卵。产卵管底部左右两边的两个结节，由一根宽宽的用透明材料黏结物做成的茎固定着，它们比其余的结节更加半透明，里面含有一个鲜艳的橘红色的核。

　　两三个小时之后，雌距螽像白额螽斯和蝈蝈儿那样开始了令人恶心的盛宴。它把身子蜷成一个环，轻轻扯下精子袋的皮，并没有弄破，袋里的东西不会流出来；它将皮咬成许多小块，长时间地咀嚼然后吞下去。整个下午它都在细嚼慢咽，第二天覆盆子似的袋子就完全消失了。

　　有时事情没有这么快结束，特别是没有这么恶心。我曾记载过一只雌距螽一边拖着卵袋走，一边时不时地咀嚼。运输十分辛苦，卵袋从地上拖过，粘着沙砾和土块，大大增加了重量；有时甚至粘在一块土上拖不动，它还牢牢粘着雌距螽的产卵管，使得辛苦的母亲怎么努力也拔不下来。

整个晚上，雌距螽都带着忧虑的神情，它拖着的袋子瘪了一点，对这之前爱吃的美味它似乎失去了兴趣，只是在表面上咬下一点点儿。

第二天，事情没什么进展；第三天，除了袋子更瘪之外，没什么新情况。最后，在粘了整整两天之后，袋子里面装的东西倒出来了，已经干瘪瘪、皱巴巴的袋子也自己脱离了。也许是这东西粘了太多的沙砾，曾经那么爱吃它的距螽把它抛弃了。

另一种螽斯镰刀树螽，它部分补偿了我饲养螽斯时的烦恼。它长着完全像镰刀似的土耳其弯刀，我多次看到它弯刀的底部带着生殖附器；不过每一次由于条件的限制，我无法做全面的观察。它的卵袋挂在一根水晶带上，半透明，有三到四毫米大小，颈部几乎和鼓起的部分一样长。镰刀树螽没有品尝这个卵袋，而是让它自己干枯掉了。

至此，我们总结一下吧：白额螽斯、阿尔卑斯距螽、蝈蝈儿、距螽、镰刀树螽这五种不同的螽斯昆虫例子证明，像章鱼和蜈蚣一样，螽斯类昆虫是古代习性残存的代表，它为我们保留了遥远时代奇特的繁衍行为的珍贵标本。

第三章

蝗虫的角色和发音器

蝗虫如同扇子般突然展开的蓝色翅膀、红色翅膀；在我们的手心乱蹦乱踢的天蓝色，或者玫瑰红的带锯齿的长腿——我的那些孩子在梦里见到的大概就是这些可爱有趣的小昆虫吧。与他们借助魔灯看到的东西一样，我也常在梦中与它们相遇。它们所带来的无邪与天真，时刻抚慰着孩子们和老年人柔软的内心。

捕捉蝗虫，可以被视作一种没有多大威胁、男女老幼皆宜的狩猎活动。蝗虫就是这样给我们带来了无比愉快的上午。我的助手能轻易地抓住那些已经老迈的蝗虫，然后与我在被太阳晒硬的草地上漫步，这种感觉是多么美妙啊！

身手敏捷的小保尔，具有一双极具观察力的眼睛。当他要捕捉蝗虫时，会先在灌木丛中仔细查看，这时候，被他惊到的灰蝗虫会像小鸟一样从那里飞出来。

作为捕猎者，小保尔会拼命地追上去，随即失望地停下来——蝗虫已经逃之夭夭了。有了这次的经验，下一次他无疑会成为一

个幸运的捕猎者。

　　玛丽·波利娜，年龄比小保尔更小些。与细心观察意大利蝗虫相比，背部有四条白色斜线，看上去像极了圣安德烈十字架的另一种蝗虫让这个小姑娘更为着迷。

　　这种蝗虫披着缀有几个铜绿色碎片的外衣，那模样如同古代的胸章。可爱的玛丽用她的耐心，一点点靠近那个蝗虫，随着她手的落下，终于逮到了。

　　蝗虫一个个被装进纸袋里，以至于还没到太阳变得炽热之前，我们已收获了种类繁多的蝗虫。

　　我将这些小个子家伙养在网罩里，它们可能会透露有关它们

世界的一些秘密，如果我善于发问的话——在野地里，你们扮演什么角色？这是我对我的俘虏提出的第一个问题。

教科书告诉我们，你们是害虫，声名狼藉，可是否因此就该受到人类的指责呢？对此我充满了怀疑。不过，那些给亚洲和非洲造成巨大灾害的毁灭者不在此列。

你们的好处远甚于坏处，至少我这么认为。你们从没有给这个地区造成过伤害，这里的农民也没有对你们产生抱怨。绵羊不吃长着芒刺的植物，你们吃了，农作物中间那些让人讨厌的杂草也是你们热衷的食物。

此外，长不出果实的东西，被其他动物抛弃，而你们却喜欢得不得了。事实上，当人们收割完麦子后，你们才现身，就算你们在菜园子里偷吃了几片生菜叶，那也不是什么不能宽恕的弥天大罪。

鼠目寸光之人，为了他那几个可怜的李子，将宇宙固有的秩序打乱，任用这样的人去处理昆虫，最终得到的只有毁灭。还好，他没有这种权力。我们可以观察一番，假如那些只对蔬菜地造成微不足道破坏的蝗虫彻底消失，会给我们造成怎样的后果。

九十月间，孩子们赶着火鸡群来到收割后的田里。火鸡走过的地方，光秃秃一片，放眼望去，也就只有一簇矢车菊长着最后的几个绒球。可是孩子们还是把火鸡赶到了这里，这些饿得咕咕叫的火鸡要干什么呢？

答案是，这里是火鸡们的饲料场。它们要在这里被喂得肥满，以便到了圣诞节成为餐桌上的一道美味。那么，火鸡的饲料是什么呢？是的，是蝗虫。人们在圣诞之夜吃的味道可口的烤火鸡，很大一部分就是靠上天赐予的、不用花费一分一文的美食喂养成熟的。

　　在农场周围转悠的珠鸡，毫无疑问，它们在寻找麦粒，但是请注意，它们首先关注的却是蝗虫。美味的蝗虫使得珠鸡的腋下长出一层脂肪，从而使肉质更为鲜美。爱吃蝗虫的还有母鸡，它

对这种昆虫能促使自己产更多的蛋这一作用非常了解。如果将它放出鸡笼，它要做的第一件事就是领着小鸡去完成收割的麦田里，寻找营养价值极高的蝗虫。

如果你对法国南部丘陵地区的著名特产红胸斑山鹑情有独钟的话，恰好你又是一名猎人，当你熟练地将打下来的山鹑的嗉囊剖开，你就能找到这种长期被人污蔑的昆虫为别的动物做出贡献的证明。你会发现，十只山鹑中，有九只的嗉囊都装满了蝗虫。如果它们能长年尝到蝗虫的美味，对于植物籽粒的印象将会消失殆尽。

普罗旺斯的白尾鸟是图塞内尔热情善于歌唱的黑脚族飞鸟中最为著名的一种。为了对这种鸟类的摄食习性进行了解，我捕捉到了它，并将它的嗉囊和胃里残存的东西详细记录下来，从而得知了这种鸟类的食物，包括排在最前列的蝗虫，其次是象虫、砂潜、叶甲、龟甲、步甲这样的鞘翅目昆虫。

这种鸟类，我们可以称其为食虫鸟，它对野味从不挑剔，吃浆果是实在找不到可吃食物之后无可奈何的选择。在我48例的记录中，只有3例是吃植物的，而蝗虫是它们最常吃、吃得也最多的昆虫。除了白尾鸟，一些小候鸟的口味也是如此。蝗虫是这些小候鸟最无法舍弃的美味。在荒地里，它们总是争先恐后地捕捉自己的猎物，从而为自己的长途旅行做好能量的储备。

除了动物，人也吞食蝗虫。

我不曾踏足过那么多的地方。如果人类想吃蝗虫，势必需要非常强健的胃，这样的胃并不是每个人都拥有的。我能确定的是，蝗虫是上天赠予诸多鸟类的食物。

除鸟类之外，对蝗虫格外倾心的还有爬行动物。令小女孩感到害怕的眼状斑蜥蜴挺着的大肚子就是一个极好的例证。我还多次看到墙上的小壁虎嘴里含着费尽心思才捕捉到的蝗虫的残骸。如果能有幸捕捉到蝗虫，鱼类也会感到高兴。不过，对于鱼类来说，蝗虫有时也是致命的，因为垂钓者经常以这种昆虫作为美味的诱饵。

好了，已不用我再多举喜欢吃蝗虫的还有哪些动物，它的重要作用已被我所熟知。它能变废为宝，以曲径通幽似的方式，让对食物极为挑剔的人类也能享用。不过有一点我还不能肯定，那就是人类是不是不喜欢直接食用蝗虫？

一些人早已食用蝗虫了，但那是在环境不允许人们享用其他食物的情况下，不得已而为之。我熟悉野蜜，石蜂的蜜罐里也可以找到这种野蜜，它完全可以食用。这样的话，我不免要问，那沙漠中的昆虫是否可以食用？就像所有的孩子那样，儿时，我也曾生吃过蝗虫的腿，那味道在我看来还是不错的。如今我们的生活有了提升，但我们不妨重温一下这道菜肴。

在肥大的蝗虫身上裹上奶油，撒上盐，再煎一煎。这就是一家人的晚餐。大家认为这味道远比亚里士多德吹嘘的蝉可口多了。虽然可食用的肉极少，却有一股虾的味道，如果说它味道鲜美，一点都不过分，不过对我来说，不会再有这样的经历了。

这道菜肴更适合大颚粗壮的人来享用。

不过就算我们的胃脆弱娇嫩，也丝毫无损于蝗虫的优点。生活在草地上的这些家伙，在专门制造食物的工厂里扮演着重要的角色。在旷野中，它们大量繁殖，而后将无用之物变为有用之物，提供给众多消费者享用。鸟是其中的一类消费者，而人类又多食用鸟类。肚子饿了就需要吃东西，这是不能讨价还价的，这也正是在生物界，为什么说获取食物是第一要紧的事情。

也正因为动物们将自己最杰出的智慧、技巧、诡计用在了争夺餐厅的席位上，使得原本应该充满欢声笑语的宴会成了一种难以忍受的酷刑。即便如此，人类并没有完全摆脱饥饿的折磨，相反地，却是经常性地品尝饥饿的滋味。

不过，科学使我们相信，人类终有一天能够摆脱饥饿。化学承诺，不久以后这个问题即可告终结，它的姐妹物理特意为此开辟出一条新的道路。让太阳更为有效地履行它的职责，这是物理学要做的事情，以为让葡萄长满琼浆，在麦穗上涂满金色，太阳与我们的账目就算清了。物理学要做的就是将太阳光收集并储存起来，我们想何时用就何时用。

这些被收集并储存起来的能量有诸多用处，比如生炉子、转动齿轮、将果实捣碎、让磨自动运转。就这样，由于四季的变换而辛劳费力的农业劳作，将会演变为与工厂劳动一样的作业方式。这样做的好处就是，不用费多大的力气与资金，却能收获比平日多得多的效益。在这方面，化学也会发挥其诸多令人眼花缭乱的作用，它帮助我们制造最富营养的食物。

看上去是一个丸子，实际上它是一块面包；普通的肉冻，实际上它是一块牛排。这些都是化学的功劳，而野蛮时代的田间劳动，只能在历史学家的谈论中听到。总有一天，牛羊、麦粒、水果、蔬菜，都会成为过时的东西，继而消失。有人说这标志着人类的进步。

科学在创造剧毒物质时，的确有惊人的创造性。在我的实验室里就有很多这样的剧毒物质。假如人们发明了一种蒸馏器，以苹果为原料制造出大量烧酒，以便使我们成为头脑混沌的人，那么显然，工业将不会有任何限制。以人工方式制造出真正有营养价值的食物，则是另一回事。

称得上食物的只有有机物，这是在实验室里无法生产出来的。因此，我可以说，生命是食物的化学家。也因为这个原因，我们很理智地将牛羊和农业生产保留下来，一如过去千百年传承下来的方式那样制造、储备我们的食物。相对于工厂的粗暴，我更相信人类自己细腻的办法，尤其是那些有着大肚子的蝗虫。

它们同心协力为我们制造出圣诞节餐桌上必不可少的一道食物——火鸡。食谱就装在它们的肚子里，蒸馏器再怎么心怀嫉妒，也无法同蝗虫一样制造出火鸡来。

这种能为许多土著居民提供美味的昆虫，以弹拨身上的乐器来表达它们的欢乐。此刻，让我们观察一只蝗虫吧。它刚吃完午饭，躺在阳光下休息，同时进行消化活动。突然，这只蝗虫发出

37

声音，这种声音重复了三四次；过了一会儿，它又发出了同样的声音。声音很小，小得让我只好求助于听力超常的小保尔。音乐不甚动听，因为蝗虫没有绷得很紧的、如同音簧一样的振动膜。

意大利蝗虫就是此间的代表。这种蝗虫的后腿具有流线的外形，两条竖的粗肋条分布于每一面。在粗肋条的四周，排列着楼梯一样的人字形的细肋条，不论里面还是外面，都一样明显。所有的肋条都非常光滑，这一点让我尤为意外，但是它的前翅以及后腿并没有出奇之处。可想而知，如此简单，甚至鄙陋的发音器实验品，会弹奏出怎样的音乐。然而，就是为了这样微弱的声响，蝗虫不辞辛劳地抬高、放低自己的腿，并激烈地进行颤动。蝗虫对自己所做的一切感到心满意足，它以这种方式表达自己对生活的热爱。

当然不是所有的蝗虫都用这种方式表达自己的欢乐情绪。拿长鼻蝗虫来说，就算太阳晒得暖洋洋的，它也不作一声。我从没有看到过它摆动后腿。

它那修长的大腿，除了跳跃，毫无用处。灰蝗虫的腿也很长，也是闷葫芦一个，但它有自己表达欢乐情绪的方法。在风和日丽之时，我总能看到它在迷迭香上展开翅膀，迅速拍打几分钟，那架势似乎是要飞起来。不过，虽然拍打得格外用力，我们却听不到一点声响。

比灰蝗虫更不济的还有红股秃蝗，它在遍地长满帕罗草的阿尔卑斯地区闲逛散步；它是地中海的客人，在雪一样洁白的花朵和玫瑰红的花芽周围，身着短紧上衣的红股秃蝗，犹如花园里的植物一样光彩夺目。在阳光没有被云雾遮蔽的高原地区，红股秃蝗的衣服优雅却又朴素。那看上去像淡棕色绸缎的是它的背部，它的肚子呈黄色，后腿的基节呈珊瑚红，异常漂亮的是它天蓝色的腿节。我不禁赞叹，它是那样标致，不过即便如此，它依旧还是一只虫子，穿着短小的衣服。

这个家伙有着粗糙的前翅，相互隔开，就像燕尾服的后摆，其长度超不过腹部的第一个环节，比之更短的是后翅，它连前胸都无法遮住。头一回见到它的人们，会错误地将这个家伙看成若虫，然而它事实上已经是发育完全的蝗虫，可以进行交配了。红股秃蝗到死都是这样一副几乎没有穿衣服的尊荣。既然衣服如此短小，指出它不可能歌唱是否还有必要？

它没有前翅，没有突出的边缘，只有粗粗的后腿。别的蝗虫发出的声音不太响亮，红股秃蝗是根本发不出声音。不过我认为，这个一声不吭的家伙，一定有属于自己的办法表达快乐，并以此召唤它的伴侣，而我对此一无所知。

至于红股秃蝗为什么没有飞行器官，我也无从知晓。它终其一生，一直是一个笨拙的步行者。它似乎安于现状，毫无抱负，对做个步行者心满意足。

它为什么不以那些拥有翅膀的近亲为榜样呢？它们从山顶越过积雪的斜谷，以飞快的速度越到另一个山顶；从一个收割完毕的牧场，轻松愉快地越到一个尚未开发的牧场，难道这样的好处没有任何价值可言吗？

它其实可以将没有包裹着但没有用处的残破的翅膀从身体内部抽出来，对它来说，这有很多的好处，可它为什么不这么做呢？

进化停顿了。

有些人这么认为。这样的说辞与没有回答一样，我可以用另一种方式提出疑问：停顿为什么消失了？为了获得美好的未来，也就是能自由地飞翔。若虫的背上长了四个翼套，里面藏着各种有益的基因，这些基因都按正常的进化法则安排妥当。不幸的是，红股秃蝗身体没有响应这一法则，成年蝗虫依旧没有翅膀，它的衣服依旧是残缺不全的。这种情况是否与阿尔卑斯山艰苦的生活条件相关呢？这种可能性根本不存在，因为就在同一地区，一些其他的昆虫还是能够从若虫赋予的基因里获取长出翅膀的能量。

　　在条件允许的情况下，经过不断尝试，动物终于如愿以偿地获得了某种器官，这是人们早已形成定式的看法。他们的解释是动物们需要这么做，而不承认其他富有创造性的作用。其实那些蝗虫，尤其是生活于万杜山上的蝗虫，经过千百年的繁衍生息，原本可以从若虫外头的短小后摆长出前翅与后翅来。

　　的确如此，名头显赫的大师们，请你们告诉我，红股秃蝗为什么只保留了飞行器官的基因，却没有因此生出翅膀来？经历了千百年的岁月洗礼后，它肯定也会受到需要的刺激，当它跌跌撞

写给孩子的昆虫记

撞地在岩石峭壁中艰难跋涉时，它会想到，如果能够通过飞行，摆脱这糟糕的情况，会是一件多么美妙的事情。它由此也经过了诸多努力，但所有努力的结果，都无法让它处于萌发状态的翅膀彻底地展开。

依照你们的逻辑，在这些情况完全相同之下，诸如需要、食物、气候、习惯等，有的发育成熟，能够飞翔，有的则以失败告终，始终是一个笨拙的步行者。这种说辞跟没有说有什么区别？我无法接受这样荒谬的解释。我宁愿承认自己对此一无所知，而不做任何无意义地揣测。

把那些落伍者搁置一旁算了，不知道这个家伙为什么会落后这么长一段距离。尽管充满了好奇，对于身体发育中的前进、停顿或是跃进，都无法做出恰当的解释。这种现象必定隐藏着深奥的缘由，面对这个问题，最妥当的方法就是谦虚地承认自身的不足。

42

第四章

蝉的动人歌唱

关于蝉的寓言故事其实有很多，可是关于蝉的一切，这些写寓言的人或是讲故事的人是不是真正地了解呢？就连 18 世纪初期法国著名的科学家、昆虫学家雷沃米尔自己都承认，他从来没有听过蝉的歌声。谁会相信写出《昆虫志》这样鸿篇巨制的昆虫学家，自己居然没有听过蝉的叫声？他只看过浸泡在跟消毒液有着相似功用的烧酒里的蝉而已。他们看过解剖后的蝉，在那些解剖者对蝉的发声器官做出准确的描述后，他们以此作为自己的理论源泉，然后创作出了让后人一直误会蝉的寓言。

大师已经把基本的方向定夺下来了，我们只能照着前辈的方向走下去。就像收割一样，大师把大捆的麦子收走了，我们只希望拾到的麦穗能够捆成小堆。就像雷沃米尔在听交响乐的时候，我能听到的可远远要比那隆隆作响的交响乐要多。也许我能让话题听起来更加吸引人一些，就像对那些已经存在的资料，我只有在做基本的讲述时才会翻来覆去地使用。

　　我想说说蝉的发音器，就紧紧地贴在它后腿的地方，在后胸部位，像两片半圆形的锅盖一样，很宽。这就是蝉发音器官的音盖，我们也叫它顶盖、制音器或者是护窗板。如果尝试着把这个器官打开来，就会看到两个小"房间"，两个小"房间"加在一起就是一个大"房间"，也是一个巨大的音腔。音腔的前面有一层质地柔软细腻的膜，呈黄色的乳状，而后面又是一层很薄的虹色的膜，像干燥的肥皂泡一样，普罗旺斯人叫它镜子。它只是一个器官而已，发音跟镜子相似，所以我只能这么叫。

　　这些可以看得见的器官就是很多人印象中的蝉的发声器官，但是如果你能忍心做这样一个实验，就会发现，这些一直以来的想法根本就是错误的。是的，我又当了一次坏人，因为我急切地想知道到底是什么样的构造使得它们有这样嘹亮的声音。我剪掉音盖，把薄膜撕破，甚至把镜子也打碎。我本以为这样一来，这些高声歌唱的家伙就会像失去创作灵感的艺术家一样，再也无法一展歌喉，可我错了，它们的声音依然存在，只是略微变小了而已。所以，大教堂也好，前后的薄膜也好，音盖也好，都不是它们发音的真正的工具，只是增强或是改变声音的辅助器官。那么真正的发声器官到底在哪里呢？

　　是的，我不得不承认，前几次的观察和寻找我并没有发现真正的奥秘所在，真正的发声器官在两个小"房间"的外侧。这里跟腹背交接的地方，有一个小孔，一个包着角质外壳像纽扣一样大小的小孔，音盖就罩在它的上面，所以我叫它音窗。它通向另外一个比小教堂要大得多的空腔，这里比较靠近后面的翅膀，并且也比小教堂要狭窄很多。外壁是一个很难让人忽略的地方，因为在一片闪

着银色光泽的绒毛中，只有这里黑得几乎失去了光泽，而且像一个小丘陵一样微微地隆起，整个呈椭圆形。

　　真正的发声器官其实是音钹，想要找到这个器官就要在音室上打开一个大的天窗。接着你就会看清这个器官的全貌：向外突起的椭圆形薄膜，呈白色，上面还穿插着三四根褐色的脉络，这样一来，这里的弹性就更加出色。整个音钹固定在周围的框架上，框架很坚硬。很容易想象，当像橡皮筋一样的脉络受到拉伸的时候，自然会带动整个音钹向中间凹陷，但是坚固的框架让脉络无能为力，最终还是要弹回来。这样，音钹又迅速地恢复到凸起的状态，一个清脆的声音就这样产生了。

　　这让我想起了二十多年前的一种玩具，当时那种恼人的东西真的算是风靡了整个巴黎，其原理跟蝉的发声原理是基本一样的。制造商把一个短的钢片的一头固定在一个金属底座上，这样一来，当人们用手指将钢片挤压变形的时候，突然放手，钢片就会迅速弹回去，然后发出一个响声，人们还为这种玩具起了

一个名字，很形象，似乎是叫"噼啪"或者是"唧唧"，大概就是这样。当时我真的很不理解这种玩具怎么会风靡一时，我甚至担心现在再来描述这样的玩具时，很多人都不知道我说的是什么，我想这也足以证明它的存在的确没有给人们留下什么印象。

蝉的音钹的发声原理其实就是跟这个小钢片一致的，或者也许这个玩具的制造商正是受到了蝉的启迪。让我有些疑问的是，小钢片能发声，是因为有人用手指给它施力，可是蝉不一样，没有人会因为想让它发声而跑去用手指给它的发声器官施力。那么音钹是依靠什么来调节发音器官的凹凸的呢？让我们回过头来研究它发音器的原理吧。一片黄色的乳状薄膜挡在前面，我们把它撕破，看，两根粗粗的肌肉柱子就这样显现了出来。这两根肌肉柱就像人拨弄钢片的手指一样，连接起来，呈一个 V 字形。在蝉腹背的中线上，同时也就是 V 字形的顶点部分，而 V 字形两端的端口上，有点像被刀生生地截断了一样，在横截面上，又长出一根细细短短的系带，这样一共两根系带对应着跟两侧的音钹相连。这样真相就大白了，系带就相当于人们拨弄钢片的手指，音钹就相当于玩具中的钢片，而玩具的底座，就是蝉身上坚固的框架。这样一来，靠着肌肉柱一张一弛地伸缩，音钹就可以不停地做凹凸的变化，清脆的声音就这样回荡开来。

也就是说，只要肌肉柱能够伸缩，蝉就能发出叫声。我找到了一只刚死去不久的蝉，小心翼翼地把它解剖，找到肌肉柱的存在，然后用镊子轻轻地拉动它，接着松开镊子。肯定是刚死不久的原因，肌肉柱还可以迅速弹回去，一个清脆的声音响起了。很戏剧化的，眼前的发声器的主人已经毫无生气可言，但是在一段时间内，用我的方法，声音还可以源源不断地从它的体内传出来，尽管没有以前那样响亮。没有办法，我只能让这具尸体发音，却不能让它再去调节声音的大小。也就是说，真正的发声器是音钹。我们之前的实验想要找出蝉的发声器官，我们打碎了镜子，破坏了教堂，但还是无法让这些小家伙安静下来，尽管它们看起来已经破败不堪了。现在做了这个实验之后，我们就知道了，要想让这个小东西不再唱歌，其实不用做这么大的破坏，只要一根细细的针就可以了。拿一根针从被我叫作音窗的地方伸进去，尽量地伸到音室的底端，这样就可以触及音钹，不用太用力，针尖就会刺破这个部位，这样一来，这只蝉就再也没有办法高声歌唱了。也许它还可以像以前一样欢快，甚至还可以用自己细细的喙来钻开树皮喝到甘美的汁液，谁也看不出它跟其他的伙伴有什么不一样，但它却不能高声歌唱了。因为音钹上面有了一个缺口，这样一来，整片音钹就不能做凹凸的变换了，就像船上的帆一样。本来帆是可以控制航向的，但是如果在帆上打上大大小小的洞，就算刮再大的风，帆还是一动也不会动，音钹也是同样的道理。

至于为什么之前把蝉的整个发声系统破坏成那种样子，它还是可以歌唱，只是声音变小了而已，原因就在于此，我们只是破坏了它发声的辅助器官。蝉的音盖是一个很结实的外壳，本身不

会伸缩，但是却撑起了它的腹腔，使得腹腔可以做出伸缩。当蝉的肚子鼓起来时，就是里面小教堂的天窗打开了，这样一来整个共鸣腔就会骤然变大，声音自然会变得响亮无比。而如果此时拉扯音钹的肌肉柱同时运动，那么整个声音的音域也会顿时变宽，就像是很快地拨动琴弓所发出的声音一样。但是如果肚子瘪下去的话，那此时的声音就会变得毫无气势可言，低沉，甚至有些沙哑。

因为支撑音钹的肌肉柱不能永远保持这种状态，所以我们在炎热的夏季听到的蝉的叫声往往是一阵一阵的，每段歌声中间大概会有几秒钟的休息。有时候我在观察一只蝉的时候，它会突然开始叫起来，声音洪亮，然后腹部快速地收缩，声音也随着这一阵猛烈的收缩而到了最高的音量，顶峰过后的声音就急转直下，腹部慢慢就瘪了下去，声音也开始变得低沉沙哑，甚至转变成了一种低低的呻吟。腹部在进行了几秒钟的休息后，又攒足了力量，紧接着，一段由低到高的歌唱又开始了。蝉儿们似乎并不在乎自己每次的歌声都是一样的，它们整个夏天都乐此不疲地高声歌唱着。

当然它们的这种兴致是只有在阳光明媚的好天气才会有的，阴天或是吹着冷风的天气，它们就完全没有了唱歌的心情。有的时候，天气闷热，它们就会断断续续地唱着自己的小曲，时不时地休息一下，然后继续歌唱。但是有的时候，处在炎热的天气下反而会让它们异常兴奋，从早上七八点太阳还没有完全发挥自己的威力开始，一时一刻都不会停止自己的歌唱，在肌肉柱需要休息的时候，也顶多是把高声的歌唱转为低声的呻吟，不会完全停止。这样的状况一直会持续到傍晚时分，甚至太阳下了山它们还不是很情愿收工，不知道除了它们还有哪位歌唱家可以每天唱十二个小时。

跟南非熊蝉相比，红蝉要稍微小一点，跟其他的蝉不一样，它的翅脉里和身体的其他部分里流淌的血液都是红色的，而不是褐色的，所以人们才叫它红蝉。这种蝉在森林里并不多见，有的时候我要寻找好久才可能会碰见一只。它的发音器官跟南非熊蝉的不是完全一样，跟我们后来说到的山蝉也有一定的区别。确切地说，是介于二者之间的。因为它像山蝉一样没有音室和音窗，却懂得怎么像南非熊蝉一样靠伸缩自己的腹腔来控制声音的大

小。它的音钹也是裸露在外面的，白色的音钹同样紧挨着翅窝，上面有八条相对较长的平行脉络，还有另外七条看起来短一些的，在八条较长的脉络上逐一排开。小教堂的上面有一个内边缘向下凹的音盖，音盖很小，只能遮住一半的教堂。上面还有一个小小的孔和一个叶片，这就是它的气窗。每次它都会把后腿贴着身体，抬起或降下，这样就可以控制气窗的开合，当然并不是只有红蝉才会这样做，其他的蝉也会，只是红蝉的附器要大得多。红蝉的镜子也没有南非熊蝉的那样大，但是外表上看起来都是一样的。当它的腹部鼓起来的时候，声音就会变得很洪亮，腹部瘪下去的时候声音就会变得低沉无力。还有跟南非熊蝉相似的是，它的叫声也是一段一段的，因为它也是要靠调节腹腔的大小来变换声音的。不过略有不同的是，它的叫声不会一直那么响亮，因为它的音钹有一半是裸露在外面的，那么声音自然会向外扩散一些，声音发出来的时候就没有南非熊蝉那么响亮。但是它的肚子上却自带了一个很大的音箱，这也能从一定程度上弥补它相对较小的音量。

还有一种蝉，博物学家叫它们为山蝉，但是我们却叫它为"咯咯蝉"。我觉得我们的叫法更为贴切，因为这种蝉叫起来真是毫无停歇。之所以叫它"咯咯蝉"，是因为它的叫声听起来就是这样"咯！咯！咯！咯！咯！咯"，连绵不断，有的时候会让人觉得很心烦，因为它的声音并不是清脆的，而是一种几乎嘶哑的声音，每次叫起来都声嘶力竭的样子，扰得人心绪不宁。

好在它们不像南非熊蝉一样，起得那么早，睡得又那么晚，否则每天用这样不悦耳的声音唱这么久，我是接受不了的。这种山蝉个头比南非熊蝉要小一半，因为体形较小，所以动作也比较敏捷，会给人小心翼翼的感觉。我个人不是很喜欢这种蝉，或者说有点厌恶，它们的叫声只要响起，直至它们睡眠这段时间，是不会停歇的。尤其是当那两棵高大的法国梧桐树上落了上百只这样的噪声制造者时，我觉得这简直是一种折磨。就好像有人提着一大袋子的干核桃在你的耳边拼命地摩擦一样，感觉不是你的脑袋先爆掉就是它们先爆掉。

跟南非熊蝉相比，尽管基本的构造没有什么不一样，但是山蝉的声音还是跟它不一样，有自己的特点。它的音钹与后翅的翅窝紧紧地挨着，但是却裸露在外，因为它没有音室，所以就更谈不上音窗。暴露在外的音钹像一块白色鳞片一样干燥并且向外突出，其间横穿着五根脉络，褐色的中间夹杂着一点点的红。腹部的第一节向前伸展出一个簧片，短宽却很有力量，簧片活动的一端跟南非熊蝉一样靠在音钹上，就像木铃的簧片一样，只不过山蝉的簧片没有搭在齿轮上而已。它们的簧片靠在微微震动的脉络上，这可能也就是它们的声音听起来比较嘶哑的原因，但是我又没有办法拿一只山蝉来做实验，它们的胆量似乎跟体积成正比，我一抓住它们，它们的叫声就跟没有危机时候的完全不一样了。

山蝉的音盖中间有一条比较长的缝隙，不像南非熊蝉那样是交叠在一起的。音钹被音盖和簧片遮住了一半，另一半就那样裸

露在外面。有的时候我会用手指轻轻地压它，它就会把腹部和胸前的部分都微微地张开。但是唱歌的时候，它们是不会主动去调节这个部位的，这也就是为什么它们的声音不能像南非熊蝉一样有高低的起伏，因为它们不会急速地运动自己的腹部，这样一来声音就没有大小高低的调节。但是为什么它的声音没有办法增大或是提高，却让人如此不能接受呢？因为山蝉是会腹语术的蝉。我仔细地观察了它的腹部，惊奇地发现，前半部分居然有三分之二是透明的，那不透明的地方到底是什么呢？我用剪子把这一部分剪开，这样透明的部分就跟不透明的部分分开了，原来不透明的部分里装满了它们用来保存、繁衍后代的器官，这里被挤得满满的，丝毫没有空隙可言。但是剩余的腹部却空出很大一块，一个占很大比例的空腔就这样显露出来。我之所以这么说，是因为它几乎占了整个蝉身体的一半，一直延伸到外表皮，只有背面的地方有一层很薄的肌肉紧密地排列着，消化管就长在它的上面，只是很细，就好像丝线一样。而空腔尽头的音钹的肌肉柱就跟南非熊蝉的差不多了，都是呈 V 字形，两边有两面闪耀的镜子，中间就是前胸的尽头，都很空阔。

现在我明白为什么它的腹腔不能伸缩却能发出如此大的声音了，因为它们空空的腹腔就等于一个很大的音箱。南非熊蝉是因为腹腔内没有这么开阔的空间，所以要依靠暂时扩大腹腔体积以增大音量，可是山蝉的腹腔中本来开阔的空间就已经很大了，所以它不需要再去靠扩大腹腔来增大自己的声音。我试着用手指把刚才剪开的地方堵上，声音就变低了，如果在这个地方接上一个圆锥形的小纸袋或是一个小的圆柱，纸袋尖的部分对准山蝉的发声器，这样就形成了一个简易的扩音器。安装了这个装置之后，山蝉的声音可不再是沙哑那么简单了，变得像牛叫一样。正在我的实验做得兴致勃勃的时候，几个小孩子经过我家门外，正赶上这只山蝉开始鸣叫了。我本以为几个小孩子会对这个现象感到惊讶，没有料到的是，他们直接被吓跑了。其实这是他们再熟悉不过的小山蝉的叫声，当然，被我安装了一些简单的装置。

做完这个实验我自己就在想，幸亏山蝉没有像人一样，是进化论的体现者，要不然，这样狂热的歌唱家，如果一代接一代地进化它们有着音箱效果的腹腔，那么过不了多久，山蝉就算离开了我的扩音装置，它们的声音还是会跟牛叫一样浑厚洪亮。试想一下，要是这样的叫声一刻不停地回荡在人们的耳边，那么整个普罗旺斯很快就会成了山蝉的世界，因为没有人会受得了。

当然我还是做了同样的实验，跟对待南非熊蝉一样，也许我更想让这个喋喋不休声音又不悦耳的家伙停下来。其实这比让南非熊蝉停下来更简单，因为山蝉的音钹外面没有一块完整的外壁来保护，所以我轻而易举地在这个地方扎了一个小洞。山蝉可能还不知道自己的身体发生了怎样的变化，它还想像往常一样高声鸣唱，却悲哀地发现自己再也发不出声音了。有时候我会突然很希望整个村庄就像这只山蝉一样安静下来，不过我知道，这只是一个幻想。

　　还有另外一种蝉，雷沃米尔和奥利维埃都称其为毛蝉，我不知道自己是否见过这种蝉，根据他们的说法，这种蝉在普罗旺斯很出名，当地人称之为小蝉，但是在我生活的地区，是没有人知道这种蝉的。所以我想，也许是他们把我们这个地区的另外两种蝉叫成毛蝉了。根据他们的描述，我所在的地区有两种蝉跟书中的差不多，一种是黑蝉，还有一种是矮蝉。其中黑蝉我只见过一次，但是却收集了很多矮蝉。下面我再来描述一下矮蝉的情况吧。

　　它的确是很小的一种蝉，大概就像一般的虻那么大，大约两厘米，应该算是我们这个地区最小的一种蝉了。有三根白色的脉络长在透明的音钹上，音钹虽然勉强能被皮肤上的褶皱遮挡上一些，但还是可以看得见。跟红蝉和山蝉一样，它也没有音室，或者说只有南非熊蝉才有音室。矮蝉的小教堂顶上的两块大镜子之间一样有大大的空隙，两面镜子像两颗四季豆一样，整个教堂就这样显露在外面。因为它们自己有音箱，唱歌的时候也不会变化腹腔的体积，所以声音听起来跟山蝉一样，没有起伏变化。但是它没有山蝉那样恼人，可能是由于体积比较小的原因吧，它的声音不是那种刺耳的响亮，所以即便是很多矮蝉一起鸣叫，也不会让人觉得十分心烦。通常如果你想听见一只矮蝉的鸣叫的话，可能要走到离它只有几步远的地方才可以。

不管叫声是大还是小，是动听还是让人心烦，我好奇的是，为什么它们几乎整个夏天都在不停地叫？很多人可能会毫不犹豫地回答，这是雄性蝉对雌性蝉的吸引方式。如果我没有深入地去观察它们，也许我也会这样认为，但是我家门前的两棵法国梧桐每年都会招来很多各式各样的蝉，十五年来不曾间断，使得我也不得不走进它们之中，好好地了解一番。首先我可以肯定的是，它们的高声鸣叫不单单只是为了吸引雌性的注意力，如果真的只是为了吸引雌性的注意力，那么找到雌性的雄性就完全没有了鸣叫的必要，但是我所看到的情况根本不是这样的。所有的蝉成群结队地把自己的喙钉在树皮里吸取甘甜的汁液，然后似乎就不再离开这棵树了。它们喜欢炎热的太阳，于是就跟着太阳旋转，让自己尽可能地暴露在阳光下。每过一小会儿，就换一个地方继续畅饮。就算在畅饮的过程中，它们也没有停止过高歌。我对它们的群体进行过细致的观察，其中很多雄性的蝉身边已经有雌性蝉的陪伴了，按照高声歌唱是为了吸引异性这个道理，它们此刻应该静悄悄地吸吮着甘露了。可事实并不是这样，它们的身边站着雌性的蝉，但是它们还是高声地歌唱着。所以因为吸引雌性才高

声歌唱的这个理由是有些不妥当的，至少是有些片面的。

当地的居民说，蝉在这个季节高声歌唱是为了给辛勤劳作的人们加油鼓劲。人类这时候在烈日下拼命地劳作，它们却依靠自己的聪慧在大树上栖息且能丰衣足食，所以它们要在自己休息的同时为收割的人们加油打气。这种说法自然是没有科学依据的，甚至是有些幼稚的，但是看在人们如此善良如此童真的份上，我很愿意把这种说法收录进来。

那么为什么它们会这样高声歌唱呢？可能大家都知道，的确有很多昆虫会在栖息的时候发出叫声，但是只要感觉到危险的逼近，通常它们就会选择逃命了，蝉也一样。它有非常敏锐的视觉系统，较大的复眼和三只钻石般的单眼能让它们清楚地看到自己的周围是否有危险逼近，一旦有人接近或是有其他天敌靠近，它们就会立刻逃命去了，哪还有时间高声歌唱？于是我想，要是换一种方式来惊吓它们，结果会不会一样呢？

于是我做了一个让我至今还难以忘怀的实验，我向镇上借了两个大炮，朝里面装上了满满的火药，当然是那种在过节的时候鸣放礼炮用的火药。我想这样的阵势真的是很隆重的，就算是政治家巡回竞选路过这里时都没有这样的阵势。我怕把自己家里的玻璃震碎了，事先把所有的窗户都大大地打开，然后让我的几个昆虫爱好者朋友在窗台前做好记录：放炮前这些歌唱家们都以什么样的阵形在歌唱，数量是多少。然后我毅然地点燃了大炮，"轰隆"一声巨响过后，我本以为树上什么都没有了，可烟雾散去后我甚至对眼前的景象有点不敢相信。蝉儿们还在悠然自得地欢唱着，阵形没有变化，数量也没有变化，就像刚刚什么都没有发生过一样，继续欢快地高声歌唱。于是我大胆地做了一个猜测，或许这些视力超群的小东西都是聋子。它们只对看得见的危险才会采取行动，所以只要没有人打扰它们，就算再大的声音也不会惊吓到它们。

　　蝉到底是因为什么才会不停地高声歌唱呢？难道真的是因为在成功地吸引了雌性之后还要不停地向对方表达爱意？经过研究发现，很多动物在与异性慢慢靠近的过程中都会渐渐地安静下来。所以我只能把蝉的高声歌唱当作对美好生活的一种欢愉的表达，也许并没有什么具体的意义。就像我们尴尬的时候会摸鼻子，兴奋的时候会不断地搓手一样，蝉高声歌唱，是因为生活的美好，歌唱是它们生命中的一部分。也许我的言论听起来有些可笑，也许会有人认为我说的说法合乎情理，但这需要日后更多的人和更先进的科技来证明。

CHAPTER 5

第五章

睿智的红蚂蚁

有这样一位睿智的观察者，虽然他不是那么了解收集在橱窗里的动物，但却是研究原生态动物的专家。在他的专著《动物的智力》中，他说：

法国这种鸟，根据经验知道北方寒冷，南方炙热，东方干燥，西方潮湿。它可以通过丰富的气象知识判断方位，方便飞行。假如把鸽子放进篮子里，拿块布盖着，从布鲁塞尔把它们带到图卢兹，它们是没法凭借眼睛把路线记下来的，但是没有人能妨碍鸽子凭借自己对气温的印象，感觉到自己是向南进发的，所以它才会一直向北飞。一旦感到天空的温度跟自己家乡的温度相当，它就会停下来。就算不能马上发现旧所，它也可以向东或者向西飞上几个小时来寻找，以便纠正偏差的路线。

但是这种解释只适用于在南北方向移动这种情况。如果是在等温线上向东西方向移动呢？那就得另当别论了。再者，这种解释是不能在动物中被推广的。鸽子从几百里远的地方返回自己的鸽棚，燕子穿越海洋从远在非洲的越冬地重新回到旧窝，在这种漫长又艰辛的旅行中，动物是靠视力来指引方向的吗？猫咪从城市的一端跑回另一端的家里，穿越迷宫似的大街小巷，靠的不仅仅是视力，也不可能是气候变化的影响。同理，我的石蜂也不是靠视力辨别方向的。比如在密林里放出几只石蜂，它们不会飞很高，离地面只有两三米，既然无法一眼看出地形全貌以便画出地图，那么为什么要了解地形呢？它们盲目地在实验者身后转几个圈，犹豫了那么一会儿，便向北飞去了。那里有高耸绵延的丘陵，有茂密树林的遮挡，它们顺着不高的斜坡往上飞去，穿越这些障碍。的确是视力帮助它们躲开各种障碍，但视力不能告诉它们要往哪个方向飞。温度显然也不能起什么作用，仅仅是几千米的距离而已，气候是不会有什么变化的。我的石蜂没有从对热、冷、干、湿的经验中学到什么，更何况那还要耗费它们几个星期的时间。就算它们熟悉方位，但蜂窝和放飞地的气候都是一样的，它们怎么能对向哪个方向飞这种事情拿定主意呢？

能不能假设动物们具有人类所没有的一种特别的感觉呢？对于这些现象，我不禁想提出一种神秘的东西来解释。没有人想否定达尔文的权威，他得出的也是一样的结论。动物能够感受磁性吗？当它们身上紧贴一根磁针时，对它们的感觉会有什么样的影响呢？动物对地电会有什么样的感应呢？人类也拥有这样的感应能力吗？毫无疑问，我指的是物理学的磁力，而不是梅斯梅

尔和卡缪斯特罗之流的磁力。如果水手本身就是罗盘，那干吗还要随行带罗盘呢？所以人类肯定是没有相应的能力的。

依然是这位大师的观点，身在异地的鸽子、燕子、猫、石蜂等动物能够找到方向，都是拜一种特别的感官能力所赐。这种能力人类不具备，甚至不能想象。我不能确定这是否是对磁力的感觉，但我已经尽我所能地去研究这种能力，对此我感到满意。跟人类比起来，动物是多么伟大、多么先进啊。除却我们拥有的感官能力之外，动物又增加了一种。为什么人类没能拥有这样的能力呢？对"物竞天择，适者生存"的环境来说，这样的能力是多么有用的武器啊。如果像人们研究所发现的，包括人在内的所有的动物都是从原细胞这一唯一起源产生，并且遵循自然规律在历史进程中自然进化，发展最好的天赋，摒弃最差的天赋，那为什么在低级的动物身上有这种奇妙的能力，而身为万物灵长的人类反而一丝一毫都学不会呢？这种能力远比胡子上的一根毛，或者尾骨上的一截骨头更值得保留啊。我们的祖先怎么会任凭如此优秀的能力在进化中逐渐遗失了呢？

如果这种感官功能真的没有遗传下来，那就缺乏足够的证据。为此，我请教了进化论者，并且期望从原生质和细胞核那里得到不一样的答案。

我们总是认为有某种未知的感官存在于膜翅目昆虫身上的某个部位，是通过某种特殊的器官来感知的。首先想到的一定是触角。我们总是习惯把昆虫那些不明了的行为归结于触角，想当然地认为触角上一定有什么特殊的构造来满足人们的争论，但我的确有充分的理由来怀疑触角带有指向的能力。当毛刺砂泥蜂寻找猎物幼虫时，的确不停地用像小手指一样的触角不断地拍打着地面。那些探测丝仿佛在指引昆虫去捕猎，它们能同时指引昆虫旅行的方向吗？这依然存疑的一点，如今已经被我弄明白了。

我齐根剪断了几只高墙石蜂的触角，然后把它们带到其他地方放掉。但它们像其他的石蜂一样，很容易就返回了巢穴。我用同样的方法试验了我们地区最大的节腹泥蜂—栎棘节腹泥蜂，这种平时能捕捉象虫的节腹泥蜂也回到了它的地穴。由此，我们可以完全摒弃触角具有指向能力的说法。如果这种能力不存在于触角上，它又能存在于什么地方呢？我也不知道。然而，失去了触角的石蜂，回到蜂房并不马上恢复工作，而是盘旋在正在建造的蜂房前，休憩于石子上，停靠在蜂房的石井栏边。它们长久地凝视着没有完工的建筑物，看起来像是在悲伤地沉思。它们来来回回，赶走了所有的不速之客。可是它们也没有运进蜜或者煤灰。到了第二天，它们彻底消失了。一旦没有工具，工人就失去了工作的兴趣。触角是石蜂的精密仪器，如同建筑工人的圆规、角尺、水准仪、铅绳一样重要。当它砌窝时，需要用触角不断地拍打、探测、勘探，只有用触角才能把工作干得精确。

到目前为止，我只实验过雌性石蜂。基于母性，它们对巢穴总是比雄蜂忠实得多。假如实验的对象是雄蜂，那么结果会如何呢？我总是不太信任这些爱拈花惹草的家伙，有那么几天，它们

"一窝蜂"似的在蜂房前面等待雌蜂出来，为了占有情人而互相争风吃醋。然后不管建设工程多么如火如荼地进行，它们都跑得无影无踪。我不明白，对它们而言，回到出生的蜂房或者在别处安居有什么差别呢？只要有老婆就行。没想到我居然想错了，它们也回窝了。由于它们比较弱小，我没有让它们飞太远，只有一千米左右。然而，对雄蜂来说，这也是一场在陌生场所里进行的远征。谁让我从来没见过它们长途跋涉呢？毕竟白天它们就观赏花朵或者参观蜂房，到了晚上就在荒石园的石堆缝里或者旧洞里藏身。

三叉壁蜂和拉氏壁蜂在石蜂丢弃的洞穴里建造房子，比较多的是三叉壁蜂。我要利用这个机会，好好了解一下方向感在膜翅目昆虫上的普及度——这可是个好机会。三叉壁蜂可是不论雌雄，都会返回窝里的。我高效率地解决了一些短距离的实验，结果则与其他实验的结果完全相符，所以我信服了。不论怎样，这些实验都证明，棚檐石蜂、高墙石蜂、三叉壁蜂和节腹泥蜂这四种昆虫都可以返回巢穴。那些例子能否证明所有的昆虫都具有从陌生地方返回巢穴的特殊能力呢？我可不想这样苟且，据我所知，有一种反例，非常能够说明问题。

在荒石园各式各样的试验品中，我的第一选择是著名的红蚂蚁。这种红蚂蚁好比人类中能捕捉奴隶的亚马孙人，但是它们不擅长哺育儿女，即使食物就在身边也不知道去哪里寻找。它们只能去寻找用人来伺候它们吃饭，为它们打理家庭生活，为此红蚂蚁会去偷不同种类的蚂蚁邻居的蛹。这些蛹被运到窝里后，不久就会蜕皮，羽化，这些蚂蚁中的异类就不得不承担起红蚂蚁家族中繁重的家务活。

炎热的夏天的下午，我常常能看到这些蚂蚁兄弟出来远征。蚁队能有五六米长。只要沿途没有什么值得注意的事情，它们就不会停止前进，一直维持队形。但是，一旦发现有蚂蚁窝的蛛丝马迹，领队的蚂蚁就会停下脚步，前排的蚂蚁乱哄哄地散开，又不能走远，只能在原地团团转。后排的蚂蚁大步跟上，便会越聚越多。当出去打探情况的侦察兵回来，证实情况是错误的，它们又排成一队前进。这些强盗穿过荒石园里的小路，消失在草丛中，过一会儿又在远一些的地方出现，然后钻进枯叶堆，再大摇大摆地爬出来，看起来是在盲目地寻找。

终于发现了目标——黑蚂蚁的窝，红蚂蚁们就兴冲冲地冲进黑蚂蚁蛹的宿舍，然后很快带着战利品上来。但是在地下城市的门口，黑蚂蚁也在奋力保护着自

己的财产。这场战斗触目惊心，但是由于双方力量悬殊，胜利的果实毫无疑问是属于红蚂蚁的。它们每一只都带着掠夺物，用大颚咬住还睡在襁褓里的蛹，匆匆忙忙地往回赶。如果读者不了解奴隶制习俗的话，这故事读起来一定相当有趣。可惜这个亚马孙人的故事已经跟昆虫回窝的主题相差太远了，抱歉我不能再谈下去。

抢到了战利品的红蚂蚁，路途远近取决于附近有没有黑蚂蚁。如果走上十几步路，或者五十步路能碰到黑蚂蚁巢穴，它们就会停下来。可是如果没碰到，它们可以走一百步路，甚至更多。有一次我就看见红蚂蚁攀越荒石园四米高的围墙，远征到荒石园之外远远的麦田处。走什么路，对这支所向披靡的队伍来说是无所谓的。草丛、枯树堆、乱石堆、不毛的土地、砌石建筑，它们都可以穿过。它们在道路的性质这方面并没有特殊的偏好。

去时的路是不确定的，但是回来的路却是确定不变的，必须原路返回。无论去时的那条路是多么曲折，要经过多少障碍，就算有再多的艰难险阻，也必须回去重新面对。捕猎的偶然性使红蚂蚁常常要身不由己地选择非常复杂的路线。现在它们带着战利品回来了，依然是来的时候怎么走，回去就怎么走。就算再辛苦、再危险，它们的路线是绝对不会改变的。

假如它们穿过的是厚厚的枯叶堆，那么这条路对它们来说就是一条随时会失足掉下去的布满深渊的魔障；一旦掉下去，就要从谷底爬上来，爬到摇摇晃晃不稳固的枯枝桥上，最后还要走出

64

小路的迷宫，大部分红蚂蚁都会累得筋疲力尽。可那又有什么关系？困难还是要克服的。即使负重增加了，它们依然会穿过这迷宫。要是它们能发现旁边的一条好路——十分平坦，离原来那条路几乎一步都不到，那就能减轻不少的疲劳。可是它们根本没有发现这条仅仅偏离了一点的路。

有一天我把池塘里的两栖动物换成了金鱼。第二天，红蚂蚁们出去抢劫，恰好就是沿着池塘的护栏内侧，排成一个长队前进。没想到北风劲吹，从侧面向蚁队猛刮，把几排的士兵都吹到水里去了。金鱼连忙游过来，张开贪婪的大嘴把落水者都吃掉了，结果蚂蚁们还没过天堑呢，就牺牲了不少。我想，它们回来的时候该换一条别的路走了吧。可事情不是这样的，衔着蚁蛹的队伍还是走上了这致命的悬崖，金鱼则得到了天上掉下来的双倍

食物——蚂蚁以及它们嘴里衔着的蚁蛹。蚂蚁们宁愿被大量地消灭，也不肯选择一条新的道路。

红蚂蚁们一路远征，左兜右转，一定是因为很难找到家的缘故，所以红蚂蚁尽可能去时走哪条路，回来还是要选择那条路。只要它不想迷路，就不能随随便便挑一条路走，它必须走原来的那条路才能回到家。爬行毛虫，从窝里爬出来，爬到另一根树枝上寻找那些更对胃口的树叶时，在行走的路上织了丝线，毛虫是顺着这条线才能返回窝中的。这条丝线是它们回家的线索，是出远门就可能找不到回家的路的昆虫所能使用的最原始的方法。我们对靠原始方法回家的爬行毛虫的了解，可比对那些靠特殊感官定位的石蜂等昆虫的了解要多得多。

但是同属于膜翅目昆虫的红蚂蚁回家的方法却很有限，你看它们只能按照原路返回。难道它们也是在模仿爬行毛虫吗？它们的身上没有能够吐丝的劳动工具，所以路上不会留下指路的丝。那么它是通过散发某种气味，比如甲酸味，再通过嗅觉来给自己指路的吗？大多数人们都同意这种说法。

如果说蚂蚁是通过嗅觉来认路的，而这嗅觉就存在于动个不停的触角上，我不太赞同。首先，我不相信触角上会有嗅觉，理由已经说明过了。另外，我也希望借助实验来证明，红蚂蚁并不是靠嗅觉来指引方向的。

我花了整整几个下午来侦察我的红蚂蚁们出窝，但是常常无功而返。于我而言，这太浪费时间了。我找了个不太忙的助手——

我的孙女露丝，她对蚂蚁的事情非常感兴趣，她见过红蚂蚁大战黑蚂蚁，总是沉思蚂蚁抢劫襁褓中的小孩一事。露丝的脑子里充满了崇高的职责感，十分骄傲于自己小小年纪就能够为科学这位贵妇人效劳。遇到好天气，露丝可以跑遍荒石园去监视红蚂蚁，仔细辨认着它们走到被劫持蚁窝的路。我十分信任她的热情。一天，我正在写每天必写的笔记，露丝就砰砰地敲起实验室的门来。"是我啊，快来，红蚂蚁进了黑蚂蚁的窝，快来！""你看清楚它们走的路了吗？""是的，我还做了记号呢。""怎么做的记号啊？""像小拇指那样，我把白色的小石子撒在路上。"

我跑过去发现，正如这位六岁的合作者所说的那样，她事先准备了小石子，看到蚁队从兵营里出来，便一步步紧跟在后面。每当蚂蚁走过一段路，她就撒下一点石子。眼看红蚂蚁们的抢劫活动已经结束了，现在正在原路返回中。离回窝的距离还有一百来米的时候，我就已经胸有成竹地准备好了一切。

我用一把大扫帚，把蚂蚁的路线统统扫干净，宽度有一米左右，把路上的尘土统统换成了其他的材料。如果原来的泥土上有什么味道的话，现在都已经被完全消除了，我打赌蚂蚁们会晕头转向的，并且我把这条路的出口分割成彼此相隔的几步之远的四个部分。

当蚂蚁们来到第一个切口的时候，它们显然相当犹豫，有的后退，再回来，再后退；有的在切口的正面徘徊不前；有的从侧面散开，好像要绕过这个陌生的地方。蚁队的先锋们开始还聚集

在一起，后来就结成了几分米的蚁团，接着散开，宽度有三四米。但后续部队不断冲过来，导致场面十分混乱，蚂蚁们彼此堆在一起，乱哄哄的，不知所措。最后，有几只蚂蚁冒险走上了被扫过的那条路，其他的也紧随其后。也有少量的蚂蚁绕了个弯，走上了原来那条路。在其他的切口处，蚂蚁们同样犹豫不决，但是它们还是走上了原来的道路，只不过有些直接，有些间接。尽管我设了圈套，但还是没有骗过蚂蚁，它们回到了自己的家。

这个实验似乎说明，嗅觉在帮助蚂蚁回窝这件事上起了很大的作用。凡是道路被割开的地方，蚂蚁们都表现出犹豫，同样的犹豫。仍然有一些蚂蚁从原路回来，大概是因为扫除的不彻底，一些有味道的粉末还留在原地的缘故。一些蚂蚁绕过了干净的地方，大概是受到了被扫到一旁残屑的指引。因此，无论赞成嗅觉的作用，还是反对嗅觉的作用，都必须在更好的条件下进行实验，要百分之百去掉所有有味的材料。

在几天之后，我重新制订了计划，比上次要严谨一些。露西观察了不久，又很快向我报告，蚂蚁出洞了。我早就已经猜到了。那是一个六月闷热的下午，暴风雨马上就要来临了，这种时候这些红蚂蚁一般都会出发远征的。在蚂蚁行进的路上，还是撒满了石子，都是我选定的地方，我想这更有利于实现我的计划。我在池塘的一个接水口处接了一根用来在荒石园里浇水用的布管子。一打开阀门，汹涌的水流就冲断了蚂蚁的回路。那水流有一大步那么宽，长得没有尽头。就这样，用大量的水冲刷地面达一个小

时之后，红蚂蚁们带着战利品回来了。当它们靠近这里时，我特意把水流调小，放慢了它的流速，减小了水的厚度。我故意为红蚂蚁设置了一条走原路不得不面对的障碍，当然越过这障碍并不十分费力。

蚂蚁们真的犹豫了很长时间，那些走在队伍后面的蚁兵们都有时间爬到前面来跟排头兵聚集在一起。于是，它们踩着露出水面的卵石走进水流里。但是脚下的基础一旦没有了，水流就把那些勇士卷走了，它们依然没有丢掉战利品，而是随波逐流，在水中的小洲上停靠，等到被冲到河岸边，它们又重新开始寻找可以涉水渡过的地方。几根麦秸被水冲散，就构成了蚂蚁们可以走过的渡河的桥，虽然它们都摇摇晃晃的。另外一些散落在水里的橄榄树的枯叶则是木筏，运载带了太多战利品的乘客。有一些勇士们靠着自己努力的跋涉和良好的运气，没有借助任何过河工具就上了对岸。我看到有一些蚂蚁被水流卷到河中间，离此岸或者彼岸都有一段不远的距离，它们就惊慌失措，不知如何是好。即使是在这溃不成军的一片混乱之中，也没有一只蚂蚁因为遭遇了灭顶之灾而扔掉自己的战利品，它们就算死也要跟战利品死在一块儿。实验的结果就是蚂蚁们为了沿着原路返回而凑合着过了急流。

在这场实验中，我觉得路面上的气味问题基本可以排除在外了。那片土地在不久之前刚被急流冲刷过，之后又一直有水流流过。就算是路上真的有甲酸的味道，我们的鼻子虽然闻不到，但是至少在被急流冲刷过之后应该闻不出来。在这一种极端的情况

之后我想试验另一种极端的情况：就是用另一种强烈的味道来遮盖住原来的味道，看看这样会有什么情况发生。

我在蚂蚁即将返回的第三个路口处，用新鲜的薄荷叶把地面擦了擦。这薄荷是我刚刚从花坛里摘下来的。远一点的路面上，我用薄荷叶覆盖。蚂蚁回来的时候，毫不在意地经过了擦过薄荷的区域；只是在盖着叶子的区域上犹豫了一下，就走过去了。经过这场实验之后，我发现嗅觉不是指引蚂蚁沿着原路回窝的唯一线索，其他的一些实验应该会使我明白其中的原因。

这次，我不改变地面的状况，只是用几张大报纸盖住了路中央，压上几块小石头。这个像地毯一样的玩意彻底改变了道路的外貌，却一点都没有改变地面的味道。可是蚂蚁居然在这个家伙

面前犹豫了许久。比起我设计的其他诡计，甚至是急流，蚂蚁们这次要更加焦虑。它们从各个方向侦察，一再尝试前进和后退，试了许多次之后，才冒险走上了这片没见过的区域。等它们终于穿越这片铺着报纸的地区，队伍才恢复正常行进。

离这几张报纸不远的地方，有另一个圈套在等待着蚂蚁们：我用一层薄薄的黄沙把路切断，这块地原来是浅灰色的，如今变成了黄色。仅仅是颜色的改变，一样使蚂蚁们惊慌失措了许久，但是最终这个障碍也被克服了，而且没用多长时间。

蚂蚁在纸带和沙带前面犹豫不决，停步不前，而除了颜色，报纸和黄沙的出现并没有改变路面的其他状况。这就说明蚂蚁能够找到回家的路并不是依赖嗅觉，而是视觉。不论我用什么方法改变路的外貌，用薄荷叶盖住地面，用扫把扫地，用纸当作地毯把路面遮住，用水流冲刷地面，用不同颜色的沙子截断道路，蚂蚁回家的队伍总是会停下来，犹豫不决，不停地探索，想知道究竟发生了什么变化。对，是视觉，不过蚂蚁们非常近视，只要移动几个卵石就足够改变它们的视野了。由于视野狭窄，一层沙、一片薄荷叶、一条纸带，哪怕只是挥动一下扫把甚至是更微小的改变，都会使蚂蚁眼中的景色全非。那些想带着战利品尽快回家的蚂蚁们就会停下来焦虑不安地等待。它们之所以能通过，都是因为在反复尝试通过的过程中，有些视力好的蚂蚁认出了这片区域，这是它们熟悉的、曾经穿越过的区域。而其他的蚂蚁相信这些视力好的蚂蚁，便勇敢地跟随它们走过去。

　　如果只是拥有视力，而没有对地点的精确记忆，这些蚂蚁依然不能顺利地回家。一只蚂蚁的记忆力跟人类的记忆力有什么区别呢？它究竟是什么样的呢？我无法回答。但是我只要用一句话就可以说明：只要是去过一次的地方，昆虫就会记得非常牢，更重要的是，它们记得准确。我多次见过这样的情形：被抢劫的黑蚂蚁向这些野蛮的亚马孙人提供了太多的战利品，它们甚至拿不了。于是在第二天，或者是两三天之后，这支远征军会再次出发。这一次就不同于第一次的沿途寻找，它们会直接奔向拥有许多蛹的蚂蚁窝，而且走的是第一次去时的那条路。我曾经沿着亚马孙人前两天曾经走过的路用小石子来设置路标。使我惊奇的是，它们两次走了相同的路！走过了一个石子，又一个石子。我在它们走之前预测，它们会根据石子路标，从这里走，从那里过。果不其然，它们沿着我矗立的石桥墩，从这里走，从那里过，甚至没有一点偏差。

　　已经过了那么多天了，难道气味能够一直留存在那里吗？谁都不能断然这样说，所以指引亚马孙人的应该是视觉。当然除了视觉之外，还应该有它们对地点的记忆力。这种记忆力能够持续很久，至少能保留到第二天，甚至是更久。这种记忆力不见得比人类的记忆力不可靠，全是凭借它，队伍才能走过高低不平的各种地面，完全沿着前一天走过的路行进。

　　除了对路面的超凡记忆力之外，红蚂蚁们有没有像石蜂那种在小范围内可以指向的能力呢？如果是不认识的地方，红蚂蚁

们怎么办呢？它们能不能返回它们的巢穴或者跟它们的伙伴会合呢？

这里的红蚂蚁们更喜欢猎物丰富的北边，但是荒石园的南边就很少能看到它们的踪影了。可以说，它们对南边并不像它们对北边那样熟悉。现在我想试试在陌生的地方，红蚂蚁是如何行动的。

我站在蚂蚁窝附近，当部队捕猎归来时，我把一片枯叶放在蚂蚁的面前让它自己爬上来。我没有碰到它，只是把它运到离部队两三步远的地方，只不过是在南边。对红蚂蚁来说，这足够使它离开熟悉的环境，使它彻底晕头转向了。我看到这只离队的红蚂蚁大颚上衔着战利品，在地面上随意闲逛。它以为自己是在去跟伙伴们会合，其实它自己早就越走越远了。它尝试着各个方向，向北，向南，往回走，再走远去试试，朝着许多个方向探索过之后，它依然没有找到正确的路线。这个牙尖齿利的"黑奴贩子"迷路了，而且是在离队伍只有几米远的地方。我的印象里始终有这样几位迷路者，它们独自转悠了半个小时也没有找到大部队和回家的路，但是嘴上一直叼着来之不易的战利品。它们会怎么样？它们要这战利品有什么用？

我们前面已经看到，这亚马孙人拥有良好的记忆力，不仅记得牢靠，而且长久。那这种记忆力究竟好到什么程度，能够把印象久久地铭刻在心里呢？亚马孙人到底是走了许多次这条路还是只需要一次就足以令它们在脑子里刻下深刻的记忆呢？我没办法

在这个方面进行实验，我不能确定红蚂蚁这次走的路线是不是它们第一次走的路线，也无法规定这个军队到底走哪条路。当红蚂蚁们远征去掠夺猎物的时候，它们看起来随心所欲，一直向前走，我没法干预它们朝哪个方向走。那么拥有良好感官能力的膜翅目昆虫又是怎么做的呢？

可以肯定的一点是，红蚂蚁没有膜翅目昆虫所拥有的指向器官，它们只有良好的记忆力而已。只要偏离原路几步的距离，就足以使它们迷路，并且再也无法与家人团聚，但是石蜂却可以穿越几千米陌生的天空。能够指认方向的奇妙感官只有几种动物所有，人没有，我为此感到惊讶。毕竟两个比较项的差别这么大，难免引发争议。现在这种争议不存在了，因为我用两种非常接近的动物进行了比较，两种膜翅目昆虫。如果它们是一个模子里出来的，那为什么一种有那种神奇而特殊的感官，而另一种却没有呢？比起器官那种小问题来说，多拥有一种感觉能力可是重要多了。我期待进化论者能给我一个靠得住的理由。

第六章

蝉和蚂蚁的寓言

　　似乎人类很愿意以传言的方式去了解事物，不管关于人还是关于动物或是关于某一件事情，大家可能往往都会一直相信从书本上、从别人嘴里或是从各种各样的渠道得来的信息，似乎没有人愿意再去印证一次，这些久为流传的事物当中，有很多其实都是很可笑不科学的。

　　比如关于蝉和蚂蚁的故事，这个寓言可能很多人在很小的时候就听过了。整个夏天，蝉都在树上高声歌唱，当看到小蚂蚁们成群结队地往洞里搬运食物的时候，它觉得这一切很可笑，还问蚂蚁："现在正值夏季，有这么多可口的食物，为什么要这么着急储藏食物呢？而且现在天气这么炎热，在这种天气里劳作是一件多么痛苦的事啊！"蚂蚁很诚恳地告诉蝉："夏天很快就会过去了，秋天到了的时候，就没有这么多的食物供我们储藏了，如果是这样，那么到了冬天，我们会饿死的。"但是蝉听了这些却不以为然，甚至还觉得蚂蚁的担心是多余的，于是继续在树上高

声歌唱。很快夏天过去了，万物萧瑟的秋天到来了，蝉每天忙着找吃的都没有办法填饱自己的肚子，更不要说储备食物了。到了冬天，蝉忍冻挨饿，终于有一天，它受不了了，来到了蚂蚁家，祈求蚂蚁施舍给它一点食物，可是蚂蚁却说："过去在我们辛勤劳动的时候你在唱歌，现在你可以去跳舞呀！"这段寓言在很多小朋友的童年里都留下了很深的印象，并且他们深深地记住了一件事，那就是蝉是懒惰的家伙，我们不能向它学习，否则就不会有一个好的结局。

这个寓言在之后很长的一段时间里，甚至一直到现在，还对人们有着深远的影响，大家现在还是认为，蝉是一个爱炫耀自己歌喉的懒家伙。可是事实真的是这样的吗？当然不是。蝉生活在有橄榄树的地区，事实上，这个地区很少有人会听见蝉的叫声。但是大家还是觉得它是个只会唱歌的懒虫。因为人们通常很信赖来自小时候的记忆，就像很长一段时间都相信大森林会有吃掉小红帽的大灰狼一样，当我们钟爱的书本上出现这样一个寓言以后，儿童就会发挥他们的本性，把这些讲给身边的人听，大人们也认为这些牙牙学语的小精灵是不会骗人的，更何况这样的寓言是自己从小就学过的。于是，蝉的声望就这么被破坏了。它是人们口中到了冬天就会被饿死的可怜虫，是向蚂蚁乞讨的小乞丐，偶尔还要靠偷食我们庭院中的麦粒来维持生命，蝉在我们的眼中真算得上是毫无优点了。

可是真正的情况是，冬天的时候根本就没有蝉，就像我们不

会在夏天看见雪一样；蝉也不会去偷吃我们遗落在庭院里的米粒，因为吃这样的食物会毁了它较弱的吸管；更不会去向小蚂蚁乞讨，让你去和小鸟对话行得通吗？尽管这么多不争的事实摆在眼前，可还是会有很多人说蝉是一只会鸣叫不停的懒东西。

造成这样一个甚至有点可笑的错误，使得蝉背负了一个莫名的坏名声，始作俑者到底是谁呢？只能说是这篇寓言的作者——拉·封登。当然首先要承认的是，在他的寓言中，对于其他动物的很多描写都是很细腻的，像是对乌鸦、黄鼠狼、山羊、猫、狐

狸还有狼等这些动物的描写都很生动，加上是用寓言的手法来描述，所以他的故事都让人觉得既细致入微又生动活泼，加上他对很多动物的习性、品行的描写都是正确的，所以人们对书中的内容很少产生怀疑。

但是人们没有想过，这些动物都是他见过的、细心观察过的，甚至会成群结队地出现在他家门前，它们的生活习性拉·封登自然很清楚。可是蝉这种昆虫，对于他来说可不是熟悉的物种，他只是凭借自己平时听见的叫声和从前得到的关于蝉的印象，就错把蝈蝈儿当成了蝉，这个错误在他看来不是什么大事，可是蝉却因为这个寓言一直背负了很多误解。

这个寓言传播范围的广泛程度是让人很惊讶的，这位法国的寓言家的故事很受欢迎，简单易懂，并且能让小孩子们学到很多知识。其实早在拉·封登之前，就有人写过这个寓言，那就是希腊寓言，所以早在古代的希腊，孩子们就知道蝉是一个只知道享乐的懒家伙，最后有一个悲惨的结局。当他们背着草编的小筐，装满了无花果和橄榄，蹦蹦跳跳去上学的时候，他们就会高声地温习着课本上的寓言，虽然情节听起来没有后来拉·封登描写得那样生动，但是大致的内容是一样的。还是说蝉在夏天没有辛勤劳作，最后在冬天被冻死的故事。

还有人为了让拉·封登的寓言看起来更生动，为他的寓言添加了插画，就是同样生于法国的画家格兰维尔。但可惜的是这位想象力丰富的画家犯了同样的错误，画面中的情节应该是寓言中冬天里发生的一幕。蚂蚁就像一个勤劳的主妇一样，好像是已经开始忙活着把潮湿的麦粒搬出来晾晒了，而可怜的蝉这时候就低声下气地站在门口，把自己长长的手伸进了蚂蚁的家，想求得一点施舍，但是蚂蚁却说出了最让孩子们铭记的话："过去在我们辛勤劳动的时候你在唱歌，现在你可以去跳舞呀。"为了让这个画面更具讽刺意义，格兰维尔让蝉穿戴上了漂亮的衣帽，甚至还赐给它一把艺术家的吉他，向人们暗示这个在夏天高声歌唱的懒家伙现在遭到了应有的惩罚。可正是这把吉他显示了他在这个问题上的错误，他肯定也跟拉·封登一样，把蝈蝈儿错冠上了蝉的大名。

但我更不能原谅的还是希腊的作家，拉·封登不了解蝉，仅从解剖学家那里听了一些言论，加上自己的分析和天马行空的想象，才把蝉写成了一个整个夏天都在歌唱而不去觅食、最后在冬天饥寒交迫的状况下死去的可怜虫。但是希腊的作家不一样，他们天天都能够看得到蝉，只要稍加留心，甚至只是随便看一下，也不会创作出那么荒谬的寓言。如果说他们是根据古印度关于蚂蚁和蝉的故事而继续承袭，那更是让人不可原谅，因为这代表了他们不仅没有细心观察自己的生活，只知道一味地去遵循传统，更揭露了他们理解寓言时的肤浅。文明的古印度在流传开这则寓言的时候，旨在告诉人们要有居安思危的思想，做好充足的准备来应对以后的日子，以免苦难发生时没有防备。所以，最初故事里的主人公很可能根本不是蝉，只是随便一种什么昆虫都可以。

人们甚至因为这个故事产生了许多深刻的思考，就像后期人类第一次意识到水的重要性之后开始大力倡导要节水一样，这个故事在古印度河两畔广为流传，并时刻提醒着人们要为一些灾难做准备。故事一代代地流传，没有人去刻意地告诉谁有这样一个寓言，但是不管大人还是孩子都知道这个故事，并且他们讲出的故事基本上也都是一样的。但并不是所有的人都能清楚地记得故事的原貌，当一个走形的技艺开始往下继续的时候，就注定了错误的开始，而流传到最后，到了古希腊人的记忆中时，已经没有人知道这个故事最初所蕴含的哲理，只知道这则寓言要告诉人们的是，曾经只知道享受美好时光的蝉最终得到了应有的报应。可怜的蝉为这个寓言背上了一世的黑锅，并且似乎再也没能翻身。

当然，现在我做的一切是想为这个可怜的小家伙平反，还它一个清白。但是有一点我还是很肯定地承认的，它们的确是比较聒噪吵闹的。我为什么这么了解，因为它们正是我的邻居。我家门外有两棵法国梧桐树，每年夏天，郁郁葱葱的枝叶就像在对它们进行某种有魔力的召唤一样，使它们成群结队地扑向这里，好像来晚了就没有安身之地一样，然后就开始放声歌唱，一只蝉的歌唱也许还会让你有心情去聆听，以美好的心情去欣赏。可是当数百只这样的歌唱家一同在你的窗外鸣叫的时候，是不会有谁还可以感受到其中的美妙的。所以我只能早早地起床，抢在它们还没有准备开始歌唱之前，只有那段时间我可以清醒地进行我的工作。等到它们也渐渐地苏醒，然后就又是高声地歌唱，有的时候我真的觉得这种声音可以用震耳欲聋来形容，我觉得自己的耳膜在接受前所未有的冲击。整个脑袋里没有任何的想法，都是乱哄哄的聒噪，更不要谈什么写作。可能很多人还会把这种小东西养在家中，只为了在心情不好的时候能够听它们欢快地鸣唱，可我却不一样，或许只有一只的话我也会很喜欢，但是现在的问题是成百的蝉一起在你耳边高声歌唱的时候，真的是让人很难以忍受的。

可能我和它们之间无法沟通的原因，我们都觉得对方是有些不讲情理的。现在，我每天要起得很早，才可以趁它们没有歌唱之前求得一段安静的时间，潜心我的工作。要知道，我这么努力地表达出来的文字，可是在为它们鸣不平啊，它们就不能识相一点、配合一下，给我一段安静的时间吗？可是从蝉的角度上来讲，如果它们能够听得懂我在说什么，恐怕也会觉得我是不可理喻的吧。因为早在我住在这之前，这两棵高大的法国梧桐就已经存在了，这里早就成为它们聚会的场所，对它们来说，恐怕我才是不速之客吧？所以我根本没有理由命令它们安静。

尽管我带着一点点的怒意，但还是愿意去寻找事实的真相来还这些可怜的家伙一个清白的。尽管我感觉它们的声音快要震坏了我的耳膜，但是我还是在树下坐了几天，对这群小东西进行了观察。首先我可以肯定的是，它们并不是懒惰的家伙。这里的七月是一个热得让很多人都无法忍受的时节，更不要说这些小小的昆虫，在酷热的天气里，它们甚至失去了往日的活力，一

动不动，想去寻找甘泉，又怕死在寻找的途中，所以只能焦急而又无奈地等待着。可是蝉却似乎丝毫都不害怕这样炎热的天气，它就那样轻松地停在树干上，然后用自己坚硬的小喙像电钻一样在树皮上扎一个小洞。看起来十分坚硬的树皮下面其实早已被太阳晒得充满了汁液，这些对于它们来说无异于甘醇的佳酿，它们畅快地饮用着，高声地歌唱着，仿佛自己跟这个炎热的夏天没有一点关系。

　　这样高调的行为自然很快就引起了其他昆虫们的注意，我很高兴自己没有早早结束自己的观察，因为接下来发生的一幕，正是我为蝉平反的有力证据。所有的小虫子这个时候都很干渴，但是又不愿意盲目地出行去寻找水源，这样很有可能会断送自己的

生命。于是它们只是原地不动地四下搜寻着，先确定了水源的位置它们才会采取行动。很快，蝉在树枝上钻开的小井就开始汩汩地向外流淌甘泉了，这很难不引起其他昆虫的注意，天上飞的、树上挂的、地上爬的，刚才还静悄悄的世界一下子变得喧闹起来了，大家蜂拥而至，蜜蜂、苍蝇、花金龟等，当然来得最多的就是在寓言的最后大肆嘲笑蝉的蚂蚁大军。它们团团围住这口冒着甘泉的小井，汁液流过的地方都被舔食得一干二净，那些小蚂蚁起初不敢太靠近，因为在所有前来偷取蝉的劳动成果中的昆虫中，它们的体积是最小的，它们要确定上前没有危险后才会采取行动。所以起初，它们只是围绕着蝉，小心翼翼地喝一点。蝉倒是很大方，自觉地抬起自己的足，让这些小东西可以到井口边喝个畅快。但是这一举动似乎给了蚂蚁们莫大的鼓舞，它们大肆向前，完全变成了一群得寸进尺的掠夺者。开始的时候还不敢向前，现在胆子大一点的竟然开始一点点地啃咬蝉的足，它们甚至没有想过，要不是蝉刚才大度地抬起自己的足，它们根本没有机会靠近井口呢。甚至还有的蚂蚁可笑到爬到蝉的头上，抓住蝉的喙，使劲地向后扳，它们一定以为，把蝉的喙拔出来以后，井里的甘泉就会喷薄而出。蝉被这群无耻的争夺者弄得失去了耐心，反正自己有钻井的能力，它决定放弃这口井，也省得被这些可恶的东西扰乱心绪。当然，临走之前它还教训了它们一下，在它们的头顶撒了一泡尿。尽管是遭受了这样的侮辱，蚂蚁们还是兴高采烈地围绕在小井的旁边，它们以为里面的甘泉会源源不断地向外流淌。其

实它们不会知道，蝉的喙不仅仅是一个钻井的机器，更是一台小型的水泵，没有它，这口井很快就会枯竭。

看到这里，我想我可以为蝉平反了。我要否定的不是它们高声歌唱这件事情，而是它们去向蚂蚁乞讨这件事情。这则寓言故事从某种程度上来说是很荒谬的，蝉和蚂蚁在很多时候是没有交集的，即便是有，也不是像寓言中说的那样，是蝉以一个卑微的姿态去向蚂蚁乞讨，然后蚂蚁并没有对眼前的这个可怜虫产生一丝一毫的怜悯，在一通冷嘲热讽后把它赶出了家门；甚至事实正好完全相反，寓言中的两个形象在现实中完完全全地颠倒了过来。在寓言中可怜巴巴去祈求食物的现在变成了自食其力的开拓者，而在寓言中趾高气扬地嘲笑别人的现在反而成了不知廉耻的掠夺者，这一点实在是有太多的人都不知道吧。更过分的是，这些掠夺者在不知廉耻地掠夺之后，根本没有一丝感恩之情。整个夏季，蝉从自己的硬壳中奋力地挣脱出来以后，只能有五六个星期的欢闹时间，时间一过，它的生命就基本画上了句号。从树上掉下来，毫无活力的生命很快就会在太阳下化作一副干尸，此时来分解它们尸体的就是之前那群掠夺者。有的时候更让人觉得蚂蚁很无情的是，有的蝉只是生命的迹象在逐渐减弱，从树上掉下来，但并不是真正地死掉了，这时候蚂蚁一样会无情地把它们肢解。有的时候我甚至可以看到，它的翅膀还在微微地颤抖着，可是蚂蚁还是毫不留情地将它往洞口拖去。这时候的蝉应该是很伤心的吧，曾经那么不计较地把汩汩的甘泉分给它们喝，如今却落得

个生生被肢解的下场。

我所知晓的也有关于蝉的很写实很科学的诗歌，也是关于赞美蝉的一首诗歌。诗歌是用普罗旺斯语写的，我在不改变诗歌原意的情况下把它用法语翻译出来，因为不是所有的普罗旺斯语在法语中都能找到相对应的词。

蝉和蚂蚁

我的上帝，天气很热！但对蝉来说可是件好事。

它兴奋到极点，在阳光下尽情地享受。

阳光如火球般炙热，一场大丰收就要到了！

在麦子金灿灿的波浪里，劳动者们

面朝黄土背朝天地挥洒汗水，世界很安静：

着火似的喉咙首先扼杀了它们的歌声。

但是可爱的蝉儿们，你们不怕这炎热的季节，放开音量

让你们的声音响起来。

尽情地摇摆自己的肚子，鼓起你们的身体。

田间的人们挥舞着镰刀，

刀来回地翻转着，刀刃

在金色的麦浪中也闪着光亮。

收割的人们把小水罐挂在腰间，

里面装满了水，用草把口塞住。

此时感受不到酷暑的只有磨石，静静地躺在木头盒子里，

时不时地还可以畅饮一番；
劳动者们却在毒辣辣的阳光下喘着粗气，
热气似乎都快钻进骨头里了。

可是蝉却有自己的解暑方法，你把自己的小喙扎进
小树那丰满多汁的树皮里，
钻一口小井，
甘泉从细细的喙向外涌出。
这时你才开始慢慢地靠上前
开始享受炎夏中冰凉的甘泉。

可一切都不会那么完美，绝对不会！因为有强盗
在你身边窥视的，漂泊至此的，
看见你尽情地饮用甘泉，也赶紧跑过来
想跟你一起享用甘甜的汁液。
你要注意了，它们是一无所有的强盗，
谦卑只是伪装，紧接着它们就会显现出无赖的本质。

从只求解渴，到要求一点满足感
然后就大肆地抬起头
想要全部。用它们尖利的爪子
开始撕扯你的翅膀。
甚至骑到你的身上；

按住你的嘴，踩住你的脚，向后拉你的角。

一群强盗还如此大胆，终于你不想再跟它们纠缠。
但是你生气地向它们撒了泡尿，
然后就远远地离开了，
这些无耻的偷水贼。
它们放肆地大笑，嬉笑打闹，
嘴边还有甘甜的汁液。

这些专门偷取别人劳动成果的窃贼中，
最得寸进尺的就是蚂蚁。
苍蝇、黄边胡蜂、胡蜂、害鳃金龟，
这些都是窃贼分子，
在火球一样的太阳下蹭到你的井边解渴，
可蚂蚁却想鸠占鹊巢。

踩着你的脚，按住你的脸，
捅你的鼻子，
使尽各种无赖的手段就是为了赶走你。
甚至借助你的爪子向上爬，
放肆地爬到你的翅膀上，
想用散步惹恼你。

第七章

迷人的大孔雀蝶

　　大孔雀蝶的毛虫拥有黄色的外表，这样的体色非常容易引起人们的注意。毛虫的体节尾部环绕着黑色的纤毛，这些纤毛稀稀疏疏地分布着。还有一些闪亮的蓝绿色珍珠也在毛虫体节的末端镶嵌着。老巴旦杏树叶是大孔雀蝶毛虫的食物，它们的茧通常都是与树根部的树皮紧挨着的。这些茧呈褐色，好像渔夫的捕鱼篓一样，长相奇怪，而且非常粗大。

　　一只大孔雀蝶在5月的一个上午从我实验室桌子上的茧里孵了出来。这是一只雌性的大孔雀蝶，它就是在我的眼皮底下进行蜕变的。我赶紧把这只蜕变了的大孔雀蝶放进我的金属钟形网罩内。作为一个观察者，我只是把这只大孔雀蝶简单地关了起来，并没有对它做其他的什么处理。它浑身湿透了，这是因为孵化时的潮湿导致的。我对它的观察非常仔细，一刻也没有松懈，生怕会错过好机会。

　　大孔雀蝶拥有美丽的外表。它们穿着栗色的天鹅绒外套，还系着一条白色的皮毛领带。它的翅膀中间有一个圆形的斑点，就像是一只漆黑亮丽的眼睛。这个圆形的斑点拥有美丽的光环，像彩虹一样，栗色、鸡冠花红色以及白色等色彩交相辉映。翅膀的周边呈烟熏的白色状，而中间则有一条之字形的曲线穿过，同样是白色的。此外，大孔雀蝶的翅膀上还布满了灰色和褐色的斑点。

晚上快九点的时候，我的家人都已经进入梦乡了，然而就是在这个时间，我听到隔壁房间的一阵骚乱声。保尔好像在挪动着什么东西，他半裸着身子来回跑跳，双脚直跺，拼命地想要将椅子推翻。我听到他的呼喊声，兴奋而激动："快来啊，房间里飞满了蝴蝶啊，像鸟一般大小啊！"我急忙跑过去，看到的场面让我大吃一惊。在过去的时间里，还没有哪一种大蝴蝶能够如此般将我的居室侵占。数不过来的大孔雀蝶飞满了孩子的房间，并且已经有四只被抓住关在了麻雀笼子里。

看着这样的场面，我想到了早上被我关在金属钟形网罩中的那只雌性大孔雀蝶。我对保尔说："儿子，留下你的鸟笼，把衣服脱下来，跟我一起去看看究竟发生了什么古怪的事情。"我和孩子一起来到了我卧室右边的实验室。经过厨房的时候我们看

到了同样受到惊吓的保姆，她正在用自己的围裙驱赶大孔雀蝶。一开始她还以为这些是蝙蝠呢。这些大孔雀蝶正是早上被囚禁起来的那只雌蝶招来的，想必它们已经把我的整个房子都占领了。幸亏有一个窗户还开着，这能够让它们畅通无阻地从我的居所中出去。

走进实验室后看到的场景更是让我记忆犹新。一群大孔雀蝶围绕着关着那只雌蝶的钟形网罩飞着。它们一会儿飞过来，一会儿又飞走。来来回回，时而停歇，时而继续飞翔，与天花板等实物的碰撞发出了噼噼啪啪的声音。整个实验室就像是一个招魂卜卦者的洞穴，非常危险。儿子因为害怕而紧紧地抓住我的手，他想让自己变得胆大起来。大孔雀蝶有时会抓住我们的衣服，与我们的脸相擦，还会扑打我们的肩膀。有时候又向蜡烛扑过去，用翅膀将烛火拍灭。算上卧室和厨房里的那些，我的住所里一共飞来了四十只左右的大孔雀蝶。

谁都认识这种欧洲最大的蝴蝶，然而并不是所有人都见过今晚的这场大孔雀蝶晚会。这真是一场让我至今无法忘却的晚会啊。它们是飞来向这只雌蝶求爱的，然而这四十余只雄性大孔雀蝶是怎样获得信息的呢？蜡烛的火焰将这些冒失鬼的翅膀烧黄了不少，我们今天还是不要再打扰这些求爱者了。我想明天先拟好一张实验问卷，然后再来对它们进行研究，今天还是让我先把场地清理一下吧。

我对这群大孔雀蝶的观察持续了八天。在这八天之内，它们每次都是在同一个时间段出现在我的居所里，也就是晚上的八点到十点。这正是昏沉沉的黑夜时分，在外面的花园里根本看不到任何东西。再加上是雷雨天，乌云密布的天空中一片黑暗。大孔雀蝶们除了要面对黑暗之外，它们还需要绕过前往我居所时要遇到的种种障碍。

大孔雀蝶需要迂回地穿过一片杂乱的树枝和深黑的夜色才能到达我的住所。我的家由于有着杉柏和松树的遮掩，所以不会遭受来自法国南部的西北风袭击。那是一种干燥、寒冷，而且异常强烈的风。整座房子都隐没在高大的法国梧桐树丛之中。在离居所大门几步远的地方有一道壁垒，那是由一些小的灌木丛形成的。还有一条通往居所的小路，就像房子的前厅似的，周边长着繁茂的蔷薇和丁香。

在这样重重的困难之下，大孔雀蝶居然义无反顾地飞来了，而且它们在飞行的途中根本没有撞上任何东西。这种困难的飞行道路，就连猫头鹰也不敢轻易地离开它在油橄榄树上的洞穴而尝试。然而大孔雀蝶却能依靠本能，在曲曲折折的路线中准确无误地把握方向。对于大孔雀蝶来说，黑暗其实就象征着光明。它们在穿越阻碍之后，身上毫无擦伤的痕迹。它们的翅膀完好无损地拍打着，精神状态也良好。

大孔雀蝶不可能是依靠强大的视觉来到这里的。因为即便是它们的视网膜能够感受到一般视网膜所无法感受的光线，但是这种视觉也不可能强大到在很远一段距离内感知得到，何况在通往

我住所的这段路途中还有很多困难的阻隔。大孔雀蝶对于光线的指引非常敏感，它们在通常情况下都是直接前往光线所向导的地方。然而，由于光线有时候会出现折射，所以在这种情况下，大孔雀蝶也会走错地方。这种错误不会致使飞行的方向有大的偏离，只是会让它们对目的地确切地点的感知有一定的偏差。实际上，大孔雀蝶的直接目标是我实验室中的那只雌蝶，然而它们有的却出现在了我儿子的房间，甚至是厨房之中。这正表明大孔雀蝶所获得的信息并不十分准确。光线是让大孔雀蝶无法抵抗的强大力量，即便是一盏微弱的灯所发出的光亮。

嗅觉和听觉的情况也是如此。在我们需要准确地依靠这两种感觉对气味或是声音的发源地进行判断时，它们总是会存在这样或是那样的偏差。因为光线的引导而产生判断偏差的大孔雀蝶并不是稀疏的几只，它们也并不都是从那扇窗户中直接飞进来的。因为那扇窗户离关着雌蝶的钟形网罩只有几步之遥，那里绝对是通往正确地方的关口。我在实验室周围的其他地方也看到一些大孔雀蝶，它们有的从下面飞进来，在前厅中徘徊，顶多也就是飞到楼梯跟前。不过楼梯的上面是一扇紧闭着的门，这是一条死路。看来除了一般的光辐射带给大孔雀蝶通往目的地信息的同时，还有另一种东西从远处为它们提供信息。这种信息把大孔雀蝶引到目的地的附近，让它们在徘徊中寻找确切无误的地点。

大家猜测为大孔雀蝶提供信息的另一种东西就是它的触角。雄性大孔雀蝶拥有具备探测器作用的宽触角，处于发情期的它们正是靠着触角发出的信号来到雌性大孔雀蝶的藏身之地的。那么，大孔雀蝶身上披着的那身美丽的外套就没有为它们提供一些信息吗？难道这身华美的羽毛服饰就只是作为衣服来穿的吗？让我们做一个实验后再得出结论吧。

在我对这群大孔雀蝶进行观察的第二个夜晚里，我找到了八只在十点之后仍旧不肯离去的大孔雀蝶。它们在前一天晚上也同样通过那扇畅通无阻的窗户来到了我这里。这八只大孔雀蝶在第二扇窗户的横档上停了下来，它们保持静止不动的姿势。这第二扇窗户是关着的。其他的大孔雀蝶在跳舞跳到十点之后都通过第一扇窗户离开了我的住所，然而这八只大孔雀蝶却依旧执着。它们为我的研究提供了很好的条件。

我将这八只大孔雀蝶的触角用剪刀剪了下来，并且是连根剪掉。这些被做了手术的大孔雀蝶似乎对这次的截肢并没有太大的反应，甚至没有几只拍打它们的翅膀。这种情况真的很好，也正是我想要的。它们好像并没有因为被剪去了触角而感到痛苦，又或者因为这样的痛苦而变得癫狂。这些大孔雀蝶只是在窗户上静静地停留着，直到这一天彻底过去。

除了为雄性大孔雀蝶截肢以外，我还需要对雌蝶做一些处理。为了得到更好的研究成果，我不能让它暴露在雄性大孔雀蝶的面前，而是将它转移到了另一个地方。我把这只雌蝶放在了住所中另一边的门廊下，将钟形网罩放在了地上。这个地方距离我的实验室大约有五十米。

　　夜晚到来之后，我对那八只被剪掉触角的雄性大孔雀蝶进行了最后一次观察。它们中的六只已经消失不见了，而剩下的两只则都掉在了地板上，看上去精疲力竭，没有丝毫生气可言。假如我把这两只大孔雀蝶的身子翻得肚皮朝天，它们将没有任何力气再自动翻转回来。不，请不要认为这是因为我除去了它们的触角导致的，这完全是因为它们的衰老所造成的。假使我没有用剪刀对它们做截肢手术，结果也同样如此。那么，那六只消失不见的大孔雀蝶会到哪里去了呢？它们由于精力还比较旺盛所以先行离开了。它们会不会再次找到装有雌蝶的，而且已经被换了地方的钟形网罩呢？新的地点与旧地点之间有着一段比较远的距离，没有了触角的它们还会被雌蝶所吸引吗？

　　我准备了一个暂时安放雄性大孔雀蝶的房间，这个房间比较宽敞，显得很空荡。这里没有任何装饰，所以不会有东西能够对大孔雀蝶造成伤害。我时不时地提着灯笼来到安置雌蝶的钟形网罩面前，它位于露天的地方，那里相当黑暗。飞来的大孔雀蝶通通被我抓住，我对它们进行了一番辨别之后便把它们放进了刚刚准备好的临时房间。大孔雀蝶在我为它们准备的临时房间内能够享受到安静与自由，而且这种准备性的措施会在我以后的试验中经常用到。我的这种方法能够对前来的大孔雀蝶做出准确的判断，绝对不会将同一只大孔雀蝶数上好几次。

我在十点半之后结束了这一晚的实验，因为没有什么情况会再发生了。我在收集到的二十五只大孔雀蝶中发现了一只被剪去触角的。这是一个比较微小的成果。也就是说，在昨天被剪去触角，而且依靠强壮的体力离开我居所的那六只大孔雀蝶中，只有其中的一只再次寻找到了雌蝶的所在地。这个实验结果并不能对触角的作用做出任何肯定或是否定的判断，所以更大规模的实验迫在眉睫。

到了第二天早上，我再次对这二十五只大孔雀蝶进行了观察。我发现它们全都在萎靡的状态下存活着。但是令我感到惊奇的是，这些精神状态不怎么样的大孔雀蝶在被我用手指拿起来后似乎又有了生气。我对它们还有着期待，也许这些大孔雀蝶还会出现在雌蝶面前载歌载舞。于是，除了那只已经被剪去触角的大孔雀蝶以外（事实上，它已经快要死了），我对其他的二十四只大孔雀蝶也实施了手术。之后，我把这间房间的房门打开来，让它们可以自由地离去。

同样地，为了保证实验的准确性，也为了让这些出走的大孔雀蝶接受实验，我又把装有雌蝶的钟形网罩换了地方。这次我把

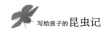

钟形网罩放在了底楼侧面的一个房间内，而且保证进入这个房间的通道没有阻碍。我想让大孔雀蝶们在门槛上就能够找到这只雌蝶。然而，在这二十四只被动了手术的大孔雀蝶中，已经有八只衰弱到快要走向死亡，只有剩余的十六只离开了房间。我在第二天晚上又在钟形网罩周围抓到了七只大孔雀蝶，然而它们全都是新来者，因为它们拥有自己的触角。前一天晚上那离去的十六只大孔雀蝶中，没有一只再次找到这个钟形网罩。

这样看来，被剪掉了触角对于大孔雀蝶来说确实有些严重。但是在下这个结论之前，我还有一个很大的疑问没有解决。被剪去触角的雄性大孔雀蝶会不会是因为缺少了器官而羞于出现在雌蝶面前？就像小狗穆弗拉尔一样，它刚刚被人无情地割去了耳朵，然而这只小狗却依旧说道："我还敢出现在其他狗的面前，我的状态很好。"看来，小狗穆弗拉尔主人的担心是不必要的。大孔雀蝶的求爱欲望本来就十分强烈，而且非常短暂。那么，受到摧残的大孔雀蝶是不是也会有同样的顾虑呢？它们会因为失去触角而变得没有精力吗？我需要再次进行实验。

这是实验的第四个夜晚。这一次我抓了十四只大孔雀蝶作为实验的对象，它们全都是完好无损的新来者。我照旧找了一个临时安放它们的房间，并且让它们在那里过夜。到了第二天，我在它们一动不动的时候拔掉了它们前胸的一些毛。这种行为并不会对这些大孔雀蝶带来什么求爱方面的麻烦，因为它们没有缺少任何在钟形网罩面前所需要的器官。同样地，由于丝质下脚毛比较容易得到，所以我的拔毛行为并没有烦扰到这些大孔雀蝶。这些被拔掉一些毛的大孔雀蝶就是我这次实验的对象。

夜晚来临。我依旧对钟形网罩的位置做了变更。这十四只大孔雀蝶中没有一只因为被拔除了一些前胸毛而变得精疲力竭，它们全都在夜间开始了活动。两个小时过后，我一共抓到了二十只前来求爱的雄性大孔雀蝶。然而，只有两只是被我拔过毛的，其他的十二只全都没有再次出现。

那么，在十四只被拔去一些毛的大孔雀蝶中，为什么只有两只再次找到了钟形网罩呢？其他的十二只也是具有触角的啊，这触角可是人们猜测的它们的导航器啊。但是为什么它们没有飞回来呢？每次雄性大孔雀蝶在我的强制之下度过一个夜晚后，我都

会在第二天看到它们精疲力竭的状态。对此我唯一的解释就是：它们的求爱欲望已经没有了。不置可否，雄性大孔雀蝶一生的唯一目标就是求爱。这也是所有蝴蝶都具有的本能活动。这样的本能让它们飞过很长的距离、越过很多的障碍以及穿过深深的黑暗，最终找到了自己所喜欢的雌蝶。找到意中人的雄性大孔雀蝶会在两三个夜晚中，每晚都用上一两个小时在自己的爱人面前表演与调情。它必须利用好时机，因为一旦错过了，就什么都完了。原本非常精确的导航器会坏掉，而且明亮的信号灯也会熄灭。假如没有了这些功能，那么雄性大孔雀蝶还有什么存活的意义呢？所以，失去这些本能的大孔雀蝶开始没有了求爱的欲望，它们在一个角落中等待着死亡的来临。

大孔雀蝶不会进食，它对胃没有任何概念。与那些终日忙碌于花朵与花朵之间的蝴蝶相比，大孔雀蝶绝对是一位禁食者。大孔雀蝶蜕变为蝴蝶是为了能让后代将自己的族类延续下去，这跟吃东西并没有什么关联。它们不需要依靠进食来恢复体力。此外，大孔雀蝶的口腔器官其实是个空洞的东西，一个不折不扣的半成品。这个口腔器官并没有任何实际运行的可能，完全是个假象。正如油灯中假如没有了油，那么这盏灯就会熄灭。大孔雀蝶由于不懂得吃东西，所以只需要熬上两三个夜晚，它们就会在精疲力竭中结束自己短暂的生命。

大孔雀蝶无论接受了手术，还是拥有完好无损的身体，它们通通都会因为生命的短暂而变得没有活力。这与被拔去前胸的一些毛或是被切除了触角完全没有关系。失去触角的大孔雀蝶并不一定就不能够再次寻找到安放钟形网罩的地方，而被拔除一些毛的大孔雀蝶也同样没有受到什么大的损伤。大孔雀蝶的精疲力竭与触角的缺失并没有什么联系，触角的作用依旧让人怀疑。

我的实验进行了八天，同样地，被我关在钟形网罩中的雌性大孔雀蝶也坚持了八天。它所在的钟形网罩在这八天里，每天晚上都要换一个地方。一大群的雄性大孔雀蝶都会在我的意愿之下，在雌蝶的引诱中前来求爱。在这群来客到访之后，我便把它们通通都抓了起来，然后将它们放置在我事先准备好的一个临时住所内。我让它们在那个房间中过夜，到了第二天我会拔掉它们前胸的一些毛。

在我所生活的地区，大孔雀蝶的数量是非常稀少的。这是因为大孔雀蝶所赖以生存的老杏树在这个地区比较少见。我曾经在两个冬日里对这些杏树进行过搜寻，然而搜寻的结果却是寥寥无几。它们的树根掩埋在一堆凌乱的禾本科植物下面，就像穿上了鞋子似的。然而，在我的实验进行了八天之后，被我抓住的大孔雀蝶居然多达一百五十只。这可真是一个让人感到不可思议的数字啊。这些大孔雀蝶都来自比较遥远的地方，有可能是两千米以外，也有可能比这个还远。那么，它们是如何得知在我的实验室中关着一只雌性大孔雀蝶的呢？

依靠视觉是不可能的。没错，大孔雀蝶在穿过我家窗户之后绝对能够依靠自身的视觉来寻找雌蝶。然而在这之前呢？它们即

便是拥有神话中所讲的能够透过厚厚的墙看到事物的猞猁眼，那么也不可能在遥远的几千米之外就具备这种才能。因此，相信视觉向导的想法绝对是荒谬的。

除了视觉之外，还有两个因素可以进行探究，它们分别是声音与嗅觉。其实，依靠声音这种说法也站不住脚。挺着大肚子的雌性大孔雀蝶的确能够在很远的地方就对雄性大孔雀蝶进行召唤，但是它发出的声音往往很轻柔。即便是拥有最为灵敏的耳朵，听到的声音也是轻微的。在发情期，雌蝶由于受到情欲的驱动以及心灵的波动，它的身体在高度精准的显微镜观察下会显出微微的颤动。然而，雄性大孔雀蝶可是位于距离它几千米的地方啊，它们怎么可能听得到雌蝶的呼唤呢？

最后一种因素便是嗅觉。这种说法值得我们进行实验，因为气味的散发似乎比其他物质更容易说明大孔雀蝶为什么在赶到目的地后，需要经过一些徘徊后才能找到雌蝶准确的藏身之地。是不是真的存在气味这种散发物？我是无法察觉到的。不过我相信我们无法闻到的气味对于具有比我们更加灵敏嗅觉的大孔雀蝶来说能够做到。为此，我准备做一个比较简单的实验。我需要把雄性大孔雀蝶能够辨别出雌蝶的那种气味压制在另一种更加浓烈的气味之下，而且要使这另一种气味保持很久而不散发。这样，雌蝶微弱的气味只能在强烈的气味之中散发出来。

在大孔雀蝶来访之前，我在雌蝶所在的钟形网罩下面放了一只装满萘的容器，然后又在雄性大孔雀蝶夜晚所要暂时居住的房间内放入了足够的萦。大孔雀蝶来了。它们就像没有闻到萦的味道似的，很准确地找到了雌蝶的位置。我的精心设计白费了。虽然我对气味的信心有些动摇，然而我已经不能够继续第九次实验了，因为连续的作业已经让禁闭在钟形网罩之内的雌蝶变得精疲力竭。这只雌蝶把卵放在了钟形网罩的网纱上，之后它就死了。没有了实验的对象，我没有什么事情可做，这样的状态需要一直持续到第二年。

为了让我将要进行的重复性实验能够顺利地进行，我准备了一些必需品。那就是夏天的时候，我向邻居家的小孩买大孔雀蝶的毛虫，每条是一苏的价格。那些小孩子因此也非常开心。他们

学完了枯燥的法语动词变位，跑到田间去抓大孔雀蝶毛虫。他们不敢用手碰触这种毛虫，而是用一根棍子的尖头部把它粘上，然后再交给我。当我用手指头去拿起那只毛虫的时候，他们每个人都显得非常惊讶。

我把大孔雀蝶毛虫喂养在我的昆虫小园子中，并且用扁桃树的枝杈抚育它们。不出几天，我的精心喂养就有了回报，它们向我提供了优质的茧，寒冬季节，我又在杏树下收集了许多这些宝物，与我趣味相投的朋友帮了很大的忙。在这些得来不易的茧当中，有十二只个头比较大，也很重，这些茧都是雌性大孔雀蝶的。它在大冷天里饱尝了各种艰辛，茧羽化得很晚，羽化出来的，也只是一些反应迟钝的小家伙。

第八章

小阔条纹蝶

"需要买这个吗？"

"要啊！如果还有的话，我想要更多。这个东西我另外给你算钱，不要把这两个苏跟卖萝卜的钱放在一起，我担心你跟妈妈报账时会弄错。我礼拜天一定带你去玩旋转木马。"

究竟是什么东西让我这么激动？是一只美丽的虫茧。钝形的，十分漂亮。我一直在寻找这样的茧，今天终于得到了。是个七岁的小男孩帮我找来的，他平时卖一些萝卜和番茄，经常来我这里。小男孩虽然每天不洗脸，穿着一条带子系住的破烂的短裤，看起来却很机灵的样子。他提着自己卖完菜的篮子来到了我家，数着手里已经得到的收入，然后从口袋里掏出了这只茧给我。这是他前天晚上在沿着篱笆割兔子草时发现的。

小男孩走后，我对这只美丽又坚固的浅黄褐色茧好好地进行了研究。根据在书本中得到的一些材料和信息，我几乎可以断定这只茧就是小阔条纹蝶的茧。如果真的是这样，那么对我来说可

真是一个巨大的惊喜。因为我可以从这只茧上面继续对大孔雀蝶的情况进行深入的了解。

通过看书，我了解到关于小阔条纹蝶的一些比较奇特的情况。几乎所有的昆虫学著作都提到了小阔条纹蝶在交配期间的表现，它们确实是一种传统的蝶蛾。更奇妙的是，尽管雌性小阔条纹蝶被关在房间里或者是盒子里，然而位于很远处的雄性小阔条纹蝶仍然能从大老远赶到雌蛾的身边。不过我还从来没有亲眼看到这些景象，我不知道这只我花两个苏买来的虫茧究竟是不是小阔条纹蝶的茧。

这种蝶的茧在我家附近十分罕见。那个卖菜的小男孩以后再也没有找到过第二只这样的虫茧，即便是我用玩旋转木马的承诺来吸引他。在此后的三年中，我也恳求过其他朋友或邻里帮忙，尤其是手脚伶俐的青年，然而都没有结果。

雄蝶拥有一身浅红色的衣服，就像修道士的长袍那样，除了棕色粗呢被细腻的天鹅绒所替换掉了。它的翅膀前面有一条颜色比较浅的带子，上面还有一些小白点，就像眼睛似的。我喜欢用布带小修道士这样的名字来叫它们。

在我所居住的村子周边，二十年来我都没有发现过这种小阔条纹蝶。这种蝶并不常见。但是在一些时候，我可以在别的地方捕捉到它们。我对活着的昆虫有浓厚的兴趣，已经死掉的昆虫对我来说一点吸引力都没有。所以说，我并不是个狩猎爱好者。我喜欢那些能够让我了解到它们习性的昆虫。在我将目光投向生机勃勃的田野时，没有一只美丽的蝴蝶能够从我的眼皮下逃脱。

我在实验室的金属钟形网罩下面为这只虫茧安排好房间，这里是大孔雀蝶曾经生活过的地方。钟形网罩就放在一张堆满书籍的台子上，这张台子上还放着瓦钵、盒子、试管、短颈大口瓶等器材。实验室中有两扇面向花园的窗户，阳光可以透射进来，非常明亮。其中的一扇窗户整天都敞开着，晚上也同样如此；另一扇窗户在任何时候都是紧闭着的。小阔条纹蝶就是位于这两扇窗之间，这是一个既不明亮也不黑暗的中间地带。

8 月 20 日，我得到了一只雌性的小阔条纹蝶，正是由小男孩给我的虫茧孵化出来的。这只雌蝶肥肥胖胖的，肚子很大。它的服饰除了是更加雅致的米黄色之外，其他的都与雄蝶没有太大区别。就像大孔雀蝶的姿势一样，雌性小阔条纹蝶也依靠自己的前爪在金属网的纱罩上面趴着。它在那里一动不动地待着，朝向阳光，甚至连翅膀都没有拍动一下。除了这只雌蝶的诞生之外，8月 20 日这一天就没有什

么新鲜的事情再发生了，连同第二天也是如此。

　　小阔条纹蝶细嫩的肌肉很快就长得结实起来，这只雌蝶已经发育成熟了。它的身体内部发生着一些变化，这种变化能够吸引远处的雄蝶前来与它成婚。然而我们的科学却不能合理地解释这种现象。我们不知道雌蝶的身体内部究竟发生了怎样的变化。到了第三天，婚配开始了。在这之前，等待在花园中的我甚至都已经产生了绝望的感觉，以为不会再发生什么事情了。然而就在这天的下午三点左右，我看到一只雄蝶在那扇打开的窗户旁边来回飞着。另外还有一些雄蝶趴在墙上静止不动，好像远距离地飞行已经让它们累坏了似的。这些雄蝶都是大老远飞来看关在网罩中的雌蝶的。它们从哪里来的都有，不过数量并不多。我能够模糊地看到柏树上面飞下来一些蝶，也有的从高高的墙上飞来，更有的从很远的地方飞来。

　　一群雄性小阔条纹蝶在我的实验室中飞舞着，我用肉眼估算，有六十来只。这样的景象与大孔雀蝶的晚会如出一辙，只不过这次是发生在白天。关在网罩中的雌蝶与外面飞舞的雄蝶不同，它并没有显出十分兴奋的样子。它一动不动地在网罩上趴着，大大的肚子贴在了网罩上面。雄蝶们依旧活跃，有性急的雄蝶甚至已经停在了钟形网罩外面，互相挤对着。还有的雄蝶在敞开的那扇窗户与钟形网罩之间徘徊。这些雄蝶的兴奋状态基本上持续了三个小时左右。等到傍晚来临时，它们的热情似乎已经减退了。在窗子周围飞绕的雄蝶们已经安静了下来，它们让自己的身体贴在窗子上，保持不动。这和大孔雀蝶的做法一模一样。由于金属网罩的阻挡，雄蝶并没有与雌蝶发生关系，所以明天照样会出现热闹的场面。

然而，让我羞愧的是，第二天并没有出现我所预料的场景。就在前一天晚上，有一个人给了我一只螳螂。相比起网罩中的雌蝶来说，这只螳螂的个头简直是太小了。我的脑子里一直回旋着下午所看到的情景，完全没有想到这只有铁钳的昆虫将会为网罩中的雌蝶带来怎样的厄运。我把螳螂与雌性小阔条纹蝶关在了一起。第二天当我看到螳螂吞食雌蝶的场面时，我感到万分的后悔与遗憾。我这么久来一直进行着的工作就这样被这个家伙搞砸了。雌蝶的脑袋和身体的前半段已经没有了，这实在是太可怕了。

不过这样的不幸并没能让我忘记前一天下午所发生的事情。六十来只雄性小阔条纹蝶飞到了我的实验室，它们有着同样的目的。我不知道它们来自哪里，但我能够肯定它们来自较远的地方。因为我附近地区的小阔条纹蝶少得可怜，我甚至都没有看见过有这种蝶的存在。

实验由于螳螂的破坏失败后，我又等了足足三年。这一次我收集到了两只小阔条纹蝶的虫茧，它们在快到八月中旬的时候孵化了两只雌蝶出来。我又开始进行我的实验了。实验的结果其实大孔雀蝶已经给过我了。

小阔条纹蝶虽然是在白天来我的实验室，但是它们并不比夜间活动的大孔雀蝶显得笨拙。同样地，我把关放雌蝶的钟形金属

网罩放在任意一个地方，无论哪里，前来的雄性小阔条纹蝶都能将它找到，只要关放雌蝶的容器是透风的。当我把雌蝶放在一个密封得很好的盒子中时，雄性小阔条纹蝶就找不到它了。最后，它们终于离去。

其次，我也对这些小阔条纹蝶进行了萘的测试。人类的嗅觉不够灵敏，因此在强烈刺激性的萘气味的掩盖下，我们根本无法闻到其他细微的气味。我找来一打茶托，它们并不只是用来盛放萘的。还有一些里面放着宽叶薰衣草精，一些放着带臭鸡蛋味的碱硫化物，另外一些则盛放着石油。我把这些装着各种气味的茶托分别放在钟形金属网罩和这个罩子的周边。茶托就像一堵围墙似的将关闭雌蝶的金属网罩围了起来。我的目的是让雄蝶到来之时，房间里充斥着各种各样浓烈的气味，而不是让它们窒息，所以这样已经足够了。

为了给雄性的小阔条纹蝶增加寻找的难度，我特意用一层很厚的布将钟形金属网罩盖了起来。下午三点时，我的实验室中充斥着各种怪异又让人恶心的气味，非常浓烈。我甚至担心这样的混合气味会让雄蝶找不到目标。然而，事实证明，我的担心是完全多余的。雄蝶照样一群一群地飞到了我的实验室，它们想方设法想要钻入网罩与雌蝶相见。这次实验的结果与大孔雀蝶那次如出一辙，我实际上不应该再做类似用气味作为迷魂药的实验了。然而，我并没有放弃。一个偶然看到的现象为我的实验带来了新的转机。

　　我想要测试小阔条纹蝶的视力。于是，我把雌蝶从曾经它待过的钟形网罩中取走，把它置放在了一个玻璃质的钟形罩里。我在这个玻璃罩中放了一根有枯叶的橡树小枝杈，作为雌蝶在里面的支撑物，然后我把这个玻璃罩放在了朝向那扇开着的窗户的桌子上。这里的光线非常好，雄性小阔条纹蝶从这里飞进来时一定会看到雌蝶。我把原先安放雌蝶的那个金属钟形网罩放在了客厅某个角落的地板上。这个位置与窗户的距离有十二步之多，光线

并不是很好。

然而，雄性小阔条纹蝶并没有按照我的想法做事。它们对窗边桌子上的雌蝶不闻不问，好像根本没有发现它一样。这些雄蝶直奔钟形网罩的所在地，在那周围盘旋或是歇脚，舍不得离开。一直到太阳落山，一些雄性小阔条纹蝶才飞走了，而另外一些还是依依不舍，身子一动也不动。实验的结果让我对气味的作用再次有了信心。因为空无一物的钟形网罩确实在前一天还关着雌蝶，即便雌蝶在第二天被我取走，但是那里面还有它散发出来的特殊气味，这也是雄蝶之所以对那里恋恋不舍的原因。而关放雌蝶的玻璃罩却根本没有一只雄蝶前去问津，的确是嗅觉在起作用。

吸引雄性小阔条纹蝶的是雌蝶散发出的一种气味，这些气味的储备需要一定的时间。由于之前我把玻璃罩放在了桌子上，内外的空气得不到流通。所以，即便玻璃罩内放着雌蝶，雄性小阔条纹蝶也闻不到雌蝶散发出的气味。因此我房间里大群的雄蝶根本不会在玻璃罩附近停留。同样地，假如我把玻璃罩放在一块玻璃上，也不能激起雄蝶的欲望。这回我改变了方式。我在钟形罩与安放它的支撑物之间隔开了一定的距离，这些距离是由三个垫块形成的。差不多半个小时之后，雄蝶成群结队地飞来了。

由于我已经掌握了吸引雄蝶的秘诀，所以我的实验开始多元化起来。我在玻璃罩内放了一根小树枝，那是为里面的雌蝶放置的歇脚物。雌蝶在上面歇息，它保持静止不动，就像已经死了一样。等到雄蝶快要飞来之前，我把这根被雌蝶浸润过的小树枝取出来，放在了靠近窗户的一把椅子上。同时，雌蝶继续留在玻璃罩中。三三两两的雄性小阔条纹蝶到来了，它们通通聚集在窗户旁边的椅子周围，不肯离去。没有一只雄蝶向关放雌蝶的玻璃罩飞去。这些雄蝶找到了椅子上被雌蝶的气味浸润过的小树枝，它们在上面摩擦，甚至把树枝都弄到了地上。大部队开始撤退了，小树枝也被移开，然而这个时候却来了另外两只雄性的小阔条纹蝶。它们在椅子的周围徘徊，那里是曾经放过小树枝的地方，所以也同样留有雌蝶的气味。

在利用小树枝做实验之后，我又选取了不同的材料作为实验的对象。实验的结果告诉我，其他的任何材料，只要沾染了雌蝶的气味，就一定能够将雄蝶吸引。在这些被实验过的材料中，法兰绒、尘埃、沙土以及絮状物等多孔透气的物质是最好的。因为这些材料能够长久地保持雌蝶散发出来的气味，而金属、大理石以及玻璃等材料的储备功效就不是很好了。

我用法兰绒做了一个实验，这也是保存气味最好的一种材料。我拿了一支长长的试管，这支试管的口径正好是一只小阔条纹蝶能够钻进去的大小。我在试管内部放了一块法兰绒。这是一块被雌蝶浸润过的法兰绒。等到雄蝶由于雌蝶的气味吸引而进入到试管中后，它们通通都不肯出来。就算是我把那块法兰绒取出来之后，由于玻璃试管内已经浸染了雌蝶的气味，所以雄蝶们依旧对那里恋恋不舍。

雌蝶的气味需要经过较长的时间才能够在其他材质的物体上

存留下来。所以，当雌蝶浸润了其他物质之后再被移放到其他的地方，这只雌蝶对雄性小阔条纹蝶的吸引力就暂时消失了。雄蝶只会朝着被雌蝶气味浸润过的物质飞去。哪怕这种被浸润的材料是一张洁白无瑕的纸张，效果也是一样。那只正值交配时期的雌蝶，在我们人类的鼻子之下什么味道都没有，甚至嗅觉最灵敏的人也闻不到任何气味，然而雄蝶却对这种气味趋之若鹜。

由于昆虫的种类不同，它们所散发出来的气味对异性的吸引时间也因此不一样。早上被孵化出来的雌性大孔雀蝶，在当天的夜晚可能就会吸引来一些雄性大孔雀蝶的探望。虽然说一般的情况是发生在四十多个小时之后的第二天。小阔条纹蝶则不同，雌蝶在出生之后两三天内才会吸引大批的雄蝶前来参加婚礼。

有一个依旧让人迷惑的东西，那就是小阔条纹蝶触角的作用。之前在对大孔雀蝶做实验的时候，有人认为它们的触角或许起到了探测器的作用，然而这种看法最终被我的实验否定了。那么，小阔条纹蝶的触角是不是具有这种指南针的作用呢？虽然那些被我剪掉了触角的小阔条纹蝶没有一只再返回雌蝶的所在地，然而这并不能说明它们是因为丧失了方向感才没能找到雌蝶。与大孔雀蝶一样，雄性的小阔条纹蝶之所以没有再出现在雌蝶的面前，是因为它们的精力已经被耗尽了。

CHAPTER 9
第九章

萤火虫

"朗皮里斯"，这个希腊语中的词汇本意是"屁股上挂灯笼者"，接下来我将为您介绍的就是那种家喻户晓的、屁股上挂着一只小灯笼的、能在黑夜里发光的昆虫——萤火虫。

自诩浪漫的法国人把一个一点都不浪漫的名字送给了萤火虫，他们叫它"发光的蠕虫"。严格来讲这个名字并不科学，首先，在昆虫分类学上，萤火虫根本不是蠕虫；其次，即使仅从外表上看，也不能把蠕虫的帽子戴在萤火虫的头上。

不过，未成年的萤火虫幼虫确实有几分蠕虫的模样，而且雌性萤火虫终身都会保持幼虫的形态。即便如此，"蠕虫"这个称呼依旧不适合和萤火虫扯上关系。因为蠕虫是没有脚的，但是萤火虫却有六只脚。另外，蠕虫体色单调，萤火虫却五彩斑斓。

从表面看萤火虫小巧柔顺，但其实它是一种食肉昆虫，一种比樱桃还要小一些的变形蜗牛是它们的最爱。这些蜗牛生活在稻田里或者沟渠边。萤火虫对自己食物的聚居地十分熟悉，所以它

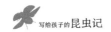

常常潜伏在那里，只要一发现蜗牛就会迅速出击，用精湛的外科技巧将猎物麻醉，然后对其开膛破肚，自己大快朵颐。

为了得到更准确的资料，我在家里养了一些萤火虫。养殖方法很简单，只需要一个大玻璃瓶、一点青草、几只蜗牛，然后把萤火虫放进去就可以了。

经过漫长的等待之后，我终于看到了惊险的一幕：被萤火虫盯住的那只蜗牛全身都藏在壳里，只在壳的边缘露出了一点软肉。萤火虫在旁边窥伺了很久，猝不及防地一头扎了过去，看上去像是轻轻地触碰了蜗牛的软肉一下。蜗牛并没有"嗖"地缩回壳里，而是像中了定身咒一样，纹丝不动。这一切，不过是眨眼间发生的事。

接下来萤火虫就取出了它的手术刀——两片呈钩状的、锋利的大颚，这需要借助放大镜才能看到，因为那大颚只有一根头发丝粗细，用肉眼难以分辨。如果把它放到显微镜下，还能看到弯钩上的细细凹槽。萤火虫用它轻轻击打蜗牛壳封口处的薄膜，就像在温和地敲门一样，在这个过程中利用带槽的弯钩把毒汁注入蜗牛身体里面，使蜗牛彻底失去生气。

蜗牛这种昆虫本性温柔平和，很容易对付，萤火虫却还要使用麻醉的手段，是不是有点多此一举呢？关于麻醉技巧的必要性，可以通过一种叫稚萤的阿尔及利亚昆虫得出结论。

除了不发光，稚萤在生活习性、身体结构等方面与萤火虫都十分相近。稚萤的食物是一种圆口类的陆生软体动物（蜗牛的一

种）。其他蜗牛壳的入口处通常只有一层软软的薄膜，只要用一根稍微坚硬些的草叶就能刺破，但这种昆虫却用一块结实的肌肉把一只盖子固定在身上，这盖子接近于石质，把甲壳封得严严实实。封盖就像一扇活动的门，蜗牛一缩回壳里，门就自动关上，要出来时这扇门又很容易打开。这种防护措施看上去几乎万无一失，但稚萤却有办法破解，它会分泌出一种黏液把自己粘在蜗牛的甲壳表面，然后静静地等待时机，有时候甚至一整天都不动弹。等到缩在壳里的蜗牛忍耐不住饥饿，悄悄地打开房门，探出了身子的时候，稚萤就会立刻扑到门边，迅速把一只手插到微小的门缝里。蜗牛因稚萤的叮咬丧失了活动能力，无法回撤，房门也就不能完全闭合，稚萤就这样成了战斗的胜利者。

假设稚萤并不麻醉蜗牛，而是用蛮力对付这个有着坚硬外壳的家伙，那就很有可能失败，因为蜗牛的肌肉也是强劲而有力的。可以说麻醉是它们捕获食物最关键的步骤。

通常，萤火虫把蜗牛麻醉之后，会与同伴一起分享美餐。萤火虫们围在昏迷的蜗牛旁边，重复蜇咬的同时，把体内某种专门的消化素输入到蜗牛壳里，最后这只蜗牛就变成了肉粥。萤火虫们就像人类饮水、喝牛奶一样把蜗牛"喝"到肚子里。

萤火虫六只短足的末端都有白点，在放大镜下，我们可以清楚地看到白点上有十根左右短短的肉刺。这些肉刺有时会呈放射状分散，有时又会收拢聚成一团，通过肉刺的抬高和放低、张开和闭合，萤火虫就能上下爬动，将之完全打开又能使它吸附在支撑物上。除此之外，这个器官还是上好的洗浴用具，肉刺规则排列着，就像一把小刷子。萤火虫常常要调制肉羹，身体上难免会粘着蜗牛肉的残迹，所以它常常"洗澡"，并用这把刷子细心地刷遍全身。

其实以上所讲的这些很多人并不熟悉，也不是萤火虫的全部特异之处，它之所以家喻户晓主要还是因为它身体上点着的那盏明灯。

萤火虫从幼虫时期就能发光，它们尾部的发光小点是生来就有的。成年之后，雌虫和雄虫之间会出现差异。成年雌萤的发光器长在腹部的最后三节，发光器的前两节几乎把它的腹部全部遮住了，呈现宽带状，发出的亮光在腹部才能看见，但这是萤火虫发光体中最亮的部分；最后一节的发光体要小得多，是两个新月状的小亮点，光芒可以从背部透过去，也就是说尾部的光不管从背部还是从腹部都能看得见。雄萤虽然像雌萤一样从孵化时起就有尾部的光点，但即使发育充分之后，也不会长出那腰带般的宽宽的光带。

我曾经把一只萤火虫的大部分光带分离出来，在显微镜下，我发现有一层细腻的黏性物质附着在表层，这种白色涂料是光化物质。与它紧紧挨在一起的是一根短而粗的气管，上面布满了分支，支流向四处延伸，遍布整个发光层，甚至深入到了萤火虫的身体里。可见，萤火虫的发光器受呼吸器官支配，这些主干和分支都是输送空气（或者氧气）的通道，而白色涂层上是可氧化的

物质，当气管里的空气接触到这些物质后产生氧化，就会发光。

萤火虫可以完全控制自己的灯光，它能够随意调整自己身上光度的强弱，必要时甚至可以熄灭它的光。

要办到这一点，萤火虫有一套非常巧妙的方法，那就是调节通过气管接触到光化层的空气流量。当萤火虫通过调节呼吸或其他方式减少了从气管到达光化层的空气流量时，光度就变弱；如果萤火虫增加了通气量，光度就会变强，一旦空气流通的阀门被完全关闭，比如萤火虫像人一样屏住了呼吸，那么光可能就会慢慢变弱直至熄灭。

此外，萤火虫尾灯的亮度还会受到其情绪和外部环境的影响。比如不安情绪或突然的刺激会使灯完全熄灭。但是雌萤即使受到强烈的惊吓，它身上的光带也很少会受到影响。因为光带是进入交配期的雌萤所特有的装饰品，它们对即将到来的欢愉时刻充满期待和热情，轻易不肯把它的灯全部熄灭。

雌萤为了吸引情侣，会在夜幕降临后，爬上草丛或树木上的显眼处，然后开始扭动自己的屁股，让尾灯和腹部的光带像追光灯一样不时射向雄萤可能飞来的所有方向。只要有寻偶的雄萤从附近飞过，它就一定能看到这盏明亮的、一直旋转着的灯。

雄萤眼睛大而突出，呈现球冠形，彼此相接，中间只有一条狭窄的槽沟让触角放进去；它的盔甲就像一具盾牌，头顶处的护甲向上延伸，比头还高出了一些，像灯罩一样能够将视野缩小，并把目光集中到要识别的光点上；两只复眼缩在大灯罩所形成的空洞里，几乎占据了整个面部——这些特点使它们能够在远处发现雌萤发出的灯光。

雄萤发现雌萤之后，双方就会进行交配。交配时，雌萤会减弱腹部光带的亮度，只留下小小的尾灯。交配后，雌萤就会产卵。和很多昆虫不同，这些发光的昆虫没有丝毫母爱，它把白色的圆卵随便产在什么地方后就飞走了。

当萤火虫的卵还在雌萤肚子里时就能发光。这些卵产出来时就泛着浅浅的白色的柔光，孵化后的幼虫无论雌雄都有尾灯。刚出生的幼虫会在天气转冷后钻到地下，即使在冬天，它们的灯也是亮着的。当天气转暖后，大概在四月份时，幼虫又钻出地面，完成演化过程。萤火虫的一生都在发光，从卵到成虫都是如此，这也是它能如此出名的重要原因之一。

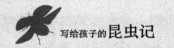写给孩子的**昆虫记**

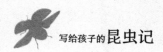写给孩子的**昆虫记**

写给孩子的

昆虫记

猎手在行动

［法］法布尔 著

王光波 编译

江西美术出版社

全国百佳出版单位

图书在版编目（CIP）数据

写给孩子的昆虫记. 猎手在行动 / （法）法布尔著；
王光波编译. -- 南昌：江西美术出版社，2023.2
　　ISBN 978-7-5480-8715-1

　　Ⅰ. ①写… Ⅱ. ①法… ②王… Ⅲ. ①昆虫学－儿童
读物 Ⅳ. ①Q96-49

中国版本图书馆 CIP 数据核字（2022）第 125862 号

出 品 人：刘　芳
企　　划：北京江美长风文化传播有限公司
责任编辑：楚天顺　朱鲁巍　　策划编辑：朱鲁巍
责任印制：谭　勋　　　　　　封面设计：韩　立

写给孩子的昆虫记·猎手在行动
XIE GEI HAIZI DE KUNCHONGJI · LIESHOU ZAI XINGDONG
[法]法布尔 著　王光波 编译

出　　版：江西美术出版社
地　　址：江西省南昌市子安路 66 号
网　　址：www.jxfinearts.com
电子信箱：jxms163@163.com
电　　话：010-82093785　　0791-86566274
发　　行：010-58815874
邮　　编：330025
经　　销：全国新华书店
印　　刷：河北松源印刷有限公司
版　　次：2023 年 2 月第 1 版
印　　次：2023 年 2 月第 1 次印刷
开　　本：880mm×1230mm　1/32
总 印 张：16
ISBN 978-7-5480-8715-1
定　　价：148.00 元（全 4 册）

目 录

CONTENTS

CHAPTER 1

第一章

螳螂捕食

　　还有一种昆虫跟蝉一样引人注目，同样生长在南方，但是名声跟蝉比起来，要略微小一些，因为它不像蝉一样，一天到晚唱个不停。如果它也能够像蝉一样，有一个小音箱，再加上它非常独特的外形，那么它的声望恐怕就会超过蝉了。这个昆虫就是螳螂。

　　螳螂在捕食前会摆出一种类似祷告的姿势，优雅地半立着自己的身体，双手高高地举起，伸向天空，整个翅膀宽大、碧绿，轻薄如坠地长裙，简直仪态万方。

　　其实螳螂把我们所有的人都骗了，虔诚的祷告后并没有跟随着礼拜，而是一场饕餮盛宴。它的貌似虔诚掩盖了它凶猛猎手的本性。伸向天空的双手并不是祷告用的，而是用来撕裂自己的俘虏。螳螂本来属于直翅目食草昆虫，可是因为它越来越与众不同的习性，现在它已经完全独立成螳螂目。它就那样优雅地埋伏在田野里，对肉类的痴迷，一对有力的前足，无懈可击的攻击套路，

1

这些无疑都让它成为昆虫界的霸王。

　　先不说它那攻击力极强的捕捉足，单就外形来说，它身形细长，整体翠绿，头从胸腔里伸出来，能够左右旋转，仰头，低头，有点像人能够自由地引导自己的视线。头上也没有食肉昆虫那有力的大颚，它的嘴甚至也是很秀气的，好像只能啄食地面上的小草一样，殊不知它的嘴上沾满了多少昆虫的血。

　　它的前足节很长，像织布的梭子，内侧有两排锋利的锯齿，为了迷惑被捕食者，它们还在这里做了一点点装饰。前胸的内侧有一个黑色的圆点，中间还有一点白色，两旁还装饰着珍珠一样的小圆点，看起来的确很美，被捕食者往往会被这样的外表所迷

惑，甚至说是震撼，从而忘记了危险，忘记了逃脱，这样螳螂的目的就达到了。被它抓到的昆虫会很惨，因为螳螂独特的生理构造使得食物一旦被捕，就基本没有逃脱的可能。前足内侧黑色的

长锯齿和绿色的短锯齿，共有 12 根，排列成长短交错的阵形，这样在撕咬食物的时候就会增加许多啮合点，使得它的进攻更加勇猛。而外面一排锯齿相对简单一些，只有四个刺齿，在内侧锯齿的最末端还有三根最长的齿，这就是捕捉足所有的构造。

胫节与腿节相连的地方也是一把有两面的锯齿，这里的小齿更加细密一些，当然反应也更加灵活，跗节上有一个十分锋利的硬钩，就像我们使用的最好的钢针一样。而钩的下面有一道细细的凹槽，里面是一把像用来修剪枝叶那样的双刃刀。其实就算不用描述，很多人也知道螳螂的捕捉足有多厉害，我也一样。为了观察它们，我不得不去抓几只回来看看，结果给我留下了很深刻的印象：很多时候当我抓住它的时候，它会拼命地挥舞前足来反抗，有的时候，捕捉足上的齿就那样咬进我手上的皮肤里。不过我自己却没有办法，我要用两只手稳稳地抓住它，这样一来只能求助别人把它的足从我的手上弄下来。我看着一根根或深或浅的齿从我的手上拔出来，那时我就在想，我要是生生把它从我的手上扯下来，那我手的下场可能会有点惨，况且，我也不敢对它太用力，因为稍微用力些，可能就会把它掐死。可有的时候，我又很生气，我这样小心翼翼地对它，就是怕伤害它，可是它却对我用尽了所有的招数，让我甚至不知道该怎么办才好。

它不想狩猎的时候，就会把足高高地举起，装出一副虔诚祷告的样子，这个样子不会坚持太久；等到它想捕食、周围又有猎

物经过的时候，它就会立刻展开自己无懈可击的攻击技巧：先把跗节上的硬钩尽量抛向远处，这样才能够钩回食物；然后就把猎物紧紧地夹在两个钢锯一样坚固的钳子中间；再然后，胫节向腿节的方向弯曲，一切就这样结束了。老虎钳子已经合上了，不管被它夹住的猎物有多么强壮，只要这一系列的动作完成了，就别想再逃脱螳螂的铁钳，不管扭动还是后踢，什么都没有用了。螳螂还是会保持着自己优雅的姿态，直到自己的猎物精疲力竭，它就开始享受自己新鲜的盛宴了。

我想饲养几只螳螂，这样才能够清楚它们的习性。虽然抓螳螂的过程可能会遇上一些小插曲，但是饲养的过程其实很简单，因为它似乎只在乎自己的食物是什么，而不在乎自己是不是身处牢笼，所以我只要每天向玻璃器皿中放入丰盛的食物，这个凶猛的捕食者还是很配合工作的。我找来一个瓦钵，在里面装满了沙子，然后点缀上一丛百里香，让螳螂的生活也有点乐趣；接着再放一块平滑的石头，这样它们以后才会有合适的地方产卵；最后，我用平时放在饭桌上挡苍蝇用的网罩罩在这个观察房的上面，平时大部分时间这里都是阳光充足的。

到了八月的下旬，肚子渐渐大起来的母螳螂越来越多，它们的食量也越来越大，跟以前相较，我必须把放进去的食物增加好多才能满足它们日益增大的胃口。当然其中还有一个别的因素，就是它们似乎知道我为了观察研究它们会很殷勤地往实验室中放置肥美的食物，所以，有很多新鲜的猎物它们只是吃了几口就扔在一边再也不理了。如果它们是在田野里，恐怕一定会把逮到的食物吃个精光。到了最后我不得不用面包和西瓜来收买我家附近的小朋友，让他们帮我捉一些蝗虫和蝈蝈，我自己也提着网出去给这些挑剔的母螳螂找一些更高级的珍馐佳肴。

当然我找到的美味也一样是有一定危险性的，我很想看看，在昆虫界，到底什么样的成员才能从母螳螂的手中逃脱。我找到的食物中有的比母螳螂的个头大得多，像是灰蝗虫；还有的虫子拥有强壮有力的大颚，像是白额螽斯；当然还有我们这个地区最大的两种蜘蛛，说起来大得让我看到都有点害怕。这些各式各样的猎物被放到饲养室里后，母螳螂似乎并没有被这些平时不常见的家伙震慑住，它依然像往常一样，挥舞着自己的大钳子，把所有的猎物逐一收入囊中。我在想，我把这些食物放进饲养室中，它们都会这么奋勇地去捕猎，那么平时这些不常见的猎物出现在它们面前的时候，它们肯定会更加卖力。

在它对大蝗虫发起进攻的时候，我认认真真地观察了一次，因为它突然像触电一样浑身痉挛起来，警觉地面对眼前这个大家伙，然后放下自己优雅的身段和祈祷的双手，摆出了一个可怕的姿势。我被眼前的一幕吓到了，没想到它由平和到进攻的转变是如此之快。它先向两侧斜着打开自己的前翅，紧接着把后翅像两块大帆一样完全打开，腹部向上卷起又放下，不断重复、抽动着，像一根曲棍一样紧张、放松、再紧张，并且还会像火鸡开屏一样，发出"扑哧""扑哧"的声音。它似乎不着急进攻，慢慢地挺直

身体，完全矗立在自己的四条后腿上面，捕捉足现在舒展地打开了，交叉成一个十字摆放在胸前，把自己胸前美丽的斑点和华贵的项链——展示出来，然后它就保持着这个姿势不再变换，似乎要先在士气上压倒对方。

究竟有没有成功我实在是不得而知，因为这些小昆虫的表情实在是难以捕捉，我不知道它们是否真的被母螳螂先是凶猛后是华贵的气势压倒了，但是有一点我看得很清楚，当母螳螂决定收起架势开始进攻的时候，大蝗虫并没有像我想象的那样，用它有力的后腿猛地跳开。要知道，整个饲养室是很大的，如果大蝗虫想利用弹跳来逃脱一段时间是完全有可能的。让我吃惊的是它非但没有慌忙地逃脱，居然还呆呆地向着母螳螂靠近。以前我只听说过小鸟在老鹰面前会被吓得不知所措，没想到昆虫也会这样。大蝗虫似乎真的已经走进了母螳螂的控制范围，此刻的它丧失了心智，似乎完全被母螳螂控制了，呆呆地等着成为别人的盘中餐。

这对母螳螂来说也许丧失了一些捕食的乐趣，但是它依然不会放弃这顿美味的大餐，又是那套几乎万无一失的捕捉技艺。当被母螳螂的钳子紧紧地夹住的时候，大蝗虫似乎才回过神来，但是这个时候已经晚了，螳螂很快就制服了试图挣扎的大蝗虫，然后就开始有滋有味地享受自己的美食了。当然比起进食灰蝗虫和距螽的架势，后者就不需要那么多前奏了，母螳螂可以直接把自己的大弯钩抛出去，把猎物钩回来，然后按照往常一样的步骤开始进食就可以了。对付这种小角色甚至连恫吓都用不上了，只

有对付那些走进了它的势力范围之内，它又没有完全的把握一击即中的猎物，它才会先使用蛊惑的方式。其实它在摆出这种奇怪的造型的时候，翅膀的作用是很大的。因为它的翅膀又宽又大，呈半透明状，透着淡淡的绿色，很多脉络在上面穿插生成垂直的网格，这样的大翅膀忽闪着打开的时候，恐怕没有昆虫会不被它吸引。加上它的翅膀打开的时候，两翅之间的腹部末端除了上卷之外，还会不停地抖动，甚至发出"扑哧""扑哧"的声音，这样的一幕怎能让其他的昆虫不目瞪口呆？这样螳螂就可以乘机出手，大获全胜。

　　观察网罩里的雄性螳螂和雌性螳螂，我发现，雌性螳螂的翅

膀也跟雄性螳螂一样很宽大，这是为什么呢？我有这样的疑问是完全可以理解的，首先，跟它们附近的灰螳螂比较一下。灰螳螂中的母螳螂就没有宽大的翅膀，它们只需要拖着装满了后代的大肚子慢慢地移动就可以了，此时的翅膀已经完全退化了，缩成小小的一对，就像穿了一件燕尾服一样，后面有一对小小的、装饰性的翅膀。因为它们的习性就是生活在干草地和碎石头里，而且因为肥胖的身体它们也根本无法飞翔，所以退化掉翅膀才是正确的选择。那么，难道说修女螳螂还长着一对宽大的翅膀就是错误的吗？

当然不是，存在的就是合理的。修女螳螂之所以会长出宽大的翅膀是有自己的原因的，并且一定是有利于自己的生存的。之前已经说过，母螳螂的食量是很大的，而且并不是总有人为了研究它们而下很大的功夫去捕捉一些珍馐美味来侍奉它们，所以平常的日子里，它们要自己埋伏在石头后面、草丛里或是其他地方来等待猎物的出现来一饱口福。但是前文也已经说过，并不是面对所有的猎物它们都有一击即中的把握，所以有的时候，它们需要用这对像白色幽灵一样的大翅膀先恫吓住对方，然后趁对方发呆的时候大举进攻，只要自己的铁钳子牢牢地合拢了，那么就胜券在握了。所以，为了成为一名英勇的猎人，一个能够自食其力的母亲，拥有一对大翅膀才是修女螳螂正确的选择。

有的时候，饿极了的母螳螂会把跟自己体形差不多大的猎物，甚至是体形比自己还要大一些的猎物极快地消化掉。有时候我会

很吃惊，因为你不可能把一个篮球一样大的东西放进一个足球一样大的容器里，可是母螳螂却毫不费力地解决了这个问题。它的胃具有很强的消化功能，食物进到胃中，似乎不用等待，就立刻被溶解、消化，然后就排出体外了。恐怕也只有这样连贯而又迅速的消化过程才能满足它的食量吧。在我的网罩下，蝗虫是母螳螂们最平常的猎物，有的时候我会津津有味地观赏螳螂是怎样享受一只蝗虫的。它们用看起来比较小巧的嘴，就那么慢慢地把一整只蝗虫吃掉，最后只留下两只干硬的翅膀，就连翅膀根部的一丁点肉都不会放弃。有的时候我发现它们会先从蝗虫的大腿开始享用，这很好理解，就像我们也爱肥美的羊腿一样。

　　螳螂的进食方法让我想到了两种蟹蛛，就是满蟹蛛和金钱蟹蛛。之所以叫它们蟹蛛，是因为它们走起路来像螃蟹一样。满蟹蛛的腹部有一个红圈，而且装饰着叶状的斑点，通体黑得发亮；金钱蟹蛛的足上有一圈圈的环，红色的或是绿色的，身上却像白色的缎子一样。平日里它们很少像别的蜘蛛一样辛勤地织网以捕捉猎物，它们织的仅有的一点网是用来给自己的卵做卵袋用的。它们用的捕捉战术是埋伏在花朵之中，然后出其不意地袭击猎物，蜜蜂是它们最喜欢的野味。我不止一次看见它们死死地按住那些可怜的小蜜蜂，然后把自己有毒的钩子刺进蜜蜂柔软的后颈，不需片刻，蜜蜂就不再挣扎了。我之所以说螳螂的进食方法跟蟹蛛很相似，是因为螳螂也是执着地从猎物的颈部开始进食的。

　　很多次我看到螳螂抓到猎物，然后用一只捕捉足把猎物拦腰

围住，另一只牢牢把猎物的头按下去，昆虫们没有护甲的最柔弱的地方就这样暴露在母螳螂的面前，然后它就一口口地啃噬猎物的这个部位。非常执着，一直到这个地方被啃出了一个巨大的开口。猎物彻底地失去了感觉，这时候，螳螂就可以尽情地按照自己的喜好来享受它的战利品了。

母螳螂的身体优势其实要远比蟹蛛大，所以，我对蟹蛛的捕食过程很感兴趣，因为它们身为蜘蛛类的昆虫，却不使用网先来困住猎物，然后再慢慢制服猎物，而是就那样赤手空拳地跟猎物搏斗，我觉得这是一个更需要计谋的过程。于是我想找一个地方，观看一场完整的蟹蛛参加的战争。当然，如果完全靠自己的运气守在薰衣草洞边等待蟹蛛的出击是要耗费很多时间的，于是我决定主动给它制造一个环境。我把蟹蛛放进网罩里，然后在旁边放了一束薰衣草并且在上面滴上几滴蜂蜜，然后再放三四只富有生命力的蜜蜂进去，一切就完成了，我现在需要做的就是等

待观察。

　　首先我不得不说的是，蟹蛛是一个很沉得住气的捕猎者，它开始只是缓缓地爬到花束的上面，在滴有蜂蜜的地方停下来，然后就没有了动作。网罩里的蜜蜂此时还没有意识到自己同一个屋檐下的伙计是一个多么可怕的家伙，它们还满心欢喜地飞来飞去，甚至时不时地还落在薰衣草上，狠狠地喝一口蜂蜜。起初，蟹蛛并没有采取什么行动，还是默默地趴在蜂蜜的旁边，慢慢地，蜜蜂们越来越大胆，开始长时间地驻足在蜂蜜上面，尽情地饮用，这时的它们并没有意识到先前那位按兵不动的邻居此刻要采取恐怖的行动了。蟹蛛还是那样等着，不同的是，它缓缓地张开并且抬高了自己的足，然后保持这个姿势，等待时机成熟。果然，又一只蜜蜂经不住诱惑落到了蜂蜜上面，只见蟹蛛迅速地扑上去，用自己有毒的钩子一下子钩住了蜜蜂的翅尖，这个小小的冒失鬼现在才意识到危险的到来。它拼命地挣扎，但是已经晚了，蟹蛛迅速地爬到它的背上，这样蜜蜂的刺就完全没有了用处，蟹蛛只要看准时机把自己有毒的刺插进蜜蜂的后颈，这场战斗就宣告结束了。蜜蜂失去知觉后，蟹蛛还在享受着它体内的汁液，但仅仅是畅饮而已，一个地方的血液干涸了之后，它就会换另外一个地方继续自己的盛宴。我之前还对此有过疑问，为什么有的时候我看见蟹蛛在吸食的部位是不一样的，现在就解释得通了。当我看到蟹蛛在蜜蜂颈部吸血的时候，就是它刚刚俘获战利品，这个地方的血液还没有干涸；而当我看见它在猎物其他部分吸食血液的

时候，就证明最初位置的血液已经干涸了。但是蟹蛛只是吸食蜜蜂的血液而已，对于蜜蜂的肉，它是一点都不感兴趣的。它就这样一个地方接一个地方地移动着，直到整个猎物已经没有一个部位可以再吸得出血液为止。就算到了这个时候你从外表上依然看不出蜜蜂受到了什么伤害，甚至以为它只是酣睡着，但实际上，它已经死了，并且血液已经干涸了。

这一点和狗也一样，我们来说一个有点偏离中心的话题。狗在进攻的时候也会选择咬住对方的脖子不放，虽然狗牙是没有毒液的，不能因此在短时间内麻痹对方，但是可以利用这个方法使得对方的头部转动不得，不能再进攻，而血流如注的脖子最终也将成为敌人死亡的原因。但是蟹蛛就不一样了，跟蜜蜂比起来，它的力量不够大，也不会飞，所以移动也相对不算灵活。如果这个时候还要靠持久战来获得战利品，是很不可靠的，所以蟹蛛要用最快的速度爬到蜜蜂的背上，尽管途中可能被蜜蜂刺到，但是它还是会不顾一切地爬到蜜蜂的背上，然后咬住它的后颈，因为它知道这样不过几秒钟，自己就会成为胜利者。

现在我们再回过头来说说螳螂，螳螂身上是没有任何部位有毒的，那么它要怎样才能够抵御猎物的反击呢？是要先撕扯它们有力的后腿，还是要先卸掉它们跟自己相差不多的大刀，或者先把它们的翅膀剪掉，以免它们逃走呢？这些方法都无法保证猎物能够在短时间内被制服，如果情形是这样的话，它自己也是有危险的。但是不用担心，虽然螳螂没有蟹蛛那样的毒液，但是它

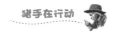

的做法跟蟹蛛有同样的功效。蟹蛛是依靠毒液来麻痹自己的猎物，螳螂也深知这个道理，所以它们会选择猎物的后颈，并且执着地朝这个地方咬，直到破坏了猎物的神经中枢，那时，它们就无力反抗了。这样一来，再庞大再凶猛的猎物都可以放心食用了。

以前我只把那些狩猎能力很强的昆虫分为杀害猎物和麻醉猎物两种。现在恐怕还要加上母螳螂这种先咬断猎物的颈部神经再慢慢地享用猎物的优雅猎手了。

第二章

黄足飞蝗泥蜂的进攻

　　蟋蟀在成为黄足飞蝗泥蜂的猎物后，乖乖地被幼虫榨干身体而毫无反抗之力，这不禁让我感到好奇，黄足飞蝗泥蜂究竟是用了怎样高明的手段俘获了这些蟋蟀呢？为了观察黄足飞蝗泥蜂捕捉蟋蟀的过程，我进行了一项小实验。

　　我把当年观察节腹泥蜂时使用的方法运用到黄足飞蝗泥蜂上，这种经过多次试验过的方法令我大有收获。具体来说，就是在黄足飞蝗泥蜂入洞前把俘虏扔在洞口独自走下去的时间里，把猎手到手的猎物拿走，用另外一只活的蟋蟀来代替。这种偷梁换柱的方法在别的猎手那里可能颇为麻烦，但在黄足飞蝗泥蜂这里却行之有效。实验的结果非常理想，我们可以近距离地观看到这次捕猎的全部细节。

　　我爬上了观察所的高处，待在黄足飞蝗泥蜂村落中间的高地上，静静等待着猎手的归来。不一会儿，一个猎手捕猎回来了。它照例把蟋蟀放到洞口，独自进洞去了。我迅速拿走这只蟋蟀，把我的蟋蟀摆在了离洞口稍远一些的位置。在这个时候想要找到活的蟋蟀很容易，随便掀开一块大石头就能发现躲在下面纳凉的蟋蟀，密密麻麻的一大群都是当年的蟋蟀幼虫，翅膀还没有长好，因而它们不能像成年蟋蟀一样给自己挖掘一条深深的隐蔽所，躲在里头，不让黄足飞蝗泥蜂发现。它们只好藏在石头下面，不被灼人的阳光晒到。不过这样倒是方便了我，三两下就备足了所需要的蟋蟀。这时候猎手已经从洞里出来了，我睁大眼睛，聚精会神，不敢漏掉这精彩捕猎的每一个细节。

只见猎手向周围望了望，立刻跑去捉住了放得稍远的猎物。这只蟋蟀已经不是先前被捕回来已经麻木的那只，它惊慌失措，连蹦带跳，拼命地四处逃窜着。黄足飞蝗泥蜂向它猛扑过去。两只小虫现在就是竞技场上的两个生死决斗者，拼尽了力气要将对方置于死地。一时间尘土飞扬，胜负难分。最后，蟋蟀被打得仰面朝天，足爪乱踢，双颚乱咬，飞蝗泥蜂取得了暂时性的胜利。但猎手并没有就此放松，立即着手处理战利品。它反向趴在对手的腹部，大颚咬住蟋蟀腹部末端的一块肉，后足像两根杠杆似的按在蟋蟀的面部，使蟋蟀颈关节张得大大的。蟋蟀粗壮的后腿疯狂地挣扎着，却被飞蝗泥蜂牢牢压住，抽动的前胸也被战胜者的中足勒得死死的。蟋蟀的大颚翕动着，试图咬到对手，但飞蝗泥蜂把腹部弯成近乎90度的直角，呈现在蟋蟀颚前的是一个凹面，任蟋蟀怎么努力也无法咬到。说时迟，那时快，飞蝗泥蜂以迅雷不及掩耳的速度出针了，第一下刺在被害者的颈部，第二下刺在

前胸与中胸的关节间，最后一下刺向了蟋蟀的腹部。我激动不安地观察着，转瞬间，飞蝗泥蜂整了整自己凌乱的服装，已把垂死的、腿还在颤抖的蟋蟀运回家去。

我以前观察过节腹泥蜂的捕猎过程，它们攻击的对手几乎没有进攻性武器，在战斗中完全处于被动位置，根本无法逃脱，唯一倚仗求生的就是一身坚固的盔甲，然而节腹泥蜂却清楚地知道盔甲的弱点所在，螫针总能准确无误地一击即中。这与黄足飞蝗泥蜂是多么的不同啊！飞蝗泥蜂的对手有可怕的大颚，猎手一不小心就会被它咬住，开膛破肚；它还有一双强劲有力、长满了锋利锯齿的后腿，既能远远跳走避开敌人，也能又踢又蹬，把黄足飞蝗泥蜂打翻在地。面对这样可怕的敌手，飞蝗泥蜂在捕猎过程中所采用的战术简直令人叹为观止。

在使用螫针之前，飞蝗泥蜂采取了极其小心的预防措施。它趁被害者仰倒在地，无法逃之夭夭的时候，迅速扑上去，前足压得蟋蟀长满了锯齿的腿动弹不得，解决了对手的进攻性武器，再用后腿顶开蟋蟀的大颚。蟋蟀的颚张得大大的，看上去骇人，却咬不到飞蝗泥蜂一分一毫。然而这还不够，黄足飞蝗泥蜂必须用中足把猎物勒得紧紧的，使它不能动弹一分一毫，大颚咬住猎物腹部末端的肉，让强壮的肚子无法动弹，趁机用螫针把毒汁注入要刺的地方。这是一套多么奇妙多么有效的战术啊！即使是古代角斗场上的角斗士与对手肉搏，也不一定能想到比这更高明更精心算计的手段啊！

被黄足飞蝗泥蜂刺着的蟋蟀，实际上并不是真的死了，虽然看上去的确如此。被刺伤的蟋蟀如果放在玻璃管里，可以完全新鲜地保存一个半月。如果持续不断地观察它一星期、半个月甚至更久，我们可以看到，蟋蟀的腹部经过很长时间的间歇之后，会搏动起来，唇须颤抖，触角和腹肌也有十分明显的颤动，时而舒展开，又突然并拢。猎物柔软的外皮忠实地反映出了它的内部还存在着微弱的运动。为什么会有这样的效果呢？全要归功于黄足飞蝗泥蜂那三下迅猛、准确、精心算计的螯针，犹如匕首三下干脆利落的猛戳，表现出昆虫本能所具有的天赋本领和万无一失的手段。

根据我们研究节腹泥蜂所得出的主要结论，黄足飞蝗泥蜂的幼虫赖以维生的猎物，尽管有时候不能自由动弹，却不是真正的尸体，只是全身或者局部被麻醉了而已。幼虫的生长不需要一块腐烂的臭肉，而是需要一顿新鲜肥美的盛宴。毒汁不同程度地消灭了俘虏的动物性生命，但植物性生命还存在着，即营养器官的生命还长时间地保持着，所以猎物不会腐烂。黄足飞蝗泥蜂的幼虫在把自己封闭在茧里面以前，要生活的时间不足半个月，完全可以有新鲜的肉吃。

为了达到这样的效果，黄足飞蝗泥蜂所采取的战术是今天的实验生理学家才可能建议的办法——用有毒的螯针破坏指挥运动器官的神经中枢。如果神经节连在一起，那么只要损坏共同的神经节，就会使神经分支所分布的所有体节瘫痪掉。吉丁和象虫就是如此，节腹泥蜂只需刺中猎物的胸部神经中枢，一击就可以使它们瘫痪。相反，节肢动物神经干的各个中枢或者是神经节的作用在一定范围内是各自独立的，损坏其中的某个神经节，只会引起相应体节的瘫痪，各个神经节彼此相隔得越远就越是如此。我剖开一只蟋蟀，想弄清楚是什么东西让蟋蟀的三对足活动起来的。原来黄足飞蝗泥蜂比我们的解剖学家更早发现，蟋蟀的三个神经中枢彼此离得很远。用螯针重复刺三次，是非常符合逻辑的。

黄足飞蝗泥蜂一生的生活通常是四处游荡，无忧无虑的，除了产卵的这段时间。完成了一项捕猎工作之后，蟋蟀就被有条不紊地堆放在蜂房里，背朝下，头摆在蜂房尽头，脚在门口，一个蜂房里备了三四只蟋蟀作为食物。黄足飞蝗泥蜂把一枚卵产在其中一只蟋蟀身上，然后把洞口封住，把挖洞时堆在家门口的沙土迅速往后扫到过道中。它不时用前腿扒着残屑堆，把大的沙砾一

个个拣出来，或者到附近认真挑选合适的沙砾，用大颚叼去加固容易粉碎的洞壁。它像一个泥瓦匠挑选建筑材料一般，连植物的残根碎枝、小片枯叶都派上了用场。不一会儿，地下建筑物的外部痕迹就全都消失了，如果不用记号做个标记，任谁目光再敏锐也不会找到这个窝的位置。封好这个洞之后，再遵循同样的步骤挖另一个洞，放上食物，封好洞口，产卵管有多少个卵就挖多少个洞，直到产卵结束。

黄足飞蝗泥蜂的工作虽然结束了，但我觉得有必要观察一下猎手的武器。相对于黄足飞蝗泥蜂的身材而言，它的螫针非常细，细得令人惊讶，很难想象如此细小的螫针刺在蟋蟀身上会有那么强烈的效果。在黄足飞蝗泥蜂的体内，用来制造毒汁的器官由两根分成许多细枝的管子组成，通到一个梨形的共用储汁器里，也可以说是一个储壶。一条纤细的管子从储壶里伸出来，深入到螫针的轴线中，把毒汁送到螫针的末梢。身上带着螫针纯粹用于自卫的膜翅目昆虫，例如胡蜂，遇到胆大妄为骚扰自己住所的侵略者，会毫不客气地扑上去，对对手鲁莽的行为予以严惩。但是将螫针用于捕猎的膜翅目昆虫性情则相对平和，仿佛它们意识到，自己储壶里的毒汁对于它们的子女有着相当大的重要性。这毒汁是种族的保护者，是谋生工具；所以它们只在狩猎的时候才会十分节约地使用，而不是用来炫耀自己敢于报复的勇气。当我置身于它们的村落中，破坏它们的窝，抢走它们的幼虫和食物时，飞蝗泥蜂会大胆而肆无忌惮地爬到我的手指头上，甚至爬到手上来捉蟋蟀，但从来没有蜇过我。只有我费力抓住它时，它才会下决心使用武器。而且如果不是我把手腕这个比手指更娇嫩的地方放在螫针旁边，它甚至不能刺入我的皮肤。我曾经想过，飞蝗泥蜂的毒汁能够瞬间打垮强壮的对手，刺在人的身上又会有多疼呢？当我没用镊子，毫无顾忌地用手指抓着它刺下去的时候，惊奇地发现什么事都没有，根本没有暴躁的蜜蜂蜇得那么疼痛。各种节腹泥蜂、黄足小唇泥蜂，甚至只要一看上去就令人害怕的巨大土蜂，乃至于我能观察到的所有膜翅目强盗，蜇起来都不痛，当然，那些捕捉蜘蛛的蛛蜂则不在其列。

　　比起蜜蜂带着锯齿的螫针，黄足飞蝗泥蜂的螫针更像是一把匕首，光滑而锋利。原因显而易见，蜜蜂使用螫针时，长在螫针上的倒齿会勾住伤口，在自己的腹腔末端拉出一条致命的裂缝，为了报复所受到的侮辱，蜜蜂甚至不惜牺牲生命。但如果黄足飞蝗泥蜂在第一次出征时，武器就要了自己的命，那这样的武器要来有什么用呢？它使用螫针的目的是为了刺伤猎物作为幼虫的口粮，即使带着锯齿的螫针能够拔出来，飞蝗泥蜂也不一定会愿意让自己的武器带着锯齿的。对于它而言，螫针不是炫耀力量的武器，而是一个工作器械，决定着幼虫的未来。这工具应该便于使用，在跟猎物搏斗的时候，可以迅速刺入，方便拔出。带着倒钩的刀刃拔出来固然相当快意，但快意的代价却十分昂贵，喜欢报复的蜜蜂有时候要为此付出自己的生命。

第三章

长腹蜂的本领

　　长腹蜂经常光临人们的寓所，却又不被人所熟知。因为它性格孤僻，默默无闻，又有独守一处的习惯，致使人们常常忽略它。它是如此谨慎，以至于它寄居的主人家几乎没有人注意到它的存在。那些闹哄哄、纠缠不休、危害人类的昆虫和长腹蜂一点也沾不上边。长腹蜂体态优雅，生活习性和蜂巢的结构怪异，在各种选择栖息在我们人类居所内的昆虫中，肯定算得上是最有趣的一种。那么让我们试着从被遗忘的角落中把这位"谦者"请出来吧！

　　长腹蜂一般隐居在农家孤零零的小屋里，屋前有一棵老无花果树，浓密的树荫遮蔽着一口水井。它选择的这间小屋，夏日里能暴晒在似火的骄阳之下，屋中还有宽大的壁炉，冬天里会有柴火不停地被添加到壁炉中去。这是因为长腹蜂极其惧怕寒冷，它通常蛰居在灿烂的阳光下，当然为了使家人更温暖，它还需要我们人类寓所中提供的热气。当专门用于圣诞节的大块劈柴在炉膛里燃烧时，这些冬日夜晚诱人的火焰就是促使它做出选择的动机。

它时常一颠一跳地巡视四周，用触角顶端探测被熏黑了的天花板四角、搁栅的每个小角落、壁炉台尤其是炉膛内壁和烟囱。一间没有被烟熏黑的房屋是得不到它的信任的，在那样的屋子里它一定会被冻僵的。因此，根据烟囱被熏黑的程度，它就能辨认出哪些地方适合自己。

长腹蜂经常到人类的居所为筑巢去选择合适的地方，地点的选择是多变的，往往也是最奇特的。但有一点是确定的，那就是环境要温暖，温度要恒定。在七八月的酷热中，我们与这位来访者不期而遇，一般屋内的人们并不在意它，而它也不在意其他人，嘈杂的人声和人们的来来往往都丝毫不会干扰它。视察完毕，一旦它认为这地方还不错，就离开一会儿，不久就带着一小团泥巴回来，这一小团泥巴就是为它的窝打上的第一块奠基石。

长腹蜂最偏爱的地点是在烟囱的管壁上，约有半米多高处，也就是烟囱的入口处。之所以这样喜欢，全都因为烘箱的高温很适宜长腹蜂幼虫的生长。可是这个温暖的庇护所也有缺点。在冬天生炉火的时间很长，尤其是受着烟熏火燎，过不了多久，它们的窝上就积了一层黑色或栗色的烟灰，酷似抹在砖墙上的灰浆。人们也往往将它们误认为是铲刀没有抹匀的灰浆，因为它们看起来与砖墙的其余部分是如此相似。这种深色的灰浆没什么要紧，只要火苗不来舔舐它们攒成一堆的蜂房就可以了，否则就会导致幼虫早夭，好像在砂锅里被焖熟了。

长腹蜂似乎早就预见到了火苗的危险，它只会将子孙安置在

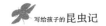

那些管口仅容一股股浓烟通过的烟囱壁上；对于狭窄的、火苗可以侵占整个管口的地方，它则心存疑虑，敬而远之。洗衣服的日子也很可怕，大锅中的水不停地沸腾，女主人从早到晚都生着火，她不停地往锅底下添加各种木屑、树枝、树皮、树叶和一些难以充分燃烧的东西。屋里的浓烟、锅里冒出的蒸汽和壁炉上的水汽，在炉膛前形成了一片密不透风的乌云，这时我看见长腹蜂一头雾水，不知所措。在筑巢过程中，因为产卵期的临近，它仍不能停下手中的工作。如果在通往回家的路上一会儿是一股从锅中冒出的蒸汽，一会儿又是由于糟糕的柴火引起的滚滚浓烟，那么通道可能会暂时甚至一整天都被阻塞，这是小心谨慎所不能解除的另外一个隐患。

只要蜂巢还没有筑成，食物还没有储存，房门还没有封闭，它就仍将与烈火和蒸汽搏击。这就像我们地区一种生活在水边的乌鸦，俗称河乌，河乌要穿越磨坊溢流口排出的水形成的一片瀑布，才能回到家。长腹蜂比它更富冒险精神，只不过它穿越的是烟云形成的屏障，它用牙齿咬住泥团，穿越了这片烟云，消失在烟云后面，从此不见了踪影，因为烟云是如此的模糊不透明。这位泥水匠边工作，边在烟囱处发出断断续续的唧唧声，那是它的筑巢小调。蜂巢在云幕后秘密地筑成了，歌声

也就戛然而止，长腹蜂旋即又从一团团的水蒸气中现身了。它精力充沛，身手敏捷，仿佛来自一个清澈纯净的世界，但又有谁晓得，它刚刚搏击了熊熊烈火和炙热的棕红色蒸汽。

我很想亲手布置一层云幕，以便对长腹蜂穿越火焰的过程再多做几项实验。那是因为像以上所述情形一般很难出现，难以充分满足观察者的好奇心。我只能利用有利时机，不能干预或妨碍洗衣服。况且我只是一个不相干的旁观者，倘若我胆敢为了骚扰一只蜂儿而用手触火，女主人会对我这个偶然寄宿在她家的客人的脑袋瓜产生怎样可悲的想法啊！在农民看来，留意小虫子的怪癖好就是头脑不太正常。她准保会喃喃自语道："这个可怜的孩子！"

虽然机会少见，但还是有一次被我幸运地碰上了，但来得突然，可惜那时我没做好利用它的准备。恰好那天是一个大清洗的日子，事情就在我家的壁炉里发生了。那时我刚进阿维尼翁中学没多久，大约午后快两点的时候，我就被一阵阵隆隆的鼓声召唤去参加一场由一些心不在焉的听众参加的莱顿瓶展示会。正当我准备出发时，我看见一只怪异的飞虫一头扎进洗衣桶冒出的雾气中。它体态轻盈，身姿矫健，在一条长线之后还悬着它那蒸馏釜似的肚子，这就是长腹蜂。尽管那时我对昆虫的认识还很肤浅，但我仍然非常渴望能更深入地了解来我家做客的这个小家伙。我第一次目不转睛地盯着它看，就对它产生了浓厚的兴趣，于是我兴致勃勃地向家人建议，当我不在时由他们来看管这只昆虫的活

25

动。他们答应会严格按照我的要求去办，不去打扰它，且尽量不让火焰危害到这位敢与火苗做邻居的建筑师。

当我回来时，事情要比我想象的进展得顺利。置于宽宽的壁炉台下的洗衣桶仍在不停地工作，而长腹蜂也就在洗衣桶冒出的雾气后面不断施工。我尽量克制自己不给它设置障碍，尽管我急切地想要观察蜂巢的构筑过程，辨认它的食物种类，追踪幼虫的演变过程，因为这些对我而言绝对是新鲜事。如果事情挪到现在，我必然会在实验中给它们添点儿麻烦，来看看它们的本能是如何与之对抗的。但那时我唯一觊觎的东西就是完好无损的长腹蜂的蜂巢，因此，我非但没有给它设置障碍，反而尽可能帮助它排除不得不克服的困难。火盆被挪开了，火势减弱了，以便减少可能会笼罩在它建筑工地上的浓烟。我连着两小时观察这只昆虫在烟雾里钻来钻去。第二天，家里又开始使用那种燃烧得既慢又不充分的燃料，什么都不能再妨碍长腹蜂了。像我期盼的那样，它没再碰到新的麻烦，经过几天不懈的努力劳动，它非常顺利地完成了筑巢，并把它的家人安顿在里面了。

四十多年过去了，我再未在我家的壁炉接待过这样的客人，我只能寄希望于在别人的家里出现奇迹。膜翅目昆虫有在出生地定居并在蜂巢附近扎根繁衍后代的倾向，多年以后，经过长期实践，我开始考虑是否不同种类的此类昆虫也会有此表现。它们在蜂巢里获得的最强烈的印象也许就是应光孵化。现在，我在家中将冬天里四处搜罗来的长腹蜂蜂窝，并排放在好几个据我观察认为是合适的地方，主要是在厨房和书房的壁炉里；我还放了一些在窗口上，把外板窗关上形成蒸笼；另外还放了一些在早已悄悄地装好了照明装置的天花板四隅。夏天一到，新生一代就将在我选定的这些地方孵化出来，它们将在那儿定居，至少我是这么认为的，然后我就可以无所顾忌地进行早已预想好的实验了。

长腹蜂似乎生性喜欢独来独往，如果不是处在特别有利的环境中，它们一般都单独筑巢，一代又一代自觉地改变巢窝地点。最明显的表现就是我饲养的这些小家伙再没有一个回到自己出生的巢穴，看来我的尝试又失败了，也有那么几只做过短暂的回巢，但是很快便又一去不复返了。其实，这种昆虫在我们村里还是很普通的，但它们的蜂巢却一个个四处分散，附近也见不到旧巢的遗迹。这个游牧族不会对自己的出生地留下什么深刻的记忆，因此，它们谁也不会在母亲的陋室旁边再构筑新巢。

我想上述实验之所以失败不可能仅仅是因为上面所讲的原因，肯定还有其他什么原因吧。我在其他任何地方都没有像在我们村里那样经常见到长腹蜂，比之城市雪白的寓所，它们更喜欢农村被烟熏黑的房屋。村里的农舍都很破旧，摇摇晃晃的，墙上没有涂灰泥，被阳光烤成了赭石色，因此，长腹蜂在我们南方城市里并不多见。而我在乡间的住宅并不那么朴素；它雅致、整洁，看起来更像样一点儿，那么，我家的寄宿者们遗弃了我那在它们看来太奢华的厨房和书房，移居到更符合它们品位的附近邻居家去，就没什么可说的了。至于我养在那间塞满了书籍、植物、化

石和各种昆虫标本的标本室内的长腹蜂，根本不会理会这些学者的奢侈品，也毫无顾忌地飞走了，去霸占那些它们自认为有趣的地方。院里种着一株紫罗兰，窗前有一口破锅，只有一扇窗户的黑乎乎的屋子，这些地方恰恰是它们的最爱。看来也只有穷人才能幸运地拥有它们。因此，我只能利用一些偶然的机会来观察它们，根本无权介入。长腹蜂的骁勇果敢是我在随便一处所见到的随便什么东西都能证明的。我一直打算进行一个实验，倘若这个实验能在我的壁炉里尝试成功的话；除了它为了抵达筑在炉膛一隅的蜂巢，会飞越蒸汽和浓烟形成的云雾，那么，它还敢不敢穿越薄薄的一层火焰呢？

长腹蜂对炉膛的钟情与偏爱，并非是因为自身贪图安逸，很明显，它很早就知道在那里选择筑巢地点无疑是艰险的，但是为了谋求后代的福利、家族的兴旺，它必须依赖于很高的温度。我们现在来了解一下长腹蜂喜爱的温度。在长腹蜂筑在内壁上的蜂巢旁，我悬挂了一支温度计，恰巧这个蜂巢位于壁炉的炉台下。这里火焰强度中等，温度在 35℃ ~ 40℃之间，在长达一小时的观察过程中，都是这样。当然这样的温度，对于其他膜翅目昆虫如石蜂或壁蜂而言并不苛求，它们只要躲在水泥穹顶和没有任何遮掩的芦竹中就可以了。可有时温度会根据季节和白昼时刻而变化很大，并不是整个幼虫期都是这个温度。通过两次实验观察我找到了我想要得到的更好结果。

我的第一次观察是在埠丝厂的发动机房进行的。长腹蜂的巢穴就固着在天花板上，就在那个一直充满着高温的水和蒸汽的大锅炉的正上方，锅炉几乎挨着了天花板，中间只隔了半米。在这个地方，除了夜间和节假日温度有所下降，其他时候终年保持不变，始终为49℃。第二个观察对象是一家乡村蒸馏厂为我提供的。这个蒸馏厂恰恰是具备乡村的安宁和锅炉的高温两个极佳的条件才吸引长腹蜂的。因此，厂房里长腹蜂的巢穴不计其数，其中有一个离蒸馏器非常近，我用温度计去量，温度为45℃。就这样，从最陈旧的机器到那一堆账簿上，都缀满了它们的巢，几乎到处都是。

在40多摄氏度的环境下，长腹蜂的幼虫能很好地生存，这是我从这些数据可以得出的一个结论。这种温度是像冒着蒸汽的大锅或蒸馏器那样恒定的温度，而不是像壁炉内的炉火所产生的

温度那样是偶然的。酷热对在泥巴筑成的巢中沉睡10个月的幼虫是非常有益的。每颗种子的发芽都必需一定量的高温，因此，种类不同，温度的高低也会有所差异。长腹蜂的幼虫所需的温度即使是使猴砚树和油棕发芽的温度，也并不太够。这种怕冷的昆虫是怎样出现在我们身边的呢？一条幼虫就是一颗将演变为成虫的动物种子，经历一段比橡栗萌芽成橡树更令人赞叹的过程，然后蜕变成一只完美的成虫，因而幼虫也需要一定量的高温。

长腹蜂很会利用意外收获，当壁炉中炉火正旺，几口大锅和几只炉子发出的热气弥漫四周的时候，仿佛人为地制造了一种热带气候。人们并没料到，由于这意外的惊喜，它就随意在一间温暖且灯光不太刺眼的屋子里定居下来。在温室的各个角落，外板窗关着的玻璃窗台上，厨房的天花板上，只要这地方有出口就行；还有谷仓的托梁上，谷仓每天在阳光下暴晒所吸收的热量都被储存在成堆的麦草和草料中；以及简陋的农家卧室的墙壁上；只要幼虫能得到庇护，过一个暖冬，这位气候学行家，炎夏之子，它就觉得那儿不错。只要选择好地点，它就不会再为家人能安然度过严冬而忙碌了。它们习惯于将蜂巢群落固定在墙壁上，或托梁上，无论裸露着还是涂过灰泥的。卡莱长腹蜂在选择暖和的定居点时越是谨慎小心，则对筑巢支撑物的性质越显得漠不关心。此外，还有许多其他的支撑物，有时相当怪异。举几个筑巢点比较奇特的例子。

我在笔记中曾提及一只挂在农家壁炉上，里面放着农夫狩猎

用的铅弹的干葫芦。这个窄口容器的葫芦口一直开着，这个季节它是派不上用场的，于是一只长腹蜂就把它当作宁静的隐居处，大着胆子在里面那层铅粒上筑巢。要想把它那体积庞大的蜂巢取出来，就得打破那只干葫芦。笔记中甚至还提到了一些千奇百怪的蜂窝，有的在一只装燕麦的袋子里；有的筑在一家蒸馏厂的一堆账簿上；有的在一截曾用作喷泉水管现已废弃的铅管里；有的在一块空心砖的窟窿里，与一只黄斑蜂用绒毛筑成的柔软的蜂巢背靠着背；还有的筑在一顶扣在墙上、只有冬日寒风凛冽时才戴的鸭舌帽里。

在拜访罗伯蒂农庄的厨房时，我更加仔细地观察了它们：这间厨房有一个很宽大的壁炉，一排大大小小的锅里煮着给人或牲口喝的浓汤。农民们成群结队地从田间回来，大家脱去罩衫、摘下帽子，挂在墙上的钉子上，然后围坐在饭桌前的长凳上，安静地吃着自己那一份食物。可能是胃口很好，因此他们吃得很快。虽然就餐时间很短，也就半小时的休息时间，但这却足够让长腹蜂检查所有这些破旧衣衫并据为己有。一顶草帽被认作很有价值的窝；一件罩衫的褶皱则被评为很实用的隐蔽所，筑巢工程几乎立刻开始了。农民们从饭桌边站起身，有的抖抖他的罩衫，有的拍拍他的帽子，已有橡栗那么大的泥团就被抖落了下来。

农民们吃完饭走后，我开始跟女厨子聊天，她说她最操心的是窗帘。天花板上、墙上和壁炉上的泥印还可以忍受，但衣服和窗帘上的斑渍就是另一回事了，这些都是那些大胆的苍蝇身上沾

的污秽给弄脏的，我知道这是她的苦恼。为此，她除了每天抖动帘子，还要用拍子拍打它们，就是为了保持清洁，为了把那些往衣服和窗帘上抹泥巴的顽固的小家伙们赶走。谁知第二天，顽固的小家伙们又以同样的热情投入前一天遭到破坏的工作中，看来一切都是徒劳无益的。

这对她来说也许是苦衷，可我常常为自己无法拥有这些地方而扼腕惋惜。我多么希望长腹蜂能安安静静地待在那儿，就算它们会将所有的布料装饰物蒙上一层泥巴，我也会听任它们去干它们的活儿，这样我就可以了解在罩衫或窗帘这种动态支撑物上筑出的巢是什么情况了！长腹蜂的窝只是一堆泥巴，粘在支撑物上没做任何特殊的黏性处理；既没有水泥使筑巢的材料快速凝结，也没有与支撑物合为一体的基座。不像生活在小灌木丛中的小树枝上筑巢的石蜂，无论风有多大它都毫不介意，因为石蜂的巢是用硬灰浆将整个支撑物团团包住，所以十分牢固。长腹蜂筑巢的方法能不能像石蜂一样赋予蜂巢良好的稳定性呢？虽然布袋上粗糙的针织圈有利于黏附，可蜂巢还是经不住我稍微一抖，便在我装谷物的粗布袋上纷纷滚落下来。一旦蜂巢是附着在一块网眼细密、垂在桌边的白桌布上，哪怕是一阵风吹过它都会抖个不停，那又会怎样呢？选择人的居所中有些地方筑巢对它们的蜂巢是十分危险的。在我看来，选择这样的地方，是没有吸取几个世纪以来所积累的经验教训，是一个没有受过教育的建筑师的错误判断。

先不说这位建筑者了，我们来参观一下它的建筑成果吧。它们的建筑材料全是从湿度适宜的土壤中四处收集来的烂泥。我居住的地区多石子，这样的工厂不是很少见就是太偏远，所以我也不是经常见到长腹蜂采泥的景象。倘若附近恰好有条小溪，它就会去那儿采集湿软、细腻的河泥。在我的小院里，我足不出户就能悠闲自得地观看它们劳作。当灌溉渠中的涓涓细流昼夜奔流着，使一块块菜田里打蔫的蔬菜重新焕发生机时，一些住在附近农庄的长腹蜂很快就得知了这一喜讯。它们蜂拥而至，在令人沮丧的旱季采集到这样宝贵的烂泥，实在是出人意料的收获。有的选择刚刚浇灌过的水槽，有的喜欢顺流而下最后停驻在布满细小支流的一块水田上。它们四足高高翘起，扇动双翅，黑黑的肚子卷起触到它黄色的爪子，用上颚仔细搜索着，从闪亮的淤泥表面挑选出精华。能干的主妇小心地将衣袖卷起，干起脏活儿来也没有多么出色，只不过是为了不弄脏自己。它们是如此小心翼翼地按照自己的方式将身子往上翘起，也就是说，除了足尖和采泥工具上颚，整个身体和烂泥保持着距离，这些捡泥巴的虫子这样做其实一点儿都不脏。就这样它们总在附近不停地搜寻泥浆，哪怕是一天中最热的时候也不例外。你看它们又采得了一块块像小豆子般大小的泥团，然后用牙咬住泥团往回飞，为筑巢再添一团泥，不一会儿又再飞回来收集另一块泥团。只要泥土仍然湿润，且湿度适宜，这样的工作就会周而复始，一直延续下去。

这一地区的人都来村中的大水池给骡子饮水，牲畜的践踏和水池中滋出的水，立刻就把一片宽敞的半圆空地变成了一大片黑

色的烂泥地，即使七月的酷暑和强劲的西北风都无法使其干燥。这片泥床，行人可能觉得很是可恶，然而长腹蜂却钟爱于此。当你从这片臭烘烘的泥浆前经过时，你能看见几只长腹蜂正在饮水的牲畜的四蹄间采集泥团。它们从四面八方赶来此地聚会，因此，你常常会在此看见它们的身影。它们采集泥团的地点本身就可以说明，灰浆收集时就已完工，立即可以使用。有时为了使灰粒更加均匀，也得先把泥团搅和在一起并剔除粗糙的颗粒。比如石蜂

这样也用黏土筑巢的建筑工，它先从被踩实的道路上精心挑选干燥的灰粒，再用唾液将它润湿使它具有可塑性，在唾液的作用下这灰粒很快就变得像石头一样坚硬。它们干起活来如同泥水匠一般，知道怎样用少量的水将水泥和沙搅拌在一起。长腹蜂不能参透石蜂的筑巢技艺，泥巴被采来时是什么样，用于筑巢时仍是什么样，看来它一点也不知道化学反应的奥秘。

我把用手指采来的泥团与我从采集者那儿偷来的泥团进行了一下对比。无论从外观还是特性上，我都没发现这两者之间有任何不同。这就证实了我的想法，后来我又对蜂巢进行了检查，也证实了这一对比的结果。石蜂的建筑由坚固的墙壁构成，可以在没有任何遮掩的情况下抵御持续不断的雨雪侵蚀；长腹蜂的蜂巢则缺乏凝聚力，绝对无法应付大自然的无常变化。我在它们的蜂巢表面滴了一滴水，触水的那一点就变软了，恢复到原先的烂泥状；它们的蜂巢原本只是一团晒干了的淤泥，往蜂巢上稍微浇点水就像下了场小雨，一旦沾湿就会立刻恢复原样，使它们变成一摊烂泥。经过观察，长腹蜂并没有改良泥团使它变成灰浆，它只是照原样使用泥团。显而易见，即使幼虫不那么怕冷，这样的蜂巢也不适于户外。一个能将蜂巢遮掩起来的庇护所是必不可少的，否则一遇到雨水它们的窝就会变成一堆泥巴。这样的话，暂不提温度，有关长腹蜂对人类居所的偏爱的问题就迎刃而解了。正是在人类的居所里，在我们的壁炉台下能同时具备幼虫所需的温暖和蜂巢必不可少的干燥这两个条件。长腹蜂在这里得到了比别处

更好的、能抵御湿气侵袭的保护场所。

长腹蜂的整个蜂巢近似圆柱形，从顶端到底部直径逐渐增大，长 30 毫米，最宽处约 15 毫米。虽然还未最后粉刷，整个蜂巢都暴露在外，但长腹蜂的建筑优雅，格调清新。它由很多个小房间组成，有时并排在一条线上，彼此紧挨着，这时建筑物看起来有点儿像一支排箫，管子都短而雷同；有时是数目不等地集结在一起，层层叠叠，这种情况则更为常见。只要在蜂巢表面涂抹上一层薄浆，就会十分均匀光滑，还可以看出一条条凸起而倾斜的细纹，令人想起某些花边饰物的螺旋形流苏。每一条细纹都是建筑物的一层基石；夯完一层土，长腹蜂就往上筑下一层土，细纹就是这么来的。在那些最拥挤的蜂巢里，我数了数有 15 间蜂房；其他一些只有 10 间左右；还有一些更少，只有三四间，甚或只有一间。所有蜂房的主轴一般都是水平或略有点偏斜，出口总是朝着高处。出口的朝向必须这样，一只坛子只有不被颠倒过来才能存放东西。长腹蜂的蜂房只不过是一只用于储存食物也就是堆放小蜘蛛的坛子，这只容器平放着或稍许往上扬就盛住了里面的东西；但如果让开口向下，那它里面的东西可就全掉光了。我略微多费了点笔墨在这无足轻重的细节上，为的是指出很多书本所犯的奇怪通病。我发现无论哪本书上所绘的长腹蜂的蜂巢，开口都是在蜂巢底部。这样的图画总是被描来绘去；今天人们仍在复制以前错误的图画。我不知道是谁第一个犯的错误，竟让长腹蜂经受这种如此艰巨、不亚于达娜依特的水桶的考验：填满一只颠

倒过来的坛子。

　　如果有时间数数有多少条细纹，你就会知道长腹蜂为采集灰浆奔波了多少次。我数了一下，有 15 ～ 20 条。单单为筑一间蜂房，这位勤劳的建筑工就得为搬运建筑材料来回飞二十多次，甚至更多，因为任何一间密不透风的圆形蜂房，都不可能一蹴而就。在我看来，蜂房的总数就相当于它的产卵总数；而蜂房少的时候则意味着只产了部分卵，虫卵稀稀落落，东一点儿西一点儿，也许是因为长腹蜂母亲在别处找到了更为理想的产卵地吧。

　　长腹蜂认为蜂巢的数量足够时，它便停止筑巢。产卵期将至，蜂巢陆陆续续地就被建好了。蜂巢的外观一直十分优雅，当里面塞满了蜘蛛后就被封闭起来。它挥舞铲刀将蜂巢乱涂一气，没有丝毫艺术性可言，也全无筑巢时那种不遗余力的修饰，想当初它们是那么小心和细致。为了加固蜂巢，它把所有蜂巢都用一种防御性涂料掩盖起来。蜂巢间的沟纹、螺旋形流苏状的密封圈、粉饰灰泥的光泽，全都被掩盖了起来。它用上颚尖随意将采集来的泥团不经任何加工就往窝上贴，几乎都不加平整，一层粗糙的涂层淹没了最初的雅致。蜂窝似乎像是一团偶然猛溅到墙上并风干了的泥巴，它最后的模样像极了一只隆起的奇形怪状的瘤子。

第四章

黑蛛蜂与长腹蜂的食物

　　我国各地其他的一些膜翅目昆虫，单从本能和习性看和我前面刚刚研究过的蜂巢建筑工没什么区别，它们都以蜘蛛为食。因此它们才是真正意义上的泥瓦匠、制陶者。现在我介绍一下生活在本地区的两位制陶艺术家：斑点黑蛛蜂和透翅黑蛛蜂。

　　它们个头不高，仅比家蚊略大，看似弱小却才华横溢。凭瘦弱身躯，一己之力竟然也能制出相当完美的陶器。其陶器规则之完整令人惊叹。但两种黑蛛蜂的蜂巢也是有所不同的。斑点黑蛛蜂的"坛子"体积比樱桃要小，外形似一只只椭圆的短颈广口瓶；而透翅黑蛛蜂的蜂巢则为圆锥形，口宽底窄，颇似古代的小盅。长腹蜂的蜂巢比起黑蛛蜂的来虽然平坦固定彼此相依，且外形优雅，但是仍稍逊一筹。黑蛛蜂的蜂巢独立且互不相干，它以一点为支撑，从一端到另一端规则隆起，好似迷你碟里的许多精美小盅。因而黑蛛蜂比长腹蜂更配得上筑巢工程师的称号。

　　黑蛛蜂的蜂房外部粗糙不平，就像建筑工人装修时草草了事

一般，根本就没把外表的泥巴抹平整。外壁裸露的粗泥渣也没有经过任何的精加工，等制陶工塑完坛口，外边这片泥渣依然如故。尽管外部这样不美观，但是蜂房内壁却相当光滑，一看就是精心装饰过。它们在蜂房的内壁上产卵储存食物，最后将蜂房封口。黑蛛蜂的坛坛罐罐杂乱无章地聚在一起，没有任何保护措施，蜂巢看起来就不堪一击。

然而雌黑蛛蜂却有自己独特的保护措施，那就是它们蜂房内

壁的防水性。如果往长腹蜂的蜂房里加一滴水，水珠会立刻软化内壁；但若往黑蛛蜂的蜂房里加一滴水，则水珠会停留在原处，不会渗透到内壁。这黑蛛蜂蜂房内壁为什么会有防水性呢？这得益于它们对内壁的装修。它们用于加工内壁的材料是粗粒的方铅矿中所含的硅酸铅，正是这一特殊材料，才使得内壁具有了防水性。

为什么只有蜂房的内壁具有防水性呢？现在我们做一个实验，如果把一个黑蛛蜂蜂房，放置于一个水珠上，那么水珠会很快从底部渗透到顶端，随即出现的是坛子的倒塌，但奇怪的是只有薄薄的内壁保存完整，这也就证明了一个道理，只有蜂房内壁具有防水性。防水剂来源于黑蛛蜂的唾液，由于它体态纤细，唾液含量有限，从而它优先装修自己的巢内部，也直接造成了内壁和外壁有着很大的区别。黑蛛蜂采集干燥的泥土，混合自己的唾液，不断进行搅拌，使这些泥土成为具有可塑性的黏土，这些黏土就是内部的装修材料。而外部所用材料是自然湿润的泥土，它不能再吸收唾液了，因此质地也就相对差一些。内部材料是用纯净的唾液水，而外部材料则是用普通水浇盖的，这也就不难解释为什么外部遇水即化而内部的防水性好了。黑蛛蜂还有两个储液罐：一个是腺体，类似储存防水化学反应物质的细颈小瓶；另一个是嗉囊，好比注满水的干葫芦。有了这两个储液罐，它就能更好地筑坛了。

黑蛛蜂是怎样选择筑巢的材料的呢？我不知道，只是依据习惯猜测而已。长腹蜂收集的泥土不需做任何加工；而石蜂却是对每一粒水泥经过悉心筛选并用唾液调和成糊状，形成自己的筑巢材料。那么黑蛛蜂又是近似于哪家呢？我无从得知。黑蛛蜂所筑蜂房颜色各异，远远看去白的如路上的灰尘，红的又似我门外的一片沙砾，灰的仿佛附近地区的泥灰岩岩床。黑蛛蜂到哪里去收集这些各色的建筑材料呢？单从色泽上看肯定是来自不同地区，但谁又能想象得到，采集的那一刻究竟是呈糊状还是粉状。

黑蛛蜂有保护自己的秘诀，但是长腹蜂却不懂这样的科学方法。它是如何使自己的住宅具备防水性的呢？正因为它没有黑蛛蜂聪明，所以它用的是最普通的老办法。它把外壁用粗水泥涂抹得厚厚的，用来保护其容易浸水的住宅。它们各安天命，侏儒用清漆釉面，巨人用黏土涂层。

虽说黑蛛蜂的巢内壁光滑有涂层，但是也经不起水的侵袭，且它本身并不牢固，裸露在外就更不安全了，因此它们得为自己找一个安全的栖身之所。这些栖身之所不必太豪华只要能遮风挡雨就好。墙角下的墙洞，树桩下的一个洞穴，石子堆下一只破旧的蜗牛壳，天牛在橡树上留下的旧居，一只条蜂遗弃的蜂巢，一条肥大蚯蚓缓慢爬过留下的甬道，蝉蛹所居的洞穴，这一切看来都不错。在选择住宅上斑点黑蛛蜂没透翅黑蛛蜂那么讲究，因此在日常也就容易见到。虽然常见但也仅仅来拜访过我一次。它们对蜂巢的支撑物并不关心，还常常选择一些奇怪的场所来筑巢。这样的行为让我想起长腹蜂将蜂房筑在一堆账簿上或窗帘上，每每想来很是纳闷。

长腹蜂的坛坛罐罐筑在小圆锥形的纸袋里，这些纸袋用来储

存食物。这些食物都是什么呢，让我们来看看吧。长腹蜂和黑蛛蜂一样都是以蜘蛛为食，这是它们最爱的美味。尽管这样，同一蜂巢，就是同一蜂房，储存食物的种类也不尽相同。只要不超过储存容积的蜘蛛目动物都可以列入它们的食谱。下面我为黑蛛蜂的食物列了个一览表，这上面都是它的最爱。它最主要的食物是圆网蛛，包括冠冕圆网蛛、梯形圆网蛛、铁钱圆网蛛、苍白圆网蛛、角形圆网蛛，但最常见的仍然是背部有花纹呈三个白点十字的冠冕圆网蛛。其他就是类石蛛、满蟹蛛、管巢蛛、跳蛛、球腹蛛、狼蛛，如果有必要列下去，我想肯定还有更多的食物。

　　长腹蜂是敏锐的巡视者，它能轻而易举地捕捉任何一只蜘蛛，虽然它有一大堆的食物，但是冠冕圆网蛛仍是最多的一类。尽管它经常食用这类蜘蛛，可一点也看不出它对此种食物有任何偏好，可能是这种蜘蛛更常见罢了。巡猎时，它不会飞得太远，尽量不远离自己的居所，也就是出门探访一下邻近的旧墙、篱笆、小花园，捕捉眼前飞过的食物。在朴素的村舍门前，用芦竹围起的小花园里，围绕一片白菜地的山楂树的篱笆上，都能看见围坐在网中央等待猎食，或身披十字架的蜘蛛在织网。它们的身影如此常见，也就难怪会经常成为长腹蜂的美味大餐了。

　　长腹蜂比较挑剔，因为它比其他蜂类更懂得哪种蜘蛛有营养，而且吃起来口感还不错。它对那种肉质肥嫩、口味鲜美的蜘蛛有种特殊的激情，往往遇到自己喜爱的就特别兴奋，喜欢一种甚过其他的。这种特殊偏好也使得它对其他一些只能填饱肚子的蜘蛛

不屑一顾。不像方头泥蜂和砂泥蜂兼收并蓄，从不挑食，对它们而言只要能捕捉到，不管是填饱肚子还是一顿美味大餐，只要是双翅目昆虫就可以。

长腹蜂的近邻家隅蛛就住在我家厨房的天花板和谷仓的托梁上，它们在泥巢附近张着自己织的丝网，一切显得那么悠闲，其实它们不知道危险就在眼前。长腹蜂不必劳师远征，门前的野味就数不胜数，只要在周围邻近巡猎那么几圈，丰盛可口的美味就能手到擒来。但它为什么不好好利用呢？难道是此种蜘蛛不合它的口味？要说原因还真难讲清楚。不管怎样家隅蛛好歹也是能填饱肚子的，可长腹蜂宁愿舍近求远也不去捕捉它。我多次留意观察它的食物，发现其中就是没有家隅蛛。从它对家隅蛛的蔑视也看得出来它对食物的质量要求还是比较高的。而长腹蜂对家隅蛛不采取捕食行动，对于我们来说甚是可惜。你想，如果有一个专门的巡猎者每天为你消灭织网的蜘蛛，那该省去家庭主妇多少烦恼呀。并且长腹蜂因此博来的英名，必将被录入益虫宝典，到那时无论到哪里它都会被奉为上宾，就算把泥巴弄得满屋都是也不会被人赶出屋门。

捕食性昆虫传记最显著的特征是介绍昆虫如何捕食猎物，因此我也特别留意观察。长腹蜂与猎物搏斗的场面不算宏大，稍纵即逝，还没来得及细看，长腹蜂已经衔着食物飞走了。我曾在它的捕猎处，如荆棘丛前或旧墙下，耐心驻足，但往往收获不大。我曾看见它以迅雷不及掩耳之势，扑向仓皇逃窜的蜘蛛，将蜘蛛捆好后带走。这一系列动作不带丝毫停顿，简直一气呵成。而其他捕猎者先要摆好

架势,然后准备武器,不慌不忙稳中求胜地展开攻击。长腹蜂则不然,它迅捷机敏,不拖泥带水,讲究的是快准狠。它冲击、捕捉、离开,这一连串的动作颇有泥蜂的作风。长腹蜂在飞扑的过程中可能只使用了螫针和大颚,因此才能敏捷地掳走猎物。这种捕猎方法算不上高级,一旦遇见以两只螫牙为武器的强壮猎物,那恐怕带来的危险是致命的。这也是长腹蜂偏爱捕食体形弱小者的原因吧。由于欠缺更强的捕食方法,因此,我常常怀疑那被捕捉去了的蜘蛛是否真的死了,尽管它们一下子就着了长腹蜂的道,没来得及看清是谁就被捉走了。

长腹蜂是不具备与强敌过招的能力的。如果遇到体魄强健,且有尖锐螫牙的蜘蛛,长腹蜂一定会避而远之,否则就会招来危险。如果它希望猎捕一只又肥又大的蜘蛛,就必须在蜘蛛未成年时将其猎捕。长腹蜂就是这么对付冠冕蛛的。一旦等到冠冕蛛成年,那么它装满卵的肥胖身体,是可以和狼蛛相匹敌的。这对长腹蜂来说太可怕了,因此就只能是在冠冕蛛未成年,体态弱小的时候,将其猎食放进储粮罐中。除了自身不具备捕食大型蜘蛛的能力外,其狭小的蜂房也制约着它这么做。因而它只捕食一些个头中等,且外形不太彪悍的蜘蛛,只有这样捕食来的食物才能放进坛子进行储存。不像环带蛛蜂向来以肥美的蜘蛛为食,它把猎物存放在墙角边,或是某个建筑物废弃的现成的洞窟里。此外,不同猎物,体积大小不等,但是只要能储存进自己的坛子就行。如一间蜂房能塞进12只蜘蛛,而另外一间可能只能放进5~6只,

但一般来说每间蜂房能放 8 只左右。因此说猎物的大小导致了每间蜂房所存食物数量的差异。

长腹蜂是如何来储存自己捕获的猎物的呢？对此我曾借助放大镜对长腹蜂的蜂房进行了多次观察。放进去的食物尚未孵卵，说明是新放进去的，但是无论怎么看，食物从触角到跗节都纹丝不动，难道捕捉来时就是死的吗？我想这样的食物必不会长久保存。果不其然，12 天的时间里，我看着它们发霉腐烂。也许是长腹蜂的捕食方法不够先进吧。它只知道如何捕食，却没有办法在捕食时保证不伤及其性命；它只是一个为了快些达到目的，而使用简单粗暴手段的猎手。这时这些蜘蛛已经死了或差不多要死了，猎物的迅速变质为我们提供了强有力的佐证。而环带蛛蜂的手段就要高明得多，它对狼蛛施以麻醉手术，这样一周之内，就能享用新鲜食物。为什么长腹蜂不采用这种方法呢？兴许它根本就不知道自己有这种功能吧。

长腹蜂为什么先要取猎物的性命呢？我实在猜不出个中缘由。它简单粗暴地杀死自己的猎物，然而其他的"刽子手"是用螫针顷刻间刺向猎物，用以毙敌性命。它们的夺命手段和某些昆虫的麻醉本领有异曲同工之效，这不得不令人惊叹。也许是动物的本能使它们一上来就要毙伤敌人的性命；也或许是它们在生理结构和解剖学上有过人的天赋吧。

长腹蜂食用腐烂变质的尸体肯定也有其合理性。带着疑问我进行了观察，发现它采取的方法合乎逻辑。蜂房里堆满了猎捕来

的食物，当幼虫饥饿的时候，就会以这些猎物为食。幼虫还有个特殊的习惯，它喜欢一只只地吃，不喜欢挑挑拣拣，这里咬一下，那里啃一口，非得把一只吃完才去吃其他的。这个好习惯使得其他食物暂时保持完整无损，因而短时间内也就容易保鲜。幼虫将死蛛有序地吃掉，才得以使蜂房内的大部分食物保持不变质。

如果要享用一只肥美的蜘蛛，前提必须使它麻醉，不能动弹，而且进食者还要有特殊的进食方法。它们需要先保留食物的重要器官，逐步消灭不太重要的各部分，就像土蜂和飞蝗泥蜂一样。假设有一只肥大鲜美的蜘蛛供幼虫来食用，那么结果肯定是非常糟糕的。这顿丰盛的大餐，被幼虫这里咬一口，那里来一口，是很危险的，流出的带毒的汁液会把幼虫毒死。出于幼虫对麻醉技术的无知和不知道如何享用体积大的食物，因此长腹蜂总是为自己的幼虫提供小而多的食物。储存仓库容量不大并不是选择猎物大小的主要原因。如果那样，当初筑巢时为什么不修筑得大一点呢。依我看主要还是为了最大限度地保鲜死蜘蛛，保护幼虫，所以养育幼虫期间它只捕捉小型蜘蛛。

长腹蜂开始产卵时，第一只蜘蛛对它很重要。这只蜘蛛担负着作为它产卵的产房的重任。如果我打开一些新近封闭的蜂房，那么我总能找到长腹蜂产的卵，不是在一堆蜘蛛的最上面，也不是在新放进去的蜘蛛上面，而是在最底层的蜘蛛上面。它将卵产在蜂房里储备的第一只蜘蛛上面，这个习惯从未更改过。在重新出去捕食之前，它总是要立刻把卵产在第一只蜘蛛身上。产卵用

的第一只蜘蛛该有多大，长腹蜂从不讲究，捕到什么样的就用什么样的。

泥蜂也和它有相似之处，随着幼虫渐渐长大，泥蜂从外边辛苦地每天带点食物回来。它可以很从容地飞越只有一层流沙做屏障的洞穴；但是长腹蜂就没那么便利的交通条件了。一旦泥坛被封口，它需要先砸开干硬的泥盖，这对于这位小个子来说是要费很大力气的。再说，每次离开时打开盖子，飞回来之后还得重新封好，这又是一个力气活。

长腹蜂将卵产在第一只蜘蛛身上，还是十分明智的。这跟它捕食有着很重要的关系。它捕食持续时间多久无关紧要，长或短视情况而定。如果野味不充裕，外界条件又不好，要填满蜂房就需要持续几天；如果天气好，一切顺利，半天就可以完工。喂食不是每天都要进行，因此它尽可能多地储存食物。食物按照捕获的先后顺序，一直堆积到蜂房口，最早捕猎到的放在最下面，新鲜的放在上面。食物足部的粗糙纤毛，会剐蹭到蜂房的内壁，因此常常发生坍塌，导致新旧食物混合在一起。但是幼虫从来不管这些，它只是蹲在下面，好好享用自己的美食，心无旁骛地一只只吃下去，从陈旧到新鲜，直到用完餐它仍能找到没来得及变质的食物。

幼虫随着时间推移开始建造蛹室，蛹室开始时是一只纯丝的袋子，幼虫像一位隐士一样藏身于此。但这个袋子看上去相当娇弱，起不到真正的保护作用。这位昆虫纺织女工织出光亮的塔夫

绸，可这精美的布匹不是织出来的，而是得借助一种特殊的漆才能完成的工程。昆虫纺织女工为了增加丝绸的韧性，它们常常采用以下两种方法：一方面它们要在丝织物中嵌入无数的沙粒，目的是要做凝结沙石的水泥，这样才能为蛹室建造一个矿物质的外壳。比如像泥蜂、大唇泥蜂、步甲蜂都有这样的本领。另一方面它们的乳糜中还会释放出一种液体，这种液体叫作清漆，一旦将清漆吐入丝织物的网眼中后，清漆就会使丝织物变硬，那么将会形成一只完美的漆器。飞蝗泥蜂、砂泥蜂和土蜂就是这样给蛹室的内壁刷上好几层清漆，用来起保护作用的。但是方头泥蜂、节腹泥蜂和大头泥蜂，仅为弱小的蛹室简单地涂抹上一层清漆。在胃里产生的清漆发生化学反应后，所残留的余渣就是它们的粪便。这些一团团又黑又硬的粪便随后被幼虫扔出蛹室。

蛹期长短依情况而定。根据当地的条件，气温不同，蛹期的

长短也不同；此外，还有其他的条件影响着它，但具体是什么条件，我目前尚不能做出结论。有些长腹蜂是在七月织茧，茧织好后好似一块琥珀色的丝织物，细腻而透明，令人不禁想起洋葱的外膜。从外观上看，茧的上端很圆，下端像被什么削去一段，黑色的粪便使得它更加坚硬而且也不透明了。茧的长度大于宽度，一般与成虫大小和蜂房的容积非常吻合。七月织茧，八月就能羽化成虫，幼虫的活跃期过后两三个星期，成虫接着羽化。有的八月织茧九月羽化；还有的，无论夏季哪个时候织茧，也得过了冬季来年六月才能羽化。

综观长腹蜂的生活史，我们不难发现它一年之中能产出三代。虽然它一年能产三代，但也不是绝对如此。第一代在六月底出生，它们的蛹都是过了冬的；第二代出生在八月；第三代则在九月出生。只要有足够的时间保持高温，那么幼虫就会很快变态。三四周的时间，它们足可以完成一个周期的循环。九月一来，温度随之下降，蜂巢中的幼虫也开始终止了自己的活动，那么最后一批幼虫只能等待来年酷暑到来时才有可能变成成虫。

第五章

土蜂的捕猎方法

靠捕猎那些除头颅以外无甲壳保护的昆虫来维持生计的昆虫中，有一种叫作土蜂。它们根据种类不同，相应的食物也就不同，主要为：花金龟、蛀犀金龟、绒毛害鳃金龟柔软的幼虫。下面让我们来考察一下它的捕猎情况。它虽捕猎那些无甲壳保护的昆虫，可是并不像砂泥蜂那样多次向猎物发起进攻，它讲究一击中的。一般的砂泥蜂，是通过多次进攻来麻痹猎物，使其除头部以外其他各部位主要神经中枢的反应丧失，来猎取食物的。在所有关于土蜂的故事中，我曾预言只要它用螯针蜇一下猎物，我便可以非常明确地指出螯针要蜇刺的攻击点。那么，土蜂是否具备这个条件呢？我确信。因为对其猎物中枢神经系统的解剖情况已经给出了证明。这些是我没有亲自观察所得到的证据，只是通过解剖者的手术刀证实的结论。

土蜂的攻击行动我们是看不到的，因为它总是在我们观察不到的地下秘密进行。的确，我怎么能让在黑暗的土壤中捕猎的昆

虫在光天化日之下捕猎呢？我从不奢求，但为了问心无愧，我还是试着将一些土蜂和它的猎物一同置于钟形罩下进行观察。所有用于实验的土蜂都或迟或早地补偿了我耐心的等待。它们在人为条件下，还那么卖力地表演着自己捕猎的技巧。以前从来没有任何捕猎性昆虫会这样做，仅大头泥蜂除外，但是现在土蜂却着实这样做了。最终实验的结果令我受益匪浅，竟获得了意想不到的成功。

现在让我们来观察一只正在对付花金龟幼虫的双带土蜂吧。被囚禁的幼虫仰面朝天，顽强地爬行，在钟形罩底来回转圈，它企图逃离身边这个恶魔般的邻居。但很快地，土蜂就注意到了它，它不断地用触须连续敲打桌面，这桌面就好像是土蜂习惯的泥土。膜翅目昆虫土蜂冲向了猎物，用腹部的末端作为支撑，立起身子伸向花金龟幼虫，并用尾部猛扫这个庞然大物。被攻击的幼虫并没有蜷成一团做出防御姿势，只是仰面朝天爬得更快。土蜂爬上了幼虫前部，把猎物压在身下，当作暂时的坐骑。幼虫不同的容忍程度，决定它会不会摔跤，还是会发生其他各种事故。然后，土蜂在上面用上颚咬住花金龟幼虫胸部的某一点；它将自己的身体横了过来，弯曲成弓形，努力使腹部末端的螫针到达合适的攻击区域。它的腹部末端在这儿试一下，那儿试一下，不停地尝试直到使它筋疲力尽，可它仍不肯善罢甘休。这种固执地寻找表明，这个麻醉师对螫针的攻击点要求比较高。为此，土蜂往往要经过多次的努力和尝试，因为它身体弯曲成弓形有点短，这样猎物肥大的躯体就

无法完全被罩住。

　　上面所讲只是一个粗略的概括，真正激烈的打斗场面是那些为之动容的所有细节，当我揭开钟形罩时，一览无遗地观察到了这出悲剧。幼虫被攻击后，努力挣扎着仰面爬行。突然，它蜷成一团，头部一甩，将敌人远远地摔出去。而土蜂却似乎不为所动，并没有因为失败而气馁。它重整旗鼓，抖擞精神，挥舞着翅膀，再次向肥胖的猎物发起了攻击。土蜂以身体的后部攀上幼虫的身体后，将自己横着缠在花金龟幼虫的身上，然后身体弯曲成弓形，伸到猎物下方，紧接着用上颚从背部咬住幼虫胸部，最后腹部末端伸到猎物颈部附近。在经过无数次的尝试未果之后，土蜂终于找到了这个合适的攻击姿势。处在危难之中的花金龟幼虫苦不堪言：它痛苦地扭曲着，一会儿蜷成团，一会儿又伸展开来，来回打滚。土蜂没工夫理会它，任凭幼虫带着它忽上忽下、时左时右地翻滚，它只要牢牢地抓住猎物身体就行。虽然场面纷繁杂乱，但土蜂仍感觉到腹部末端已刺

到了合适的位置，到了这个时候，土蜂才会拔出螯针刺进去。只要螯针刺入了猎物的体内，那么攻击就算完成了。起初还比较活跃、又稍显紧张的花金龟幼虫，刹那间变得松弛，毫无生气。它被麻痹了，就这样乖乖缴械了。自此后它再也没有任何行动，只有触须和嘴部器官证明它还留有一线生机。

我从钟形罩里观察到的这一系列战斗中，土蜂的攻击点并没有任何改变。这一点位于腹部的前胸和中胸交界线中央。我也注意到了节腹泥蜂捕食的猎物象虫，它集中的神经链同花金龟幼虫的神经链结构一致，神经组织的相同，决定了攻击方式的一致，因此，节腹泥蜂用螯针刺入象虫体内也与土蜂一样，在同一点上。当土蜂的螯针从狭小的区域一侧拔出之后，它很可能是在寻找一些小的神经节，这应该是土蜂刺伤，或者说把毒液注入猎物体内而迅速使其麻痹的地方。这就能解释为什么土蜂的螯针要在猎物的伤口上做短暂的停留，并明显固执地在伤口处搜寻了。在上面所讲述的激烈战斗中，当看到土蜂腹部末端的动作之后，我们可以断定，土蜂在用武器进行探索和选点。

其他一些被我囚禁的捕猎者一旦捕猎得手之后，至少会用爪子试着带猎物逃出钟形罩；而土蜂却未做任何尝试，当它把螯针从猎物的伤口中抽出，就将猎物留在原地，而自己则沿着钟形罩壁飞来飞去，并不理会猎物。那些远征的捕猎性昆虫扛着沉重的包袱，以各自的方式抢劫、拖曳、运输已失去活力的猎物，它们长时间地试图从钟形罩中逃走，把猎物带到洞穴之中。然而一切尝试看起来都是徒劳无益的，不久它们失去了信心，放弃了逃走的念头。在钟形罩中是这样进行的，在泥土中，在正常条件下，事情也应该是如此。

土蜂并不移走猎物，就让猎物一直仰面躺在惨遭杀害的现场。土蜂的行为让我们感到十分困惑：它用螯针麻痹猎物，却不知这时的捕猎行为已无任何意义；它不从花金龟幼虫中吸取任何的体液，甚至不排卵就将猎物丢弃了；又因为没有松软的土壤，搬运猎物也就更不可能了；况且又不是在自己熟悉的地下环境之中，土蜂此时仍然猎捕对它来说已经毫无用处的花金龟幼虫，而且捕猎的劲头与大头泥蜂对蜜蜂的捕猎欲望不相上下。这究竟是为什么呢？后者除了满足子女必要的生活需求之外，再就是它对蜂蜜的贪欲，这样来解释才合情合理。被麻痹的猎物并没有被搬到别处，搬进特殊的地下室，而是就在战斗现场。产卵工作没有在钟形罩下进行，因为土蜂母亲过分谨慎，不愿让卵处在充满危险的露天里。猎物的腹部被放置了土蜂的卵，从卵里孵化出的幼虫便以这鲜美的身体作为食物，这样就节省了营造家室的力气。

双带土蜂是以捕食贪婪的花金龟幼虫为生的。我曾观察到一只双带土蜂母亲一口气连刺了三只花金龟幼虫。接下来它没有猎杀第四只，也许是由于身体疲劳，也可能是因为体内的毒液已经用完，但它的休息只是暂时的。第二天，它又开始捕食，

并麻痹了两只猎物；第三天继续捕食，但捕食热情日益下降。我不会就这样中止对决斗场面的叙述而不提及上面这些次要的事实。

当它们认识到想逃出钟形罩根本不可能，而且由于战斗已经精疲力竭时，最聪明的做法就是停止战斗，可它们几分钟之后又再次开始捕猎，这些出色的解剖学家对此毫不知情，甚至对于把猎物捕来有何用也是知之甚少。作为屠杀和麻痹的高手，一旦机会成熟，它们便开始麻痹、屠杀猎物，根本就不管最终的结果如何。在深思熟虑之后，我把对这些聪明的昆虫外科手术专家的怀疑总结归纳起来，觉得它们有时候很多事情都欠考虑，它们对自己的行为根本没有意识，这就无法用我们的知识来理解它们的才能。

土蜂和猎物的战斗持续了整整15分钟，其间战斗的主动权几经易手，土蜂捕猎战斗的惨烈程度触目惊心。这些都是它在腹部末端的螫针找到应该刺入的攻击点之前发生的战斗。我曾观察到，土蜂一旦找到适合攻击的位置，马上进行战斗，攻击者一被推开，紧接着又发起进攻。虽然我看到猎物一次一次因蜇痛而跳起，但攻击者始终没有拔出螫针，只是多次用腹部末端贴在猎物身上。土蜂螫针所寻找的攻击点和猎物身体的其他地方一样都在皮层的保护之下。只要土蜂的武器没有找到适合的攻击点，土蜂是绝不会拔出螫针去刺向猎物别的地方的。不选择猎物身体的其他部位进行攻击，这绝不取决于花金龟幼虫

的外部组织，因为它除了头颅以外其他部位都是柔软而易受攻击的。

在与猎物激烈的交锋中，两只昆虫时常扭打在一起，胡乱地翻滚，时而我压住你，时而被你压住。土蜂有时将身体弯曲成弓形，但有时也会被花金龟幼虫收缩蜷曲的身体像虎钳一样牢牢箍住。对此土蜂显得并不在意，它一点都没有放松上颚和腹部末端的攻击行动。当花金龟幼虫从对手的魔爪中解脱之后，它又舒展开来，极为匆忙地仰面朝上爬行逃跑。它已黔驴技穷，不知道其他的防御伎俩了。以前，在没有观察到这一现象之前，我只是凭着感觉，一厢情愿地认为幼虫的这种诡计同刺猬防御敌害的方法有异曲同工之妙。幼虫会用连我也难以用手掰开的力量蜷缩起来，这样土蜂就无法使它舒展开来，傲慢地嘲笑无法在它身上找到合适的蜇刺点。和幼虫一样刺猬也蜷缩成一个刺球，奚落把自己作

为捕猎对象的猎狗的无能为力。而我曾希望并相信幼虫有这种简单有效的防御方法，然而花金龟幼虫的智商还是被我过高地估计了。这是一个没有在生存的战斗哲学中吸取教训的家伙，这个愚蠢的家伙让我想起了蠢笨的小蜜蜂，它稀里糊涂地就将自己送入大头泥蜂的魔爪之中。花金龟幼虫并没有像刺猬那样始终缩成一团，而是仰面朝天地逃跑，它采取的这种蠢笨的姿势，刚好给了土蜂合适的良机，于是就跳到了它的身上，找到了它致命的攻击点。

挖掘沙子的沙地土蜂的食物听说是一种来自南方的害鳃金龟幼虫。为了使我刚刚捕获到的这只正在挖掘沙子的沙地土蜂，在实验中不至于由于被囚禁而影响到它的捕猎欲望，它在实验中的表现直接决定我的观察效果，因此，我决定替它找寻食物。根据害鳃金龟挖洞穴的常见地点，还有我以前搜集的情况，我知道在周围山坡上迷迭香花下落英缤纷的沙中便能找到南方害鳃金龟的幼虫。寻找它是一件艰苦的活计，因为越是极普通的东西在需要它时找起来就越不容易。我请我的老父亲帮忙，他已年过九旬，但体格依然硬朗，仿佛是一个笔直的"1"字。在一个骄阳似火的日子，我们扛着鹤嘴锄和三齿耙出发了。我们轮流作业，在沙中挖开了一条沟渠，我们翻遍、捏碎了周围至少两立方米多的沙壤，累得满头大汗，我希望我们的努力能找到害鳃金龟。皇天不负有心人，我的愿望终于没有落空，在我们的努力下，最终捕获了两只南方害鳃金龟的幼虫。

　　抓捕这事也真够折磨人的，不想要时，我一抓一大把，想要时，却比登天还难。不过我那点儿可怜却还算珍贵的收获已经足够暂时之用。不管怎样，只要实验有需要，我还会更卖力地继续我的挖掘工作。我把抓来的猎物，放到钟形罩下观察，惨烈的悲剧即将上演，这也算补偿了我们辛苦的挖掘工作。土蜂本来刚开始时行动笨拙迟钝，在罩内慢慢地踱来踱去。但是一看见我放进去的猎物，它的注意力就集中起来。战斗即将爆发之前，沙地土蜂和双带土蜂做着一样的准备活动：把翅膀抖得发响，用触须尖轻轻敲打桌面。看来战斗一触即发。当别人做好了战斗准备的同时，你再看这位足短且无力的大肚子幼虫，它根本就没想过要逃而是盘作一团，可能它无法像花金龟幼虫那样以独特的四脚朝天的姿势逃跑吧。土蜂用它铁钩般的上颚猛咬害鳃金龟幼虫的皮肤，一会儿咬这儿，一会儿又咬那儿。战斗平静地进行着，没有什么曲折打斗的场景。土蜂身体弯曲成弓形，身体两端几乎合拢在一起，它努力把自己的腹部末端挤进幼虫身体盘成螺旋状的窄小开口处。这就像一个裂开了的活的环扣，固执地企图将一端插入另一个同样裂开的活的环扣当中，而这个环扣同样固执地想将两端闭合起来。接下来的战斗，敌对双方就像两个紧套在一起的环扣了。土蜂企图用足和上颚征服猎物，它试着从一侧进攻，然后从另一侧尝试，但始终无法解开猎物蜷成一团的身体，而猎物由于越来越深的危机感收缩得越来越紧。当土蜂猛烈攻击之时，害鳃金龟的幼虫便滑到一边；由于没有固定的支撑点，螫针无法找到

理想的攻击点。虽然进攻持续了一个多钟头，但依然是徒劳的，不过在它进攻停下来时会间或地休息几次。看来在这样的局面下，土蜂的进攻是越来越困难了。

我觉得强壮的花金龟幼虫应该好好学学害鳃金龟幼虫是如何退敌的。它一心只想逃跑，因而将身体舒展开，这正是它的失策之处。你看人家害鳃金龟幼虫则一动不动保持着有效的防御姿势。其实，要的就是把防御的姿势做得像刺猬一样蜷成一团，保持到敌人撤退为止，这样才算取得了成功。害鳃金龟幼虫天生就身体肥胖、沉重、腿足无力，而且身体像花金龟幼虫一样弯成钩子，很难在平坦的表面行动；它只能艰难地侧躺着爬行。只有在疏松的土壤之中，它才会以上颚为挖土工具，掘出通道，钻进去。也许你会说它是天生的谨慎小心，不是的，在光滑的桌面上，它根本就不可能有别的防御办法，也就仅此而已。

第六章

隧蜂与寄生蜂

　　隧蜂是蜂蜜的辛勤制作者，也许人们每天品尝着新鲜的蜂蜜却对隧蜂毫无了解，但这并无大碍。不过对这些没有历史的、卑微的隧蜂的探究确实让我们知道了一些奇特的信息。既然我们现在有空闲的时间，那就让我们来研究一下它们吧，因为这些隧蜂的确值得我们去了解。

　　比起蜂房里的蜜蜂，隧蜂的身材要修长苗条得多。在隧蜂这个庞大的群体中，每只隧蜂的体形和色彩都有不同。在大小上，有的隧蜂甚至比一般的胡蜂还要大，但也有的隧蜂与家蝇差不多大小，或者比家蝇还要小些。虽然隧蜂家族庞大，品种也十分繁杂，但是它们却有一个共性的特征，这个特征使得新手们对它们的研究有了着手点。在隧蜂背部的最后一个体节，也就是隧蜂的腹部尾端那里，有一条光亮的线盒纤细的沟槽。这就是隧蜂家族所有成员共有的标志，无论身材还是体色，这道沟槽就是隧蜂的共性特征。当隧蜂采取守势来防御时，它的螫针就会沿着这条沟

槽向上滑行。除了隧蜂以外，其他的带有螯针的昆虫都没有这道特有的沟槽。

我的实验对象是三种不同类型的隧蜂，而且我与其中的两种隧蜂还是邻居，我对它们非常熟悉。它们每年都要到我的荒石园中光顾并且住下来，事实上，它们占领这块地方的时候我还没有来到。作为隧蜂的邻居，我可以每天都去看望它们，在这一点上，我是个幸运者。我小心地与它们相处，避免侵占它们的领地。我应该很好地利用与隧蜂之间的邻居关系。

我的第一个研究对象是斑纹隧蜂，它是隧蜂家族的代表成员。斑纹隧蜂有着优美的身材，就像黄蜂一样。它穿着朴素但不失优雅。它的腹部很长，在那里有一条淡红色与黑色相间的肩带所形成的环形条纹，非常漂亮。

斑纹隧蜂群体性地在我的荒石园中采集修筑地道所用的泥土。它们所使用的泥土是红色黏土与细小卵石的混合体，这样的材料非常适合隧蜂所修建的工程。斑纹隧蜂修筑地道往往选择在坚实的土地里，这样可以有效地避免由于受干扰而发生垮塌事件。斑纹隧蜂群体中的成员数目并不是固定的，有时候多，有时候少，多的时候甚至达到一百来只。斑纹隧蜂的群落各自建立起自己的小镇，每个小镇之间互不干扰，各个群体独立地进行劳作。

每只斑纹隧蜂之间都是邻里关系，而不是合作关系。这样的关系让斑纹隧蜂的世界里弥漫着祥和安定的完美气氛。每只斑纹隧蜂都有属于自己的独立房屋，其他的斑纹隧蜂都不能擅自闯进

来，否则房屋的主人就会以猛烈的推搡来警告这位大胆的私闯民宅者，让它以屈服告终。确实，莽撞的行为在隧蜂中是绝不被允许的。

四月是斑纹隧蜂为自己挖掘地道的时间。它们在自己的隧道中忙碌地工作着，很少会有隧蜂将自己的身体露出地面。这样一来，虽然斑纹隧蜂在地下进行着热火朝天的工作，但是在地面上看来却毫无热闹的迹象可言。工程浩大而不惹人注目，只会在地面上显露出一些小土丘。总体来讲，斑纹隧蜂的地道挖掘工程进行得非常隐蔽。

我用芦苇秸编织了一个小栅栏，用来保护斑纹隧蜂正在进行的紧锣密鼓的地道挖掘工程。我在小栅栏的中间放了一个警示的牌子，上面写着"禁止通行"的字样。这种做法可以防止过路人将隧蜂努力修建的工程踩踏，我的家人也不会去那里。栅栏里面，斑纹隧蜂依旧挖着它们的地道。由泥屑所堆成的小土丘有时候会因为泥屑的下滑而震动起来，这时候位于顶端的泥屑就会沿着土坡滑下去。斑纹隧蜂在运输挖掘出来的泥土时也不会让自己的身体显露出来。

挖掘工程在四月结束，等到五月，斑纹隧蜂已经由挖掘工人转变为采集工人。阳光和暖地洒在每朵鲜花上面，这是让所有生命欢愉的月份。斑纹隧蜂满身铺满了花粉，我看到它们在小土丘上面飞来飞去，这时的小土丘已经变得像火山口一样。接下来我想要了解一下斑纹隧蜂的居所，我拿了铲子和三尖头，这是能够

帮助我有效地进行探测的工具。斑纹隧蜂对于自己居所的布置会让我们采集到更多的信息。

　　进入隧蜂居所的前厅隧道大约有三分米长，直径差不多与粗铅笔相当。这条隧道的内壁并不光滑，因为光滑细腻的内壁在这里并不适用。相反，这条长长的前厅隧道表壁凹凸不平，斑纹隧

蜂可以在这种高低不平的隧道里很容易地找到支撑点。这条前厅隧道循着由卵石碎屑合成的土地，尽量垂直地往里延伸，但有时候也显得弯弯曲曲。隧蜂母亲对于这条前厅隧道的全部要求就是能够让它顺利快速地上下行动，所以粗糙的表壁比较合适。

在隧蜂居所的底部，每间小蜂房都以不同的高度横向层叠起来。这些是挖掘在大土堆里的椭圆形洞穴，大约2厘米，它的尾部是很短的细颈。细颈的口端逐渐扩大为一只双耳尖底瓮口，非常精致，就像是一只用来做顺势疗法的小玻璃瓶，小巧细腻。在地道里的任何东西都宽阔地敞开着。与粗糙的前厅隧道不同，用来供隧蜂孩子居住的房间则建造得精致细腻。在一间间小住所的内部，被粉饰得非常亮丽光润，小巧细致的菱形标志泛着光芒，就连我们技艺最精湛的粉刷工看见了这样的住所都会心生嫉妒。这种精致的表层是由一种近乎完美的抛光技术制成的，这种抛光技术就是由隧蜂的舌头所完成。斑纹隧蜂的舌头就像是一把镘刀，这把镘刀通过有秩序的舔舐能够把室内抛得光亮。

还有最后的一道平坡，它在修建之前就有过粗略的加工，显得精致且漂亮。蜂房在没有储备食物之前，内壁上铺满了许多用大颚做出来的类似针孔的小洞。大颚通过颚尖来把黏土压得严实，然后往后推动，使黏土中没有沙质的细粒。完成了的作品就好像由细粒状花边围成似的，而被磨光的那层则会与绳边很好地进行黏合。斑纹隧蜂对黏土精心地筛选，然后经过过滤、纯化和掺拌，最终把它们小块小块地粘连在一起。

在隧蜂使用自己镘刀般的舌头进行抛光之前，它必须用自己的唾液使糊状的物质具有弹性，并且要等唾液干燥，因为干燥的唾液具有防水漆的功能。在下雨的时候，由于土壤的湿度能够使得小泥土制成的凹室在脱落后化为泥浆，而唾液的防水功能正好能够防止这样的危险发生。唾液涂层非常细腻微小，我们根本无法看到它们，而只是知道这层唾液的存在。但是我们看不见并不表示它的功能不显著。我在一个凹室内灌满了水，我看到里面的水没有一点渗漏的迹象，可见唾液的防水功能多么强大。

就像被漆了一层铅矿粉似的，小小的凹室一点也不漏水。陶瓷工用烈火熔炼各种矿物的方式来让陶器不漏水，而隧蜂则用它那镘刀般的舌头以及唾液来防水。幼虫有了这层防水保护层就能够安心舒适地躺在自己的槽室内，即便外面正下着倾盆大雨。其实这层唾沫涂层也容易被弄下来，只要我想，我就能够用破布将防水膜隔离开。我们可以把挖了蜂房的那个小土块的底部放在水中，让水把这个土块渐渐地溶为泥浆，然后我们就可以拿刷子的尖部开始清扫泥浆。当然清扫时必须仔细小心，因为只有这样才能让那层唾液薄膜脱离它粗糙的外表。唾液涂层非常纤细，无色透明。假如蜘蛛所织成的不是网而是布料，那么只有蜘蛛的布料才能够与这层唾液薄膜相媲美。

通过观察，我发现斑纹隧蜂修建自己的居所是一项比较浩大的工程，要花费很长的时间。隧蜂首先要做的是在黏土地上挖出一个巢穴，这个巢穴要求呈椭圆弧形状。这项工作虽然进行得粗

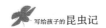
糙但困难仍然存在，因为它需要用狭窄的细颈来完成，这个细颈刚刚能够让挖掘器械通过。隧蜂在挖掘时把自己长着小爪的跗骨作为耙，而把大颚当作镐。被挖出来的泥土在很短的时间内就堆积起来，形成一个土堆，占了不少地方。隧蜂把这些泥屑集中到一起，然后让自己的身子向后退，而前爪合拢起来放在土上。隧蜂把泥屑通过通道运到上面，土堆逐渐堆得很高。

隧蜂的第二项工作是对居所进行细致的装修，这些工作都是陶瓷技术的代表作，其中包括壁里的细粒状轨花绲边、用质地好的黏土修筑的毛粉饰涂层、用镘刀般的舌头对各个部位进行的抛光工作、唾液防水薄膜以及双耳尖底瓷口。所有的程序都需要几何学般的精确程度。在封闭蜂房的时刻到来之前还需要做一个塞子，用来关闭房门。

隧蜂幼虫房间的完美程度让它看起来根本不像是每天临时修筑的，也不可能随着成熟的卵脱离卵巢。隧蜂在三月末和四月的时候进行修建房屋的工作，这个季节气温比较低，隧蜂在这个时候就长期地做着这件事，因为等到下雨的时节来临时，这样的活儿就干不了了。隧蜂母亲耐着寂寞独自做着这项工作，它花费大量的时间和精力来为自己的孩子建造精美的房间。

气候宜人的五月到来了，各种生命重新绽放出活力。百花争艳，草坪碧绿。蒲公英成千上万地盛开了花朵，层层叠叠。雏菊、萎陵菜与羊日花也同样不甘示弱。就在这个优美的季节，隧蜂的房屋修筑工程已经完成得差不多了。在把食物存储在房屋内之前，隧蜂还要进行细致的勘察工作，可见准备工作之漫长。不过这样的工作排序十分正确，因为把小屋先修建完整能够让隧蜂母亲在日后收获和产卵时无须再干修筑的活儿。没有隧蜂居住的房屋显得非常空荡，将近一打左右的蜂房已经修建完毕。

蜂类昆虫在盛开的花朵上尽情地玩耍着。隧蜂的爪子被花粉粘满了，它的嗉囊中也因充满了蜜而膨胀起来。隧蜂在返回小镇的途中几乎是掠着地面飞行的，飞得很低。在返回小镇的旅途中隧蜂有时候也会迷路，这好像是由于弱视造成的。它在突然间拐弯，身体摇摇晃晃，历经重重困难之后才在村子的那些茅屋中间重新找到了回家的路。

小镇里的土堆非常多，一个个儿都相互挨着，很难进行分辨。不过隧蜂却能够很轻易地认出自己的土堆，因为每个小土堆都有特有的标志。隧蜂一边飞行一边寻找自己的土堆，最后终于找到了自己的居所。在找到房门之后，隧蜂将自己的爪子放在门槛上，之后便让身体迅速地钻到洞中。回到巢穴中的隧蜂把自己采集来的花粉卸下，然后再把身子翻过来，把嗉囊中的蜜吐在土堆上。隧蜂的这些工作与其他的蜂类昆虫并没有什么区别。之后隧蜂又重新飞回到花丛中开始采花粉，这样的重复工作要做好几次，直到自己蜂房中的食物已经足够食用。

接下来是制作糕饼的时间，隧蜂母亲掺拌着蜂蜜揉搓面团，制作丸状的食物。隧蜂制作糕饼的方式虽然节俭，但是却非常细致有层次。如果将这个糕饼比作我们所食用的面包，那么与面包

所不同的是，隧蜂所做的糕饼外层相当于我们的面包心，而里层则相当于我们的面包皮。也就是说，越往外面，糕饼越好吃。这种制作糕饼的方法也是按照隧蜂幼虫的成长发育制定的。当幼虫还处于体质较弱的时期，它就啃食外面的柔软部分，这层糕饼是由含蜜的粥状物制成的；当幼虫长大后，它就有足够的力气吃到里层干燥的小骰子，这层糕饼是用干燥的花粉做成的，也是最后的食物。

食物制作完成后，一般蜂类昆虫所要做的事就是把房屋封闭起来。无论条蜂、墙石蜂还是其他的一些小昆虫，它们在把自己的房屋堆满食物之后就开始产卵，最后把房间紧闭，日后就不需要再回来进行看管了。不同的隧蜂种类拥有自己独特的方法。隧蜂的蜂房中堆满了丸状食物，我看到一只卵横卧在隧蜂母亲制成的丸状食物上。每粒圆面包上面都趴着一只卵，这只卵弯曲成弓形，横着卧在食物上。蜂房与进入蜂房的隧道连通着，这样的布局方式能够让隧蜂母亲很容易地上下飞行。它每天都能够回家看望自己的孩子，了解自己家庭中发生的变化，而且对于自己手头上的工作也不至于贻误。隧蜂母亲应该还会时而再运送些食物到蜂房中去，因为类似面包心的食物看起来非常稀少。不过这只是我的猜测而已。

像泥蜂这样的膜翅目昆虫，它们喜欢把食物按照份数留给孩子们吃。为了能够让自己的孩子吃到新鲜可口的美味，泥蜂母亲每天都会把幼虫的容器填满。隧蜂的食物比较容易储存，隧蜂母亲能够在幼虫食欲最旺盛的时期根据需求把植物粉末运送到家中。除了这个原因，我找不到保持蜂房与外界畅通无阻的其他原因。隧蜂幼虫由于得到母亲精心的照料而成长得很快。等到幼虫将要转变为蛹的时候蜂房就被关闭了。隧蜂母亲用一个由黏土制成的盖子堵在喇叭形状的口子上，之后便离去了。

以上我们看到的是隧蜂家族中和谐温馨的一面，但是在温暖的同时，隧蜂也会遭到其他昆虫的骚扰。这种入侵者就是寄生蜂，它们会对隧蜂家族进行疯狂的抢夺。在五月的每一天，上午十点左右的时候，我坐在椅子上观察隧蜂居住最为密集的小镇。我弯着背，把手臂放在膝盖上面，静止不动。我保持着这个姿势直到中午吃饭的时间。这时候我发现一只寄生蜂，虽然在我眼里它显得那么微不足道，但是对于隧蜂来说，寄生蜂可是位可怕的侵略者。

我不知道这种寄生蜂叫什么名字，它们应该是有名字的。不过我认为名字并不重要，我也不愿意把大量的时间浪费在对寄生蜂名字的咬文嚼字上。只要我把它们的习性叙述得合情合理，我想这种描述比冗长而枯燥的专业名词要明确多了，也更受人们的青睐。我相信对于这只妨害隧蜂的家伙，只用几句话就能将它的体貌特征描述清楚。这种寄生蜂的身长大约有5厘米，它属于双翅目昆虫的种类。寄生蜂的脸孔呈灰白色，眼睛是暗红色的，前胸也比较灰暗。它的爪子是黑色的，灰色的腹部下端逐渐变为白色。寄生蜂的身上还长着黑色的斑点，总共有五行，斑点很细小。

这里也是寄生蜂尾部纤毛长出的地方。

寄生蜂躲在自己的洞中等待着隧蜂回家的时刻，它们成堆地聚集在坑洼中。在阳光的照射下，我看到了满谷满坑的寄生蜂。隧蜂在采集花粉后把自己的爪子染得很黄，这个时候寄生蜂就开始跟踪隧蜂。隧蜂在返回自己家中的途中迂回，寄生蜂也穷追不舍。直到隧蜂这只膜翅目昆虫钻进自己的房子，寄生蜂这只双翅目昆虫也同样地落在隧蜂的房门口。寄生蜂在那里保持静止，等着隧蜂再次出洞。

隧蜂再次出来的时候也在自己的房屋门口停留着，它的胸和头部都露在洞外。两只蜂相互对峙，互相观察着对方，一动也不动，它们之间隔了一小段距离。从隧蜂的举止上好像可以看出它

对这位入侵者并没有太大的兴趣，寄生蜂也并没有因自己的侵略行为受到隧蜂的反攻。寄生蜂在隧蜂面前显得十分渺小，隧蜂只需要用自己的一只爪子就可以将寄生蜂踩住。不过寄生蜂在强大的隧蜂面前保持得相当镇定。隧蜂并没有意识到自己的家庭将要遭受一场侵袭，而寄生蜂也没有表现出任何惧怕的行为。看来我等待寄生蜂表露害怕的情绪是一种浪费时间的做法。两只蜂依旧相互对望。我不知道隧蜂为什么会表现得如此自如，这是愚蠢的表现吗？只要它愿意，就可以用它那强大的爪子将对方的肚子弄破。它也可以用自己的大颚把眼前的寄生蜂钳得粉碎，把它的身体刺穿。但是隧蜂并没有这样做。

由于通往蜂房的道路非常畅通，所以等到隧蜂再次出去采集花粉的时候，这只寄生蜂就开始肆无忌惮、毫无阻碍地进入隧蜂的房间进行偷食。寄生蜂有着准确计算时间的能力，它能够估算隧蜂回到洞中的时间，因此偷食活动显得更加猖狂。寄生蜂还会在蜂房中产下自己的卵，没有什么东西会打扰到它。隧蜂在外面干活儿需要的时间比较长，因为把爪子粘满花粉以及把嗉囊装满蜜都是耗费时间的事情，寄生蜂也因此能够在蜂房中停留更长的时间。等到隧蜂返回到自己家中的时候，这只偷食的寄生蜂早就消失得无影无踪了。不过它并没有走得太远，它就躲在不远处，还等着隧蜂再次出洞后重新进入蜂房偷吃。

假如寄生蜂在偷吃的时候被隧蜂发现了，那也不会遭受到什么严重的后果。我亲眼看见一些胆子过大的寄生蜂在隧蜂还停留

在蜂房的时候就尾随着进入到里面。这时隧蜂正在用花粉和蜜制作丸状食物。寄生蜂在这时并没有机会上去抢夺食物，所以它再次飞到洞口，等待隧蜂出去采花粉后再进入洞中偷食。寄生蜂看起来非常平静，没有任何受到惊吓后表现出来的行为。可见它们刚才在蜂房中并没有遭受到隧蜂的什么攻击。隧蜂驱赶寄生蜂的唯一行为就是拍打一下寄生蜂的颈项，这也是在遇到那些过于胆大妄为的家伙的情况下才有的举动。两只蜂之间根本没有过激的争斗行为。寄生蜂从蜂房中上来后仍旧在门口镇定地待着，它的身上完好无损，没有任何受伤的迹象。

隧蜂在返回自己家的途中总是采取迂回前行的方式，无论这只隧蜂是否采集有花蜜。它时而向前飞行，时而又会后退，总是在犹豫一小会儿后突然地快速飞走。飞行的路线蜿蜒曲折，几乎是贴着地面前行的。隧蜂的这种无序混乱的飞行方式让我想到一个问题，它会不会用这种飞行方法来迷惑跟随在后面的寄生蜂呢？假如它这样做真的是为了迷惑寄生蜂，那这的确是一个谨慎的举动。事实上，隧蜂并没有如此聪明的头脑。

隧蜂之所以会迂回前进，是因为它要考虑如何才能正确地返回家中，它会经常迷路。隧蜂聚集的小镇上堆满了小土堆，隧蜂在这些零乱的土堆上面要寻找属于自己的那个，因此它会变得犹豫不决。而且小土堆会因为塌陷而变得一天一个样貌，所以对隧蜂在辨认方面造成的困难就更大了。飞来飞去的隧蜂每隔一小段时间就会消失，直到它认出属于自己的那个小土堆之后就快速地钻进自己的洞中。这时候寄生蜂就停留在门槛上，把头部朝向洞的入口，等着隧蜂出去后进去偷吃。

等到隧蜂准备出洞的时候，寄生蜂就会让自己的身子略微地向后退一下。这样一来，隧蜂就能够顺利地飞出洞口。两只蜂在洞口的相遇显得那么平静和谐，以至于假如没有情报员透露消息，大家根本都不知道隧蜂就是寄生蜂的牺牲品。隧蜂在洞口的突然现身不但没有吓到寄生蜂，相反，寄生蜂对隧蜂的出现表现出了一副不理会的态度。若是这个不劳而获的家伙在空中将隧蜂追逐，那么隧蜂就会来个急刹车，然后猛地飞走。

同隧蜂甩掉寄生蜂的方法一样，被弥寄蝇追逐的泥蜂或是其他的猎捕昆虫者也会采取同样的方式。泥蜂并没有因为受到弥寄蝇的骚扰而感到烦躁，相反，它以平静的方式对待出现在自己家门口的偷食者。然而与寄生蜂不同的是，弥寄蝇不敢随意地闯入泥蜂的蜂房中去。它只能够谨慎地徘徊在泥蜂的洞口，等待泥蜂出去以后再潜入蜂房。等到猎物即将消失在地下的时候，它就会把卵贴上去。

但是寄生蜂在隧蜂那里却没有这么容易。由于隧蜂在回家的时候把花粉涂在了自己的爪子上，把花蜜装在嗉囊之中，因此寄生蜂很难靠近蜜，而且花粉也没有固定的支撑物。此外，隧蜂来回往返于花丛与自己的家中，囤积原料来制作丸状食物。等到拥有足够数量的原料后，隧蜂就会用自己的大颚把这些东西进行搅拌。然后用自己的爪子把它们揉捏成丸状的食物。如果寄生蜂这

个时候出现在隧蜂的蜂房中，很可能会被隧蜂连同原材料一起搅拌进食物当中，处境非常危险。

但是为了能够让自己的卵待在隧蜂的蜂房中，寄生蜂还是会冒着生命危险进入蜂房。寄生蜂这种大胆的行为让人无法想象。就算是隧蜂还在蜂房中工作，寄生蜂也敢于闯入。它会把自己的卵放置在丸状食物上面。而隧蜂这个时候却对寄生蜂的行为无动于衷，听之任之。隧蜂的这种不管不顾的态度或许是因为胆小，也可能是由于愚笨，或者是对寄生蜂的忍让。

其实，寄生蜂胆大妄为的行为并不是为了它自己，而是为了它的子孙后代。寄生蜂进入隧蜂的蜂房后会很有节制地吃一点食物，但是并没有以危害隧蜂为目的。寄生蜂只需要食用一点东西就能够让自己的生命维持下去，所以它所偷食的食物并不会很多。这与小偷的行为相比花费的气力小了很多。寄生蜂下到蜂房中有着比偷食更重要的目的，那就是安顿自己的孩子。

在挖掘由花粉制成的食物的时候，我发现了大量被弄碎了的食物。一些黄粉洒在了蜂房的地上，有两三只蛆虫在上面扭动。这些蛆虫正是寄生蜂的子女。隧蜂的孩子有时候会和寄生蜂的子女混住在一起，但是因为隧蜂的孩子不吃东西，导致它们的身体得不到营养，很快地就在羸弱中死去。其实寄生蜂的子女也没有抢尽隧蜂孩子的食物，只是吃掉了最为优质的那一部分而已。

在自己的孩子正遭受厄运的时候，隧蜂母亲在做些什么呢？它只要把自己的头放在隔巢的细颈那里就能够把蜂房中所发生的事情看得一清二楚。只要它愿意，它随时都能够进入蜂房中探望自己的孩子，把捣乱者弄死或者是赶出自己的家门。然而隧蜂母亲却无动于衷，这使得寄生蜂的子女更加肆无忌惮地欺负着隧蜂的孩子。

比起这件事，隧蜂母亲更为可笑的行为还在后面。蛹期来临时，隧蜂母亲会把自己的蜂房关闭，那些被寄生蜂洗劫一空的蜂房也同样会被关闭。这种做法对于保护蜕变的隧蜂来说是极其有用的。然而让人无奈的是，当寄生蜂从那里穿过后，隧蜂依旧会将蜂房关闭。这种行为实在是与逻辑相悖，不合情理。因为这样的蜂房早就被寄生蜂吃得精光，而且狡猾的寄生蜂蛆虫也会在房门关闭之前就逃走。好像寄生蜂的蛆虫有着苍蝇没有的预见能力，因为苍蝇在不久后就会遇到一张无法穿越的障碍。寄生蜂在这方面却非常狡诈，它们担心年幼的孩子会在蜂房被关闭后受到监禁，于是都提前离开了。虽然蜂房里有着很好的防水涂层，对于隐居者来说非常适合。寄生蜂绝不会在这里多逗留一秒钟，它们最终会分散到井巷周围。

根据寄生蜂虫蛹的这种习性，我在寻找它们的时候不会到蜂房中去，而是在蜂房以外的领域进行搜罗。我看到它们分别贴在黏土里面，这是从蜂房中迁徙出来的寄生蜂为自己搭建的房屋。等到春天来临的时候，它们就可以轻易地从倒塌物中钻出去。

除了上面所说的一种原因之外，促使寄生蜂搬迁的原因还有另外一种。寄生蜂只会产一次卵，七月时，这些后代正处于蛹的

状态，它们等着第二年春天的时候发生蜕变。但是隧蜂却在七月份的时候进行第二次产卵，它们在产后会重新回到小镇上干活儿。第一次生育前所修筑的蜂房保持得很完好，所以这次隧蜂的工作就会少很多，也轻松很多。它只需要将原来的蜂房稍微地进行装饰就可以了。不过，隧蜂这种昆虫是非常爱干净的，假如它在清扫蜂房的时候发现了寄生蜂的虫蛹，那么接下来会发生什么状况呢？显然，隧蜂会把这些蛹当作废弃物一样清理掉，它会用自己的大颚把这些蛹弄得粉碎，然后扔到外面的泥屑中去。这样一来，寄生蜂的虫蛹就会在外界受到磨难，最后死在泥屑中。

我对于寄生蜂迁移的行为非常赞赏。它们居然能够为了长远的打算而牺牲掉眼前的利益，我很是佩服。假如它没有在恰当的

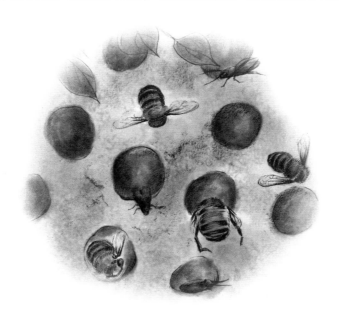

时刻离开蜂房，那么就会死于非命。但是聪明的寄生蜂选择了离开，它们避开了两种危险：第一种是像苍蝇一样被关在小匣子里；第二种是被隧蜂的大颚弄得稀巴烂。

六月是查看寄生蜂最终归属的时候。我们一行四人对隧蜂所居住的小镇进行了一次全面的探查。我们用指头在挖出的泥土中搜寻。第一个人检查过后再由后面的人继续检查，丝毫没有放松过。这里总共有五十多个巢穴，我对地下面所发生的灾难非常清楚。然而让我们倍感失望的是，连一只隧蜂的蛹都没有找到。隧蜂的领地全部被寄生蜂所侵占了。相反，寄生蜂的后代倒是繁衍得非常兴旺，所有的地方都堆积着它们的虫蛹。我将这些蛹收集起来，为的是更好地观察它们的成长过程。

寄生蜂的虫蛹呈褐色的小筒形状，它们在一年之后并没有什么动静。这是包含着潜在生命的小筒，刚开始的蛆虫在蛹里变硬、收缩，就连烈日当空的七月都没能让它们苏醒过来。同样是在七月，隧蜂开始生育自己的第二代。刚好这个时候是寄生蜂休工的时节，这对隧蜂后代的繁殖大有益处。假如在隧蜂繁殖第二代的时候寄生蜂仍旧拼命地进行抢掠，那么隧蜂就难逃灭绝的厄运了。寄生蜂的暂时休工使得一切都恢复了正常的秩序。隧蜂与寄生蜂的行动日期协调得多么好啊。当斑纹隧蜂在荒石园中四处寻找挖掘洞穴的合适地点时，寄生蜂则已经在孵化了。然而这样完美的日期协调又显得非常可怕。当隧蜂开始活动的时候，寄生蜂的准备工作也做好了，一场抢掠的战争即将上演。

关于战争，假如只发生在个别族类身上，那么人类肯定不会花那么多的时间去思考它。因为一只隧蜂的生死与世界的和平并没有什么紧要关系。可惜的是，战争已经成为几乎所有生命得以生存下去的手段，它俨然已经成为终生存活的一条规律。无论低级动物还是高级动物，都是如此。

假如只有人类之间会发生战争，那么战争很有可能在未来被和平所代替，因为人类拥有较高的智慧和阔达的心胸。然而就连渺小的虫子之间也会发生战争，更可怕的是，这些虫子并没有任何智慧，它们的行为根本不会受到理性思维的制约。看来战争开展于芸芸众生之间，它无法彻底清除。

CHAPTER 7
第七章

朗格多克蝎子的栖息所

　　古罗马诗人卢克莱修常说恐惧造就了诸神。蝎子的遭遇就恰好能够证明卢克莱修的论断，据说它之所以成为年历中十月的象征，正是因为众星畏惧它的恶毒与可怕，因而对其大加赞美，以至被神化。节肢动物门中，蝎子也是最值得人们为它写下传记的动物，民间的传说使它被载入黄道十二宫。我是如此向往蝎子能够被人们了解。可是，蝎子的本性几乎无人知晓，它沉默寡言，没有一位观察家敢坚持观察它隐秘的生活习性。被人们所熟知的只有那些在酒精中浸泡以后被解剖的生理结构。

　　我与朗格多克蝎子的初次见面是在半个世纪前。那时，最幸福的时光就是周四，我有一整天的时间在罗讷河畔，阿维尼翁对面的维勒尼弗山冈上。我兴致勃勃地在山冈上，科学的魅力叫我欣喜痴狂。从早到晚，我在山冈上翻石头，寻找蜈蚣，那是我博士论文的主题。有时翻开的石头下面，我遇上的是可怕至极、不讨人喜欢的蝎子，它的尾巴冷峻地向背部卷起，毒针上正滚出一

滴阴谋的毒液，两只螯钳顶在洞口上。这可不是我渴望的阳光与幻想的外出啊！我把石头重新压回洞口，匆匆地带着捕获的蜈蚣离开了这个可怕的家伙。

　　当时幼稚单纯的我，在享受科学给我带来的快乐的同时，隐隐觉得，总有一天我会再回头研究这种动物的。果然，50年以后我终于在我们地区重新见到了这位老相识。

　　我家附近有许多朗格多克蝎子，但我从来没见过一个地方像塞里昂山冈的斜坡聚集了那么多的蝎子。那是一个向阳、多岩石

的山坡，生长着野草莓和野石楠。蝎子怕冷，对它来说那里就像高温的非洲，还有容易挖掘的沙土，简直成了它的乐园。我想，这应该是它向北移的最后驿站。

蝎子仿佛对住宅条件要求很低。别人都不喜欢植物稀少的地方，可是它却偏偏热爱那里被太阳烧烤的页岩，遇上坏天气页岩被连根拔起，最后坍塌下来碎成了石片。虽然那里通常能碰到大片的蝎子殖民地，但千万不能认为蝎子是一种群居动物。孤僻的性格和过分的苛刻让它们总是独处一室。当我们翻开那些较大较扁平的石头时，如果发现一个广口瓶颈那么粗、几法寸深的洞，就意味着这里有蝎子。俯下身你就能看见蝎子在家门口，张开螯钳，翘起尾部，一副紧张的防御表情。有的时候主人会躲在比较深的小屋里，我就看不见它了。一块石头下从来不会同时住着两只蝎子，当这种情况发生时，必然有一只正在吃掉另一只。

为了把躲在深处的蝎子引到亮处，我选择使用随身携带的小铲子。果然它爬上来了，挥动着武器表示它的愤怒。这是一种分布在地中海沿岸大部分地区的普通黑蝎子。秋天的雨季，它会潜入我们的家中，甚至钻进我们的被窝。这个可悲的动物主要是令人讨厌，危险倒在其次，因为它并不一定会伤人，也很少会在公寓里造成任何严重的后果，但是见到它挥舞着武器的样子，人们心中难免会感到恐惧。我用镊子夹住它的尾巴，将它头朝下放进一个牢固的纸筒里，与其他囚犯隔开，然后再把这些可怕的家伙全部放进一个白铁皮盒子里。这样我就能安全地携带和收集它

们了。

我要描述的朗格多克蝎子，生活在地中海沿岸省份。这是一种特别令人害怕又鲜为人知的动物。与黑蝎子相比，它算得上是巨蝎。长到最大的时候，身长有八九厘米，颜色如同金黄色的稻谷。不过，它绝不会跑到居民的家中，反而愿意在荒凉僻静的地方居住。

它的螯肢是口器的帮手，被用作打仗和打探情报的工具，而与行走、平衡、挖掘毫不关联。爬行时，蝎子把螯肢伸向前方，两指张开，以便摸清前方的障碍。攻击时，螯肢会死死地抓住敌人，使其动弹不得；这时，尾部的毒螯就会从背后向前刺过去。最后，螯肢发挥了手的作用，当蝎子要享受美食的时候，把猎物夹住送到嘴里。

行走、平衡、挖掘等功能离不开步足。步足胫节平切面上有一组弯曲的活动小爪，跗节是一根短而细的尖刺，就像一根拇指，在这个发育不全的跗节上布满了粗毛。小爪和跗节组成了一个精妙的钩爪，能够让笨重的蝎子在纱罩的网纱上攀爬并长时间头朝下停在网上，甚至还能在垂直的墙壁上攀爬。

紧接步足基节的是一个蝎子独有的奇怪器官。它由一长排小薄片组成，一片挨着一片，就好像我们平时用的梳子，因这样的结构而得名为栉板。解剖学者认为，栉板的作用如同一个转动齿轮的机械，专门用来把两只交配的蝎子连在一起。栉板的另外一个作用，能使蝎子腹部朝天在网罩上爬行。蝎子不动的时候，两块栉板紧贴在与步足基节相连的胸腹面，当蝎子行进时，两块栉板便分别向左右两侧抛出，与身体轴线垂直，很容易让人想起尚未长出羽毛的鸟翅。它们轻轻地摆动，有时微微向上升起，有时略向下，很像不熟练的走钢丝演员手里拿的平衡物。当蝎子停下来的时候，栉板会立即收缩，折向胸腹面，不再动弹。等到再次行走的时候，它们又马上伸出来，开始轻轻地摆动。所以，对于蝎子来说，栉板是一种平衡器。

蝎子的尾部，实际上应看作它的腹部，由一个个的棱锥组成，就像桶板拼接成棱凸的小酒桶，一共有五个，连在一起像一串美丽的珍珠。它螯肢的上钳肢和下钳肢也有同样的棱凸纹，将腿节切成许多狭长的面。其他的线条在背上面蜿蜒，就像护胸甲上用细粒状轧花绲边缝制的一块块皮料的接缝。这些突出的颗粒成了坚固的原始武器，并构成了朗格多克蝎子的特点，它就像一只被刀削出来的动物。

尾部第五节之后，出现了一个光滑的带状尾节。这个囊袋像一个葫芦，是制造和储存毒液的仓库。囊袋的尾端有一根用放大镜才能看得见的十分尖利的深色弯钩形毒螯，毒液就是通过这个小孔注入猎物的伤口。毒螯又硬又锋利，我用手指捏着毒螯，能像针一样轻松地把纸皮扎破。

蝎子几乎总是翘着尾巴，不管行进还是休息，很少把尾巴展开伸直。因为毒螯呈弯钩状，当尾部平伸的时候，毒螯的针尖是朝下的，蝎子必须翘起尾巴，自下而上地向身体前部拍打。当

敌人抓住它螯肢的时候，只要把尾巴弯向背部，向前伸就能刺伤对方。

在蝎子的头胸部这个怪异的位置，长着分成三组的八只眼睛。有两只闪闪发光、又大又鼓的眼睛，看上去像是很严重的近视眼，有点像狼蛛那绝妙的凸透镜。曲线形的结节状脊线构成了睫毛，为它又增添了几分凶狠。而它的光轴近乎指向水平方向，几乎只能看见两侧的物体。另外两组眼睛均由三只小眼睛组成，位置更加靠前，差不多是在口器上方弯拱楣的平切边上，左右两边的三支小凸眼排列在一条短直线上，光轴直直地射向两边。所以，蝎子看不清前方的物体，不管大眼睛还是小眼睛。这让我们担心蝎子的行走，严重的近视和斜视让它像盲人一样摸索着前进，伸向前方的螯肢和张开的跗节成了蝎子探路的手。

让我们来看看饲养在露天网罩里的蝎子吧。一只蝎子正在游荡，跟在后面的另一只蝎子一直往前走，好像看不见它的邻居一样。同类相遇没有一点愉快的气氛，有时甚至是危险的，一旦它的螯肢碰到对方，因惊吓而哆嗦一下，随即后退并拐到另一条道上。要证明它易怒的特点，我只要触动它一下就可以了。

要探索蝎子的神秘生活习性，只靠翻石头和偶然到附近的山冈去观察是不够的。我准备用人工饲养的方法，在荒石园里为它们建立一座小镇，为它们提供舒适的条件，使它们像生活在自己的家园里一样。这种方法不仅能让蝎子得到充分的自由，免去我喂养的辛苦，又方便我随时进行观察。

在年初的头几天里，我在荒石园深处比较僻静、朝阳，而且有厚厚的迷迭香阻挡北风的地方建立了蝎子的殖民地，在那里为每位移民挖了一条容积为几立升的坑道。由于掺杂着石子的黏性红土不适合蝎子的挖掘工作，我特意从它的老家找来沙土把坑填满，再用土稍稍压实，以防挖掘时坍塌。我在压实的土里挖了一个短短的门厅作为挖掘工作的开端，并在洞口盖上一块大石板，而且石板要比土坑大些。然后，我在正对门厅的地方打开一个缺口，这就成了大门。我从山上抓到一只蝎子，装在纸筒里带回来，放在洞口边。它果然把我精心布置的场地当成了它熟悉的家，自动就爬了进去，再也不出来了。

通过这样的方式，我所建立的蝎子小镇有了 20 户居民，我挑选的居民都已经成年。那些小屋彼此间都隔着一定的距离，以免邻里间发生冲突。即使在夜里靠提灯照明，我也能一眼就看见小屋里发生的情况。而且，我的客人不需要我操心食物问题，因为这里的猎物和它们的出生地一样多。

仅仅在荒石园里养那些蝎子是不够的，我在实验室的大桌子上建立了第二个蝎子园，方便我进行严肃的观察。在那张桌子的周围，已经安置了很多动物园，这种动物园还会继续延伸好几千米。我找了一些惯用的大罐子，每个里面都装满了筛过的沙子，放了两块花盆的碎片，再将两块大瓦片半埋在土里作为屋顶，代替石头下的陋室，最后把圆拱形的纱罩罩在沙罐上。

饲养危险的动物是一个学习的过程，这里有一些细节可以提

供给今后打算从事同样研究的人们。我们应该关注蝎子住所的卫生，并且注意便于携带，可以根据观察时的需要，放在阳光下或者阴暗处。而且，住所里缺少食物，尽管蝎子很节省，但依旧需要我定期供应食物。我在网纱的中间开了一个小孔，每天把抓到的活猎物放进去，喂完食以后，再用一个棉团把天窗堵上。

同时，严格的安全防范措施也是必不可少的。如果蝎子逃出笼子，又碰巧触到了你的手，这可不妙了。为了避免这种情况，我把钟形纱罩插入沙罐直到容器的底部，用黏土把网罩和容器之间留出的一圈空当填满，并加水夯实。这样，蝎子绝对跑不出来了。嵌入泥土的网罩不能被摇动，容器也不会有细缝让蝎子跑出去。要是蝎子按捺不住，从它占据的那块地的边缘向深处挖掘，要么碰到金属罩，要么碰到容器，是绝对不可能逾越这些障碍的。

做好这些准备以后，我依照自己的判断，把雄性和雌性蝎子配成对放在罐子里。因为没有任何外部特征可以区别雌雄，我又不能把蝎子的肚子剖开看看，只能把肚子大的当作雌性，肚子小的当作雄性。但是这种方法不够精确，肚子的大小与年龄也有一定的关系。我把蝎子两只一对配在一起，一只比较肥胖、颜色较深，另一只身材苗条、呈金黄色。这样一来，我相信一定会有真正的配偶。

蝎子刚刚移民到网罩里面，就迫不及待地向我展示了它们的挖掘工作。朗格多克蝎子为了住上自己建的小房子，它们各自找了一大块安家所需的弧形瓦片，瓦片插进沙子里形成了一个地道

口，一条简单的拱形裂缝。接下来蝎子要继续进行挖掘，特别是在烦心的太阳下，工作更是一刻都不能耽误。它们靠第四对步足支撑，用其他三对步足耙土、耕地，轻巧敏捷地把土块碾碎、刨松，就像狗刨土埋骨头一样麻利。快速把土碾碎以后，蝎子开始了清理工作，它把用力拉直的尾巴贴在地上，就像我们用胳膊肘推开障碍物一样把土堆往后推。强有力的螯肢始终没有参与挖掘，因为螯肢的作用是往嘴里送食物、打仗和提供信息，如果用它去工作，哪怕是捡捡沙子，也会失去灵敏的感觉。

这位清洁工十分负责，如果清出的杂物推得还不够远，清洁工还会回过头来用弹棍式的尾巴推几下，直至完成任务。蝎子用步足交替挖土，再用尾巴把挖出来的土推到外面，最后这位挖掘者便消失在大瓦片下了。我看见一个小沙丘堵在地道口上，不时地震动使一些细沙滚落下来，说明劳动一直都没有停止；新挖出的砾石不断被推出来，直至地洞达到了需要的高度。当蝎子想从洞里出来的时候，毫不费力就可以把那个不时有沙土滚落的障碍物推倒。

而我们住宅里的黑蝎子,常常出没在墙根下脱落的砂浆灰里，因受潮而裂开的护墙板以及阴暗处的废墟堆里。它们从来不会建造地下室，甚至都不会对现有的隐蔽所进行改造。黑蝎子不会挖土，看来是因为它的尾巴又细又光，像是无力的清洁工具。朗格多克蝎子的尾巴则要强壮很多，不但粗壮，而且还长着粗硬且高低不平的圆齿状叶缘。

写给孩子的昆虫记

　　我在荒石园里的石板下平实的沙土里挖了一个门厅，那里的居民一下子就钻进洞里不见了。洞口渐渐堆起来的沙丘，证明它们在努力完成这项工程，我准备几天之后来再检验成果。

　　三四法寸的地下藏有蝎子的洞穴，通常居民们在夜间频繁出入，然而在白天也能见到蝎子，特别是天气不好的时候。有时那陋室

被猛地推一下，就能进入到一个宽敞的大房间。这座豁然开朗的庄园里，一进入石板下就是前厅，那是蝎子取暖的地方。它喜欢在一天中最炎热的时候，独自待在门厅，享受透过石板慢慢蒸发进来的热气。它认为我掀开石板的来访打扰了它最愉快的蒸气浴，很不高兴地挥动多节的尾巴，跑进避开阳光和人的视线的房间里去了。只要我把石板盖上，半个小时后又会在洞口看见它，阳光把那里照得暖暖的。这也正是蝎子过冬的方式。虽然白天黑夜都不出门，但只要天气晴朗，它们就来到洞口，把背靠在晒热的石板上取暖；天气凉爽时，它们退回到洞底。隐修士的生活在长期的静思中度过，时而在潮湿的洞穴，时而在屋子的挡雨板下，时而在沙丘后面，无论哪一种，它们从来不会冬眠，相反时刻保持警惕，尾巴翘起，摆出威胁的样子。

四月来临，蝎子好像得到了什么召唤，开始变得不安。网罩里的蝎子离开了瓦片下的洞穴，在场地上团团转。它们爬上网纱，整天待在上面不下来，甚至有几只彻夜不归。荒石园的小镇上还有更贪玩的。几只小蝎子夜半离家，再也不回来了。大蝎子也同样染上了爱游荡的习气，最后小镇上的居民大量地移居他乡，快要一个都不剩了。

我还指望着它们逛完以后赶快回家，因为其他地方再也找不到适合它们的石头了。然而，我要与倾注心血的方案说再见了！这些逃亡者一个个都消失不见了，只留给我一个没有居民的空镇。我得赶快想一个办法才行。于是，一堵不可逾越的围墙矗立起

来了。我有一个冬季存放肉质植物的花棚，墙基上粗粗地涂了一层灰浆。我当起了泥工，用抹刀和湿布尽可能地将墙面仔细抹光，然后在地上铺上了细沙并分散了几块大石板。这座围墙圈住的范围比网罩大得多，能不能指望它留住我的蝎子呢？

我把剩下的蝎子和当天早上新抓来补缺的蝎子，一只一只分别放在棚子的石头下面。到了第二天，我伤心地发现新的和老的蝎子都不见了，12只蝎子全部不知去向。这些家伙居然越过了一道和普通砂浆涂面一样光滑、高达一米的围墙，全部骄傲地逃跑了。我怎么能没想起这一点呢？在连绵的雨季和秋天，平时躲在荒石园阴暗角落里的黑蝎子，为了躲避潮气，顺着墙壁粗糙的小颗粒爬到我家，一直爬到二层楼的窗缝里。朗格多克蝎子尽管身体胖一些，但也和黑蝎子一样是攀登的好手啊！

既然不能指望露天饲养，现在只剩下网罩里的那些蝎子了，我就这样守着实验室大桌子上的十几只罐子度过了一年。我细心地照料它们，连外出都不行，提防着那些夜猫子可能的袭击。再说，每个罩子里的居民数量都有限，因为地方不够大，最多能容纳两三只。由于邻居不多，又缺少它们家乡的山冈上的强烈日照，大部分时间它们都无精打采的。这一年来，我为找到一个更好的蝎子园采取了不少对策，蝎子对我的等待几乎没有任何的回报，我急切地希望得到更多有价值的资料。

来看看我想到了什么好主意吧。我找木匠搭了一个木架，玻璃匠给框架安上了玻璃。这形成了一个玻璃围墙，光滑到根本不能给蝎子提供攀岩的踏脚。为了万无一失，我还在细木护墙上涂了柏油。从外表上看,这个建筑物像横卧的窗框,地面是一块木板,上面铺着一层沙土。顶盖完全盖上的时候，我可以根据天气情况开大或开小，这样一来，我就不用担心天冷或者水患等危害了。

在这个围墙里面，有足够的地方建造 24 间瓦片房，每一间都有一位宅主，还有宽阔的道路和十字路口供蝎子散步，不至于造成拥挤。我很满意这样解决了蝎子的住房问题，可是这个时候我发现了新的问题。

蝎子不泄气地在玻璃上乱抓，并试图用尾巴这根绝妙的杠杆做支撑直立起来，可这样的无用功让它们刚离开地面，就重重地摔下来。当它们试图往木头上攀登的时候，情况就更加糟糕了。距地很窄的木条已经涂上了柏油，让那些顽强的攀登者万分吃力。有时它们贴着夺彩杆爬得很快，随后又恢复老样子一点一点慢慢地往上。有些已经爬到了顶，我只能用镊子把它们夹回房子里。又因为一天中的大部分时间里，天窗都要开着通风，如果我不盯牢，它们又会再次离我而去。于是我又再次进行尝试，油和肥皂混合涂抹在木头上，但这些打滑的手段只能减慢逃跑的速度，蝎子用细细的小爪透过涂料插进木头的小孔里，要逃跑也不是不可能的事。还有一种贴在立柱上的没有细孔的屏障玻璃纸，让那些大腹便便的蝎子望而却步，但难不倒身体轻盈的蝎子。

最后我在这种玻璃上涂了油脂，才把这些不安分的蝎子制服了。这些擅长攀登的肥胖蝎子，终于在我的玻璃棚下屈服了。现

在我有了三个蝎子基地：荒石园的自由小镇、实验室里的网罩，还有玻璃蝎子园。三种居所各有利弊，我挨个逐一查看，特别是最后一种。

我把在蝎子老家翻石头时所得到的零星材料，补充到三种安置所供给的材料中。豪华的玻璃宫殿成了蝎子的卢浮宫，我把它当作收藏品，展览在花园的露天长凳上，经过那里的人，无不瞧它一眼。沉默冷峻的蝎子，我能让你开口说话吗？

第八章

圆网蛛的繁衍与捕猎

　　八月的第一个星期，天气炎热。那是一个晴朗无风的夜晚，将近晚上九点，我向往常一样去拜访我的胖邻居角形蛛，发现它冷峻地待在悬挂丝上。在工作时间它却不干活，这使我感到惊讶。接下来发生的事情让人欣喜万分，我看见一只雄蜘蛛从附近的灌木丛中跑出来，爬上了缆绳。这个又瘦又小的小伙，在向大块头的女士致敬。

　　雄蛛待在偏僻的角落里，怎么会知道这里有一只已到婚龄的雌蜘蛛呢？何况蜘蛛的婚配总在寂静的黑夜里进行，从来都没有呼唤和信号，它们是怎样找到彼此的呢？

　　我曾经把雌性大孔雀蝶罩在玻璃罩下，它散发出一种神秘的气息，让几千米之外的雄性大孔雀蝶依循着，为了爱情长途跋涉到我的实验室。今夜的雄蛛，也是这般虔诚，它相信远方的牵引是一种可靠的指南针，让它毫无偏差地穿过层层树叶，来到那位走钢丝的女杂技演员身边。

在这神秘的夜里，本性粗野的爱情很容易变成悲剧的婚礼。让我们一起来看看接下来的发展吧。雄蛛走上悬挂缆的斜径，小心翼翼地前进，好像太紧张似的走几步就停下来。它是在犹豫吗？会更走近吗？

正在我担心的时候，雌蛛举起了步足，于是来客害怕了，赶忙从悬缆下来。过了一会儿，它放心了一点，又爬了上去，走得更近些。可是，它又突然逃走了。反反复复好几次，靠着这样忐忑不安的心情，它终于慢慢地接近了雌蛛，面对面站着。雌蛛一动不动，神情严肃，而雄蛛却异常激动，它居然敢用脚尖去触触那胖女士。显然这个大胆的家伙做得太过分了，它自己被吓了一大跳，顺着挂在安全带上的垂直线猛地落了下去。但是它很快又

上来了，因为它知道，女方终于被它的再三恳求打动了。

雄蛛轻轻地用脚，尤其是用触肢开始了试探。雌蛛蹦跳开去，看起来有点不好意思。终于雌蛛鼓起了勇气，大胆地用前跗节抓住一根丝，像体操运动员似的接连向后翻了几个跟斗。雄蛛满意地看着这一系列漂亮的动作，结果更让它欢喜。雌蛛把大肚子的下部呈现在雄蛛面前，让它抬起触肢，用尖端适时地轻轻碰一下。

再没有其他什么动作，这个又瘦又小的家伙满足地完成了远征的目的。随后它飞快地逃离了女友的营地，仿佛再多待一刻就会被世界末日笼罩一般。确实如此，如果它待着不动，很可能就会被吃掉。我接连守候了几个夜晚，它都没有再出现。可是，新娘却毫不在意地独自生活，甚至都没有片刻休息，从悬挂绳上下来，织好网，摆出捕猎的姿势。婚礼一点都没有使它激动，它深刻地明白：必须吃东西才会有丝，有丝才能捕到猎，才能织出置卵的卵袋。

此刻，黏胶捕虫网上没有任何动静，圆网蛛全身心都沉浸在狩猎之中。它头朝上，八条腿张得开开的，占据着网的中心位置，这是辐射丝传来信息的接收点。如果前后发生震动，便是猎物上钩的信号，圆网蛛连想都不用想，直接跑过去。但是，一旦出现什么可疑的动静，它会让网颤动起来，这是它威慑不速之客的方法。如果我想亲自惊动它，只需要找一根麦秸逗弄圆网蛛就行了。被惊吓的蜘蛛要想去吓别人，它有一个很妙的办法，不用跳跃，也不用别人帮忙，用自己的编网机使网颤动起来，我们几乎都看

不到蜘蛛明显地用力。我们荡秋千时需要有人帮忙摇晃，就显得稍逊一筹了。这是多么神奇啊，静止居然能产生摇动。

摇晃一会儿以后，它又恢复了平静，保持原来的姿势，继续等待今夜的猎物。哦，可怜的蜘蛛，不管拥有多好的天赋，也只能依靠技巧和耐心才能有一顿晚餐。你们不像某些得天独厚的动物，有丰富的食物，用不着为了果腹而奔波。比方说用作钓饵的蛆吧，它怡然自得地在煮烂的肉汤中游泳，从来都不知道生活的艰辛。

我同情蜘蛛的不幸，可能等待了一整晚却毫无收获。其实我也一样，为每天的口粮操心。我也在编织我的网，一张捕捉思想的网。思想不是慷慨的尺蠖蛾，它更加难以捕捉，又虚无缥缈。不过，我们要坚信，生命中最美好的东西不在现在，不在过去，而是在美好的未来，那里有无限的希望。所以不要气馁，让我们愉快地等待吧。

阴霾重重的白天，好像马上就要带来一场暴风雨。我的邻居是一个优秀的气象学家，看它准时从柏树丛中出来开始结网，我就知道今夜一定是一个晴朗的好天气。果然，高压锅般令人透不过气来的密云裂开了，月亮从云层的破洞里好奇地探出了头，凝视这片宁静的大地。

在如此美好的夜晚，尺蠖蛾出来畅游一番了。我拿着手提灯，好极了，逮住了一只，而且是最漂亮的，圆网蛛有晚餐吃了。可是在朦胧的灯光下，我不能进行准确的观察。我转向荒石园里的迷迭香，彩带蛛和丝蛛从不会离开它们的营地。它们将在白天明亮的光线下，告诉我们这场悲剧不为人知的细节。

我亲自把一只精心挑选的猎物放在黏虫网上，它的八只脚都被粘住了。如果它抬起或者缩回一个跗节，稍稍拉长的螺旋圈立即跟过来，不松不紧、冷酷无情地始终应付着猎物绝望的抖动。这张网死死地锁住了它，就算使劲挣脱出来一只脚，也只不过使其他的脚黏附得更紧，而且很快这只脚又会被粘住；更不用奢望猛地用劲蹬破蛛网，因为即使强有力的昆虫，也不总是能够办到的。

圆网蛛得到了震动的消息，立即跑过来了；它警戒地围着猎物走了几圈，远距离侦察，它心里盘算了一下对付这个猎物要冒多大危险。圆网蛛是根据被粘住的猎物有多大的劲，来决定将采取什么样的捕捉办法的。我姑且先假设这是一只不大的猎物——尺蠖蛾、衣蛾，或者随便什么双翅目昆虫吧。

蜘蛛终于决定动手了。蜘蛛稍稍收缩了一下肚子，用纺丝器的尖端触触这只昆虫，然后用跗节旋转俘虏。如此优美的动作让我大饱眼福，关在笼中的松鼠拨动转轮也没有蜘蛛那么优美，那么快速。一根黏胶螺旋丝的横线是这个小机器的轴，轴快速地转动，就像一根烤肉叉似的。它为什么要这样转呢？纺丝器由于短暂的接触拉出了丝头，现在需要把丝从丝库里拉出来，慢慢绕在俘虏的身上。一圈圈紧缠着的丝线就像一块裹尸布，不让它有任何力量抵抗。

我想起我们拉丝厂里的运作：纺纱筒在发动机带动下转动，一边转动把金属丝从一个狭小的钢板孔里拉出来，一边把一端变

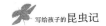

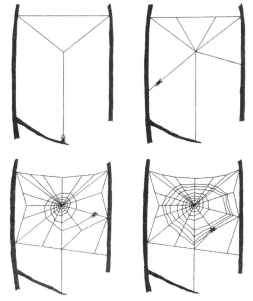

得细小的丝卷到纱筒上去，圆网蛛也是这样工作的。它的前步足相当于发动机，被俘虏的昆虫就是转筒，丝器的孔就是钢板孔。它精明地选择了这样的方法，花费的丝不多，效率又高。

这种方法则使用得比较少：蜘蛛猛地扑向猎物，猎物不动而蜘蛛自己绕着猎物转，一边转一边拉出丝来，一遍一遍地从丝网中穿过。黏胶丝有很好的弹性，圆网蛛可以在网上连续地穿过来穿过去，也不会把网弄坏。它逐步把丝的锁链放好，把猎物捆绑得严严实实。

但是，如果现在蜘蛛遇到的是一只危险的野味，比如一只螳螂，它疯狂地挥动着带弯钩和双面锯的腿；一只黄边胡蜂，它狂怒地伸出可怕的螫针；一只强悍的鞘翅目昆虫，它披着角质的盔甲所向无敌。我故意把这些圆网蛛难得一见、不同寻常的野味放到网上，它会不会来者不拒呢？

圆网蛛勇敢地决定吃下这些美味，但是当它看出接近这种野味有危险时，它露出了谨慎的一面，蜘蛛背过身去，用自己的纺

丝器瞄准猎物。这时，它的后步足从纺丝器里发射出来的，不是孤零零的一根丝，而是整个炮台同时开炮，发射出真正的带子，一片轻纱；后足把撒出的丝拨弄成扇形，抛到被粘住的猎物身上。它冷漠地注视着猎物的动作，两腿把捆绳撒在猎物的前身、后身、腿上、翅膀上，全身都锁上了镣铐。螳螂试图张开那对有锯齿的臂膀，黄边胡蜂挥舞着匕首，鞘翅目昆虫挺着腰，拱起背，一切都是徒劳。丝带气势磅礴地从天而降，再凶猛的昆虫也束手无策了，一点劲儿都使不出来。

　　源源不断射出的丝带是一种耗资巨大的武器，纺丝器很快就要供应不上了。蜘蛛很聪明地采用了滚筒的方法，能够帮助自己节俭；但是这个方法必须走近猎物，用步足转动滚筒；而蜘蛛明白这样做有多么危险，所以它只能在没有危险的地方，远远地撒着丝。

　　当遇上修女螳螂这样的猎物时，由于其腿长翅膀大，必须采用不停撒丝的方法才能获得胜利。就算把纺丝器里的丝线全部用完，蜘蛛也会一直撒绳索，直到猎物完全被制服。捕获这样的昆虫花费是很大的，只有当我进行恶作剧时遇到过这样的场面，我还从来没看见过蜘蛛与这么强大的对手搏斗。

　　一般来说，蜘蛛是一个精打细算的家伙，它担心过度的花费，所以，看上去蜘蛛似乎没丝了，实际上它的丝多着呢。一旦它撒下的丝带能让猎物动弹不了以后，它就会立即恢复转筒模式。我曾经看见它在身体肥嘟嘟、很适合转动的胖象虫身上撒下了几条绳索，然后走近猎物，兴高采烈地把肥胖的猎物转动起来，轻松得就像在转动小小的尺蠖蛾。

　　现在不管瘦弱的还是强悍的猎物，都已经被安安分分地捆绑起来了，蜘蛛开始施展它的独门绝技：轻轻对着俘虏咬上一口，不留下任何明显的伤口；然后悠闲地走到一边，等待蜇伤发作。这看似温柔的一咬，就是蜘蛛永恒的、置敌于死地的战术。

　　蜘蛛很快就回到现场，准备享用美餐。对待小猎物，例如衣蛾，它就在抓到它的地方把它吃掉。如果猎物的块头比较大，要吃好久，甚至好几天，那蜘蛛会怎么处理呢？

蜘蛛需要一个餐厅用餐，这样就不用担心被网粘住了。到饭厅去之前，蜘蛛先把猎物向第一次转动的反方向转动，摆脱了旁边那些原先给旋转提供转轴的辐射丝。然而，辐射丝是基本部件，必须保证完好无损，只有在不得已的时候才会牺牲几根。离开辐射丝后，扭起来的绳索又恢复了原状。浑身被捆绑的猎物终于摆脱了黏胶网，但这时它们已经毫无知觉了。蜘蛛用一根丝把它拴在身后，拖着它一路穿过捕虫区，来到了蛛网中心的休息区，把胜利品挂在那里。这个休息区既是监视站，也是餐厅。如果圆网蛛怕光并拥有电报线，那它正是通过这条电报线，把猎物拖到夜间隐蔽处的。

蜘蛛的进攻一点都不引人注目，像轻吻一样普通。那轻轻的一咬能有怎么样的攻击力呢？更奇怪的是，蜘蛛也不特意找部位，很随意地碰到哪里就咬哪里。所以，蜘蛛的毒汁一定毒性剧烈，不论注射到哪里，猎物就立即从扑腾挣扎进入死寂。

我知道很多杀手都非常精明。它们凶猛地攻击猎物的颈部或者喉咙；伤害脑神经节这个神经中枢。还有实行麻醉手术的昆虫，袭击时直接破坏猎物的运动神经节，它们清楚地知道这种神经节数目和具体位置，如同优秀的解剖学家。可是，圆网蛛却完全没有这样的学识，它胡乱地把钩子插入什么地方，就像蜜蜂把螫针随便蜇在哪里一样。只要能够咬到，咬哪里都无所谓。

我毫无畏惧地摆弄着这些圆网蛛，一点都不在乎危险的毒液。不是因为我大胆，而是我的皮肤不适合它咬。就算它咬我，我也

不会有什么事情。也许对我来说，畏惧蜘蛛的武器还不如担心荨麻的一根毛。同样的毒汁在不同的肌体上会有不同的反应，它对于这种肌体是可怕的，而对于另一种肌体却不起什么作用；对昆虫致命的，对于我们却极有可能是无害的。不过，这个原则不能随便使用，例如狼蛛热衷于捕捉各种昆虫，如果我们去挑逗它，就要付出昂贵的代价。

当蜘蛛正在美餐的时候，我还在对那轻轻的一吻表示怀疑。为什么蜘蛛要把俘虏咬死呢？我们都知道，圆网蛛主要靠吸汁液而不是靠吃肉维生，活的生物由于血管的波动，血液在流动，比起血液已经凝固的死生物，不是更方便它的吮吸吗？此时我有一种想法，我觉得蜘蛛并没有让猎物马上死去，只要保证在享用美食的时候，猎物不会不合时宜地乱踢乱蹬，发出抗议就可以了。我要证实这一想法很容易，只需在蜘蛛网上为它准备各种蝗虫。蜘蛛马上跑来，高兴地把猎物包裹起来，轻轻地咬了咬后便走到一旁，等待蜇破的地方发生反应。

我适时地把蝗虫解救出来，去掉那些丝质的裹尸布后发现，这可怜的蝗虫根本没有死。它在我的手指间激烈地踢蹬，好像没受到任何伤害的样子。我很仔细地用放大镜在它身上寻找了好几遍，还是没有找到咬痕。于是我把它放到地上，它却走得不灵活，也跳不起来。会不会是因为被捆在网上受到了惊吓，产生了暂时性生理障碍呢？可是，这种情况没有很快消失。我把那些蝗虫放进了一个玻璃罩，并为它们准备了一叶生菜，希望它们赶紧恢复过来。一天过去了，到了第二天，它们的食欲似乎越来越差，始终没有一只蝗虫去碰这些菜叶。它们仿佛中了麻木的毒咒，动作比第一天更加不灵活。第二天，它们死了，彻底地死去了。

圆网蛛这种残忍的昆虫，它的轻吻不会立刻杀死猎物，而是选择让它全身麻木。这样一来，它就有充分的时间怡然自得地享受美餐，活的猎物流动的血液让它欢喜。这种高超的猎杀手段，与那些麻醉大师和高明杀手所使用的方法有很大区别。圆网蛛随便找一个地方咬下去，其他的事情交给毒汁就可以了。就算遇到很大的猎物，这顿饭要延续 24 小时，蜘蛛也能确保在吃完以前，俘虏都会有一丝微弱的气息。

咬蜇很快置猎物于死地，是一种非常罕见的情况。我曾经把我们地区最强壮的大蜻蜓粘到了角形蛛的网上，蜘蛛在战斗中变得英勇万分。面对大蜻蜓的拼命挣扎和丝网的剧烈摇晃，眼看猎物就要从绳缆上脱掉，它毅然从绿叶丛中跃出，奔向这个巨人。它向猎物射出一束丝后，用步足勒住它，将其制服，然后迅速把弯钩插入猎物的背。这不是我常见的那种轻轻地接吻，而是深深地蜇进了肉里。

咬了很长时间以后，蜘蛛才若无其事地走开，去等待毒汁发挥作用。我急忙把可怜的蜻蜓取下来做全身检查，它已经完全死了，但是就算用放大镜也看不出任何伤口，可见凶手的武器尖端是多么细小。我把蜻蜓放在桌子上，经过 24 小时的休息，它还是没有再醒过来。我只能用惊人来形容蜘蛛的捕杀伎俩。它只要

多刺一会儿，就足以把庞然大物杀死。响尾蛇、角蝰、洞蛇这类臭名昭著的杀手，决然达不到这样的效果。

圆网蛛的就餐就像一个连续长时间的接吻，我有幸见过一次。那是下午三点左右，一只彩带蛛刚捉住一只蝗虫，神气地坐在网中央的休息区里。然后，它一口咬住猎物的一个腿关节，随后一直保持这个动作，它的嘴没动一下，连双颚都没有前伸后缩。我不时地去观察它的动静，最后一次是在晚上九点，它的嘴紧紧地锁定第一次蜇咬的地方，一点都没有改变位置。整整六个小时，它一直吮吸着猎物的右后足胫节，用俘虏的汁液填饱自己的肚子。

新一天的阳光又洒向了大地，圆网蛛还依依不舍地吮吸着。我把蝗虫从它嘴里夺走，这只蝗虫样子没变，可全身都被吸干了。

圆网蛛最卓越的地方在于，它不在乎进攻的部位，只要能咬

到，哪里都可以；不管什么种类的猎物，蝴蝶还是蜻蜓，苍蝇还是胡蜂，金龟子还是蝗虫，它从不改变方法。蜘蛛对一切都来者不拒，不论大块头还是小个子，柔软的还是带硬壳的，步行的还是会飞的，统统不能影响它杂食的习惯。如果有机会，它连同类都要吃。

只有在一块领域下功夫钻研，我们才能精通某种技艺，动物也是一样。作为杂食动物的圆网蛛，学不会精深的知识，就在另一个方向上走出了康庄大道。它提炼出一种不管咬到哪里都可以麻醉甚至杀死对手的毒汁。

总的来看，蜘蛛不是一种聪明的动物。它不具备解剖学的百科知识，不会依据猎物的组织结构来动手术。节腹泥蜂对象虫和吉丁的结构知道得清清楚楚；飞蝗泥蜂彻底了解蟋蟀、蝗虫；土蜂对花金龟和蛀犀金龟的蛴螬非常熟悉。其他的昆虫麻醉师也是如此，它们的知识仅局限于这个范围，这个小领域之外的事，它们一概不知。同样地，不少杀手也有专门的癖好。如食蜜蜂的大头泥蜂，以及满蟹蛛这种吃蜜蜂的漂亮蜘蛛。它们清楚地知道，对猎物致命的一击有的是在颈部，有的是在脑部。

圆网蛛从来都不具备这样的才能，它怎么能够毫不犹豫地辨认出这么多不同的形状呢？就连它的家常菜中，蝗虫和蝶蛾那么多不同的样子，就足以让它记不过来了。也许蜘蛛认为，只要那家伙会动，就必须把它逮住。它那小小的智慧，怎么可能记下那么广泛的动物学知识呢？

第九章

不凡的迷宫漏斗蛛

有许多蜘蛛都有不凡的技巧，可以以此为生，获得填饱肚子的食粮，还可以繁衍后代。我非常希望能给读者说说来自我个人的观察资料，但是，我不得不抛弃这个想法。因为在我们这样小小的地区，只能找到一些看似平淡无奇、比较常见的蜘蛛来跟踪。不过，我从别人记录的故事中，知道了几种特别的蜘蛛。

水蛛有一个用丝做的潜水罩，可以在水中储存空气。烈日炎炎的时候，它却舒服地在阴凉处等待猎物，简直就是享受生活。对比而言，荒唐的人用大理石和大石头在水下建造屋子，结果迪贝尔的海底顶棚成了令人讨厌的回忆，而水蜘的圆屋顶一直延续下来。

另一种有名的蜘蛛是原蛛，它像纳博讷狼蛛一样住在洞穴里，但它的洞穴比咖里哥宇矮灌木丛中粗俗的狼蛛洞大有改善。狼蛛准备了一些砾石、柴火和丝，在井口周围搭了一个简陋的护栏；而原蛛在井口安了一个活动盖，像一扇带铰链槽和插销的百叶窗。

这个盖子成了它抵挡敌人的法宝。当它回到家的时候，盖子就会突然掉下来，卡在槽沟里，槽沟和盖子紧紧地契合在一起。如果敌人企图拉开这块活动盖板，隐藏在里面的原蛛就会把门闩拉上，把它的小爪插进铰链另一边的一些孔里，把身体紧紧压在墙壁上，绝不让那扇门漏出一点缝隙。

我只在灌木林中的小径上见过原蛛，当时正在忙着其他研究，所以只稍稍瞥了一眼那只美丽的蜘蛛，结果却成了唯一一次的擦身而过，它再也没有出现。于是，我只能把观察的目光转向普通蜘蛛。我相信普通并不代表不重要，只要肯花时间和精力，就能从这些不起眼的生物中得到不平凡的价值。

七月，我经常去长着荆棘的荒野里，在起伏不平的丘陵上或是被砍伐得光秃秃的山坡上一直走着。我在寻找一种叫作迷宫漏斗蛛的普通蜘蛛。通常，我会带着孩子们一起去，早晨太阳还不那么火辣，正是我们搜寻的好时间。迷宫漏斗蛛喜欢住在荆棘丛里，如岩蔷薇、薰衣草、蜡菊和被羊群啃得短短的迷迭香中。

我和孩子们兴致勃勃地走在田野里，眼睛警惕地搜索周围这些孤寂的荆棘丛。孩子们的眼神比我好，手脚也灵活，不一会儿，我们就有收获了。远处那挂着晨露、闪闪发光的一条条银线，不就是我们要寻找的蛛网吗？晨曦中，露珠犹如钻石一样美丽，把蛛网点缀得像幻想中的水晶宫。孩子们为发现这样的奇观激动不已，我也一样，就算只为此起个大早，也不过分呀。

半小时以后，露珠蒸发了，我们观察蜘蛛的时间到了。这只蜘蛛把这张手帕大小的网拉在一大蓬蔷薇上，用随意夹角和密布的丝线固定。那些丝除了固定在杂乱的荆棘丛中某一束突出的枝梢上，还纵横交错地在荆棘丛里绕来绕去，最后，那簇荆棘就像被蒙上了一层白纱。

这是一种蜘蛛家族中比较少见的蜘蛛，它的胸上有两条黑色饰带，饰带正中夹杂着微白或棕色的斑点。腹部末端有一对比较大的后纺丝器，可以活动，就像尾巴似的。现在，它正坐在那个危险的关口，对我们的出现毫不在意。

网的周围有很多相隔距离不等的支点，向外突出，相邻之间形成了火山口似的圆凹，也像一个喇叭口。网的中间有一个圆锥形的深坑，落在茂密的绿色植物中，就像一个颈部渐渐变窄的漏斗一样，深度约有一拃。

这块地毯是蜘蛛的浩大工程。每天晚上，它都要到这里来，在网上不停地走动。它的目的就是要扯出新丝将网延伸开去。在经常走动的漏斗颈部和火山口的斜坡，都要铺上最厚的丝线。均匀分布的辐射丝对准洞口，依靠尾部纺丝器的配合，植株在辐射线上织出了菱形网格。其余不经常走动的地方，则用很薄的一层随意打发了。于是，这个用不同方法编织的网厚薄不一，越往中心越是厚实。边缘比较稀疏，中间渐渐变成细纹布，接着又出现了绸子。蜘蛛在最陡的地方织起了粗形格状网，在常常待的漏斗颈部则换上了结实的塔夫绸。

如果我想在不伤害这只蜘蛛的情况下抓住它，那就一定不能

被这个网的外表所欺骗。插入荆棘丛的漏斗底部居然是开放的，那里有一扇暗门始终敞开，而不是像我原以为的那样，有一个小密室，蜘蛛空闲的时候可以躲在里面。所以，如果我正面攻击它，蜘蛛会毫不犹豫地向下跑，它早已为自己留好了后路，在被追捕的时候，从底部的出口逃走。我可不能选择去那些杂乱的荆棘里漫无目的地追寻，况且蜘蛛动作迅速，暴力手段很可能会使它肢体残缺。

事实证明，我使用了一些小计谋之后，大大提高了成功的概率，毫发无损地把一些迷宫漏斗蛛请到了我的实验罩里。行动之前，我用手抓紧漏斗颈部向下延伸的地方，当蜘蛛发现后路被切断时，自然就会钻进我为它准备的圆锥形纸袋中，有时可以用一根草伸进网中，刺激它几下就可以把它逼到纸袋中去。

大多数情况下，很少有猎物会跑到这块危险的蛛网上来散步，所以这个火山形状的地毯应该不算一个真正的陷阱。那么，迷宫漏斗蛛用什么工具，才能捕获那些会跳会飞的猎物呢？

让我们来看看网的上方，重重交错的丝织成了一个复杂的迷宫。这一团乱糟糟的绳索拉在树枝间，有长有短，有直有斜，还有曲线，整个工程疏密不一，在垂直空间上有一米左右。这与圆网蛛的黏丝网完全不同，这些线不仅没有黏性，还胡乱地纵横交错。如果没有特别强的弹跳力，谁也别想从这团丝里逃出。

我把一只小蝗虫扔进网里，它在晃动的支撑物上失去了平衡，拼命挣扎之下，把绳索给搞乱了。蜘蛛却躲在洞口窥视着一切，它静静地等待着，那些扭得越来越厉害的绳索，把猎物弹到网上来。果然，蝗虫掉下来了，大胆的蜘蛛马上发起了进攻。它不像圆网蛛那样用裹尸布把猎物裹起来，而是先拍一拍那猎物，看看质量怎么样。这时，蜘蛛的勇猛很重要，因为猎物只不过在脚上拖着几根挣断了的丝头，进攻依然存在危险。

我观察过好几个蜘蛛网，迷宫漏斗蛛的食物中有双翅目昆虫和小蝶蛾，还有一些几乎没动过的蝗虫的尸体。这些猎物全部都少了前腿，至少是其中一条前腿。确实如此，如果蜘蛛满意猎物的话，就用螯牙去咬，一般会选择在大腿根下口，可能是因为这个地方的肉味道特别好吧。在孩童时代，我和许多人一样，也知道蝗虫的大腿好吃，就像微型的螯虾大腿。

蜘蛛一旦动螯牙咬了，就不肯松口。毒液马上将蝗虫杀死，让这一餐可以尽情地持续很久。

迷宫漏斗蛛的网通常都不能得到人们的欣赏，因为它没什么形状可言，也比不上圆网蛛的网结构精美对称。不过，建造者对于这个网，应该是有它自己的期待的。

迷宫漏斗蛛在产卵期来临之际离开了家园，就算原来的网还很结实，它也不会再留在那里，它需要一座合适的房子去成家立业。我花了好几个早晨在小矮林里寻找它的新家，始终一无所获。终于，我找到一个搜索方法。

我看见一个空荡荡的网，但是还没有破损，说明这是刚刚被抛弃的蜘蛛网。我在周围几步远的范围内探索，要是那里有一

片矮植物丛，而且很茂密，就能找到产卵用的网，雌蜘蛛就在上面。这是一个用枯树叶和丝线混合制成的袋子，在这个土里土气的袋子里，有一个装着卵的细布袋，整个布袋破烂不堪，因为从荆棘里取出来的时候不可避免会被撕破。

每一种昆虫都有自己的建筑原则，但是许多时候，空间、场地不规则，材料不理想，还有可能发生的意外情况，都会对建筑者的意愿造成干扰，使得本应该规则精美的建筑在现实中变得一团混乱。观赏各类动物在不受干扰的情况下建筑是一件有趣的事情。在空地上或者是稀疏的树权上，彩带圆网蛛的卵袋就是一个精美的小球。如果圆网丝蛛也有这样的环境的话，它能编织出月牙般的抛物面形卵袋，也同样精巧可人。我希望在条件允许的情况下，迷宫漏斗蛛也能做出一个美观的婴儿帐篷。可是，在稠密的矮林里，枯叶和细树枝都给迷宫漏斗蛛带来了困扰。我需要带它去不受约束的地方，一定能发现它了不起的编织才能。

产卵期在八月中旬，我把 12 只迷宫漏斗蛛分别放在装着沙土的罐子里，用金属纱罩罩起来。纱罩的中央是一根百里香的小枝权，让它们除了四面的纱网之外，还能再找到编织卵袋时候的支撑物。里面干净得连一片枯叶都没有，应该能让它们尽情编织了吧？

我每天给蜘蛛喂肉质鲜嫩、个头小的蝗虫，它们总是很乐意接受。结果它们也终于给我回报了。八月底，我得到了 10 个精美、光亮雪白的卵袋。母亲用精致的白色细纹布编织了这些半透明的

袋子，并且长期住在这里，看护它未出生的孩子。卵袋的体积与一个鸡蛋差不多大，两头敞开，后面的洞口变得细长，呈漏斗颈状；前面那个洞口延伸成一个宽阔的长廊，蜘蛛常常通过那里去获取它的粮食，它要在外面吃蝗虫，以免把孩子的出生地弄脏了。

　　卵袋的结构就像它捕猎的工具，那个漏斗状的细长通道是紧急出口，前面那个火山口似的大厅，四面绷着丝，与之前那个捕猎的陷阱非常相似。每一种动物都有自己的建筑特点，环境的改变并不会改变它们的风格，对它们而言，创新太困难。这里甚至

还有一个小迷宫。火山口前面的丝索错综复杂，只要猎物从那里经过就会被困住。

在这个乳白色的丝墙后面，隐约可见那个放卵的盒子。这个宽大、很漂亮的暗白色袋子，周围有闪光的立柱把它固定在帷幔中央，并与外层隔开。柱子的中间较细，上端膨胀成圆锥形的柱头，底端也是同样的形状。12根柱子一一相对，中间形成了走廊。走廊四通八达，通向房间周围的任何方向。母亲认真地在内院的拱廊里巡视，这里停停，那里停停，长时间地把耳朵贴在卵袋上，听听它的孩子们有什么动静。

我找了从野外带回来的破蜘蛛巢，继续进一步观察内部的情况，卵袋是一个倒圆锥形，像圆网丝蛛的卵袋。袋子的布料有一定的韧性，我用镊子用力拉，才终于把它撕破了。卵袋里只有一团很细的白丝绵和卵，大约有100枚卵，一枚卵的直径为1.5毫米。卵看起来像淡黄色的琥珀珍珠，卵与卵是不粘连的，当我把绒被揭去的时候，它们会自由地滚动。我把卵全装进玻璃试管里，以便观察卵孵化的情况。

它还要活好几个月，食物是不可或缺的，如果在捕猎器旁边就近织一个卵袋，可以一边监护卵袋，一边不费力地捕获猎物，为什么它非要离开家不可呢？因为丝网和迷宫都是白色的，高高在上的样子在阳光下很容易被发现。它用这种引人注目的方式吸引苍蝇和蝶蛾之类的猎物，但是，这同时也引来了许多侵略者。

彩带圆网蛛就吃了亏。它很自信地把卵袋吊在谁都看得见的荆棘上，没有任何的隐蔽措施。一只佩戴产卵器的姬蜂飞进了彩带蛛的小球，它的幼虫以蜘蛛的卵为生，结果卵袋里的小生命全部灭绝了。迷宫漏斗蛛也害怕发生这种后果。为了万无一失，它选择了远离居所的隐藏处，理想的地方是枝叶垂落地面的矮灌木丛，即使冬天，那里也有茂密的绿叶，地上满是从周围的橡树上掉下来的枯叶。迷宫漏斗蛛对卵的保护程度还不止于此。大多数情况下，蜘蛛把卵产在安全的地方，就完全撒手不管了。但迷宫漏斗蛛会一直守护着那些卵，直到它们孵化出来，就像满蟹蛛那样尽心尽责。

透过半透明的围墙，我看见迷宫漏斗蛛正从拱廊里走到星形卵袋的每一处，毫无倦意地走来走去，有时候会停下来慈爱地拍拍那个袋子，听听里面孩子的声音。我用麦秸在一个地方随便一晃，蜘蛛马上就跑过来，在高度警惕中保护它的孩子。

满蟹蛛用丝和合抱的小叶片在卵袋上方建一个哨岗，并长期坚守在那里。因为产卵和完全不吃东西，它消瘦得几乎只剩下一片皱巴巴的皮。这位母亲一直顽强地坚持着，抵挡来犯的敌人，直到孩子们出生了才安心地死去。

而迷宫漏斗蛛却聪明很多。产完卵以后，它从来不放弃在丝巢里捕猎的机会，始终都是一副富贵的样子。我不时地放几只蝗虫在罩子里，其中一只刚好被大厅里的绳索缠住，蜘蛛飞快地跑过来，一下子就把蝗虫的大腿咬下来。

蜘蛛为了生活下去而大口进食，如此大的胃口让我吃惊。因

为在开工之初，它已经消耗了很多丝，几乎就是整个库存。它要建造自己和孩子的两套住房，无疑是巨大的工程，很耗费材料。同时，在近一个月的时间里，我看见它一层一层地加厚大房间和中间那个小屋的墙壁，把透明的布变成了不透明的。如此巨大的消耗，让蜘蛛必须不断进食。

九月中旬，小蜘蛛孵化了，但它们都乖乖地待在卵袋里，准备温暖地度过这个冬天。母亲认真地一直在编织，但是体力似乎跟不上了。我给它提供的蝗虫，它明显开始置之不理，过很长时间才吃一只。到了最后四五周，母亲蹒跚的脚步已经显示出它的衰弱，但是它依旧在巡视，似乎只要能听见孩子们的声音，就有动力继续坚持下去。到了十月底，母亲终于筋疲力尽，紧紧拽着孩子们的房间，幸福地死去了。

小蜘蛛们没有了母亲的照料，似乎全看天意了。春天来临了，它们从小房间里爬出来，顺着微风，乘着细线，飞向它们的新世界。在那里，它们开始拥有自己的荆棘丛，然后尝试着编织出第一个迷宫。

罩子里的迷宫漏斗蛛向我展示了很完整的巢，但是对于我的研究而言，没办法看见全貌始终是一件遗憾的事。将近十二月底，我和孩子们沿着陡坡下一条树木掩映的石子小径搜索，找到了好几个蜘蛛窝，不过它们的样子显然是遭到了糟糕天气的摧残。拖地的小树枝上连着一个难看的卵袋，它可怜地躺在雨水冲击的沙土堆上，外面包裹着一层用几根丝胡乱连接拼凑起来的橡树叶，其中一片较大的作为屋顶。凭借着两个门厅露出来的丝头和剥离叶片时感受到的韧性，我们终于找到了这堆破破烂烂的东西和网罩里那个精细建筑物的相似之处。

我好不容易得到了这个蛛巢，虽然有点变形，但依然让我如获至宝。我剥开那些树叶时把它撕破了，看见了里面的结构。整个房子都是用洁白的布料做成的，在外层树叶的保护下，居然一点都没有被潮湿的泥土弄脏。母亲用的大房间，巡逻时的圆回廊，还有中心卧室和立柱，一切都清晰地呈现在我的眼前。接下来，我要打开孩子们的房间了。

我惊讶极了。房间里装着一个泥土做的硬核，是雨水夹杂着泥浆流进来了吗？不可能。其实，这是母亲故意的制作手法。它

用丝把沙粒粘在一起，用手指捏一捏还有些硬。这是两层丝套之间用沙子和丝混合起来的一堵墙，可以防止姬蜂的探针和其他害虫的大颚。这种防护措施还可以在家隅蛛身上看到，还有一些生活在野外石头下的蜘蛛也有这样的方法。剥去外壳以后，除了这个矿物层之外，卵袋外面还裹着一层丝套。我撕开最后的保护层，里面的小蜘蛛受到惊吓，四处逃散。

可是，关于用沙子筑墙的本领，为什么养在网罩里的五只迷宫漏斗蛛没这样做呢？明明在纱罩的下面，有很多装沙子的罐子。在自然条件下，我也发现过没有矿物层的卵袋，基本上都筑在荆棘丛里，离开地面有一段距离；另一些包了沙的却搁在地上。

对此我可以做出这样的解释：蜘蛛用丝和沙粒搅拌成砂浆，纺丝器不停地喷射出丝来，爪子则伸到从附近采集来的硬矿物中搅拌。这些材料必须都是现成的，否则流水线就会中断，蜘蛛就会放弃这道工序，照样继续筑窝。但我的网罩与沙子离得太远，如果蜘蛛要取到沙子就必须从圆顶上下来。它显然不喜欢爬上爬下，因为这样会给纺丝器的操作带来很大的难度。但是，如果它接近地面，沙粒围墙绝不会漏掉。

我们是不是能够证明，动物的本能是可变的？迷宫漏斗蛛告诉我们，要使本能得到发挥需要有物质条件，否则就只是一种潜能，本能能否发挥，要依特定时期的特定条件而定。

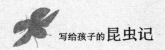写给孩子的昆虫记

写给孩子的昆虫记

写给孩子的
昆虫记
技能大比拼

[法] 法布尔 著

王光波 编译

江西美术出版社
全国百佳出版单位

图书在版编目（CIP）数据

写给孩子的昆虫记. 技能大比拼 / （法）法布尔著；
王光波编译. -- 南昌：江西美术出版社，2023.2
ISBN 978-7-5480-8715-1

Ⅰ．①写… Ⅱ．①法…②王… Ⅲ．①昆虫学－儿童
读物 Ⅳ．①Q96-49

中国版本图书馆 CIP 数据核字（2022）第 126337 号

出 品 人：刘　芳
企　　划：北京江美长风文化传播有限公司
责任编辑：楚天顺　朱鲁巍　　策划编辑：朱鲁巍
责任印制：谭　勋　　　　　　封面设计：韩　立

写给孩子的昆虫记·技能大比拼
XIE GEI HAIZI DE KUNCHONGJI·JINENG DA BIPIN

[法] 法布尔 著　王光波 编译

出　　版：江西美术出版社
地　　址：江西省南昌市子安路 66 号
网　　址：www.jxfinearts.com
电子信箱：jxms163@163.com
电　　话：010-82093785　　0791-86566274
发　　行：010-58815874
邮　　编：330025
经　　销：全国新华书店
印　　刷：河北松源印刷有限公司
版　　次：2023 年 2 月第 1 版
印　　次：2023 年 2 月第 1 次印刷
开　　本：880mm×1230mm　1/32
总 印 张：16
ISBN 978-7-5480-8715-1
定　　价：148.00 元（全 4 册）

目录

CONTENTS

第一章

蜂类的毒液

　　现在化学问题也带来了一定的麻烦，化学观点一般认为膜翅目昆虫的毒液各不相同。蜂类的毒液虽说成分复杂，但总的来说也就两大类，一种是酸性的，另一种是碱性的。捕食性昆虫大多数只拥有酸性毒液，这种毒液能使猎物保持生命活力，但这并不是所谓的捕食性昆虫的智慧，而恰恰是这种酸性毒液在起作用。

　　我将各种溶液注入昆虫体内，这溶液包括酸性的、碱性的、氨水、中性溶液、酒精、松节油等，观察到的结果与捕食性的昆虫蜇刺的结果完全相同，被麻醉的猎物却依旧保持着一定的生命活力，这活力是通过触角和口器的活动表现出来的。在承认化学反应真实有效的前提下，我试图探究它们所导致的结果，但看起来都是一无所获。昆虫的螫针是经过反复试验后，才能显现出无比的自信和准确性。但我们的实验并不总是成功的，我用蘸过这些毒液的针刺入昆虫时，所戳的伤口过大，且极不稳定，根本就无法与昆虫螫针准确的攻击及细小的伤口相提并论。另外，我还

要加上一点，我们对实验所研究的实验对象是有一定要求的，那就是使它们的神经链相对集中，譬如说，像象虫、吉丁、金龟子等一类的昆虫。只要在昆虫的胸部和胸部节间膜刺一下就能麻痹它们，这与节腹泥蜂麻醉猎物是一样的。在这种情况下，无论是注入大量的刺激性极强的液体，还是注入少量的液体，成功的概率都非常小。对于那些神经节相对分散的一类昆虫，就需要专门地逐个进行麻醉手术，我这种方法是根本行不通的，一旦那样，昆虫就会因过度腐蚀而死亡。权威人士一直反复使用一些古老的实验方法，那也许能使我解除化学家的批评和非议，但是，我羞于向他们求助。

如果光明那么容易得到，我们还有必要对深奥莫测的黑暗进行探究吗？如果简单地求助于真实情况，就可以证明一切，那么我们还要做什么也证明不了的酸碱反应吗？如果肯定了昆虫的酸性毒液能使食物保鲜，那么我们来了解下蜜蜂的螫针或许能在酸碱毒液的作用下，产生麻醉一样的效果，虽然那样做，会否认蜜蜂螫刺的灵巧性。我们的化学家也许没有想到这一点，因为简单明了的方法，在实验室里并不受欢迎。现在我的职责就是弥补这一小小的缺憾，于是我打算研究蜂类的首领蜜蜂，看它是否擅长麻醉且不会杀死对手的外科手术。蜜蜂的螫针必须刺进一个确定的部位，这个部位恰恰是捕食性昆虫刺入的地方，我希望刺入的部位却从来都不如我所愿，因为那些不听话的俘虏总是疯狂地扭动、乱刺。结果我的手指，受伤的次数比要刺对手的多得多。于

是我一剪刀把蜜蜂的腹部剪下来，再立刻用小镊子夹住它，将腹尖靠近螯针要刺的部位，这也是唯一的办法，才能稍稍控制一下不驯服的螯针。

看来我刚才捕捉的那只昆虫，根本就不可能用来做实验，无数次毫不成功的实验，耗尽了我的耐心。尽管困难重重，可这也不是我应该放弃的理由吧！

蜜蜂在毫无征兆的情况下死亡之前，它不需要来自头部的命令，就能为自己的死亡复仇，因为它的腹部还能再螯刺一会儿。我正是利用了它这种执着的复仇心理，使蜜蜂带刺的螯针停留在猎物的伤口中，这样我就能准确地观察到螯针的攻击点。螯针的长时间停留，使我能够把握螯针螯刺的效果。倘若猎物的组织透明，我还能够辨别螯针攻击的方向，符合我意图的是直线刺入，毫无效果的则是斜着刺入。这些就是这种方法的优点所在。讲完那些优点，我们来谈谈缺点。蜂腹虽然被剪下来，但是比起整只蜜蜂来还是容易驯服，但有时候也不能隧我的心愿，它仍有些小任性，螯刺点也是不可确定的。我想它从这一点刺入，它偏不，根本不理会我的镊子，偏要刺入那一点，看起来离得不远，但是要想不伤害到神经中枢，就必须离得很近。我想它垂直刺入，它也不，大多数情况都是斜着刺入，可仅仅刺穿了猎物的表皮层。失败乃成功之母的例子，已经数不胜数了。

我自认为我的皮肤敏感度并不比别人差，一旦被蜜蜂螯针螯一下也不会有多痛，而且对此我也没有什么感觉。为了把事情讲清楚，我想再提醒一下读者，在不知道它是什么化学性质或其他已知性质的情况下，我们只有一个办法，那就是比较它们的毒液。至今只能比较它们被蜇刺的伤痛程度，而其他的一切仍是一个谜。我想以下列各种实验，来得出不同的结果，比如用力过大、对抽搐的腹部注入不等量的毒液、蜇针不容易驯服、刺得或深或浅或正或斜、神经中枢被攻击或周边组织受到影响等。我将蜜蜂的螫针作为进攻武器，就像是捕食性昆虫一样蜇刺猎物，蜜蜂一蜇所造成的伤痛应该等同或数倍于后者。此外，无论哪一种毒液，哪怕是响尾蛇的毒液，至今也没有弄清它到底会产生怎样可怕的后果。

诚然，上述实验结果非常混乱。蜜蜂所蜇刺的对象有的麻痹、偏瘫，有的行动失控，有的则一直间或暂时性残废，有的遭刺后马上又回过神来，也有的很快就死掉。这一百多次的尝试所形成的报告会白白占据我的篇幅，倘若没有从中提炼出规律来，那么连篇累牍也无助于研究。因而，我试着进行归类，找几个例子来进行说明。

我们地区有一种巨型的白额螽斯，它比较强壮，前足所在的前胸中心被蜇刺，螫针会直穿而入。蟋蟀和距螽被蜇的也是这个部位。被蜇之后，这只庞然大物会暴跳如雷，竭力挣扎，最后跌落一旁，无力再站起来，此时前足呈麻痹状，其他的足都不能动。不一会儿，它侧身而卧，变得不再那么焦躁，此时只剩下触角和唇须的颤动、腹部的痉挛和产卵管的伸缩，只有这些现象表明它

还活着。然而，只要你稍稍轻触一下它，它后面的四只足还是会有反应，其中第三对粗壮的大腿，还会时不时地进行着蹬踢。到了第二天，没有什么变化，只是麻醉程度加重，已延伸到中足。第三天到来的时候，它的六只脚已都不能动弹，只有触角、唇须和产卵管还能活动。朗格多克的飞蝗泥蜂蜇了距螽胸部三次，其状态也和上述一样，残存的生命力也更加衰弱。第四天一到，螽斯就死了，从它深黑的体色就明显能看出来。

由此我得出了两个明确的结论。其一，蜜蜂的毒液极其厉害，无论再怎么庞大，体格再怎么健壮的昆虫，只要对着它的中枢神经一蜇，四天内必会死于非命。其二，最初的麻痹只影响神经节所控制的前足，而后才会向中足缓慢延伸，最后波及后足。麻醉在捕食性

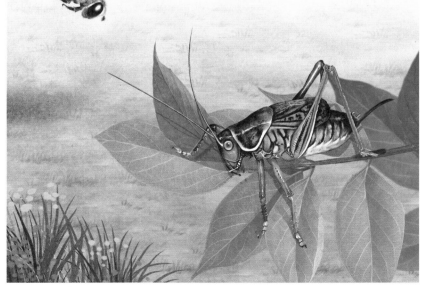

昆虫的受害者中非常容易扩散，但在捕食性昆虫的进攻中，扩散却起不到任何作用。产卵期将至，所有控制运动的神经中枢被蜇时，很快就会被毒液所摧毁，因为这时的猎手要求猎物是完全失去知觉的。

倘若捕食性昆虫的毒液和蜜蜂的毒液一样强，一蜇便会夺去猎物的生命，那么猎物的剧烈运动对于狩猎者尤其是对于卵是极其危险的。然而狩猎者却不是这样的，它凭借温柔的动作将毒液慢慢注入神经中枢，猎物就会立刻动弹不得，就像对付幼虫时一样。尽管猎物也有许多伤口，可也不会立刻变成死尸。这些优秀的麻醉师还有令人赞叹的另一个才能，它们将毒液用力注入，结果却生效很慢。这也是为什么捕食性昆虫的毒液几乎毫无痛感的有力佐证。蜜蜂为了复仇，加大了它所排出的毒素，而飞蝗泥蜂为自己的幼虫捕食时，将毒素减弱到最低限度。

现在我再来讲一个类似的例子。我把直翅目昆虫找来作为研究对象，它个头适中，表皮精细，便于实验时进行蜇刺，看来它比其他昆虫更适于这种细致的操作。我失败的因素往往是吉丁的胸甲，或花金龟幼虫肥胖的身躯，还有那难以驯服的螯针。现在我捉来了一只巨大的雌性绿色蝈蝈儿来做实验。我让蜜蜂蜇刺它前足纹路的中心点，蜇刺的结果令人惊诧，瞬间，蝈蝈儿抽搐扭动，而后侧身倒下，除了触角和产卵管，其他则一动不动。只要不碰它的头，它就不会再动；倘若我用刷子轻触它的头部，它四只后足便剧烈摇动，甚至还会夹起刷子。无法动弹的前足说明它

的中枢神经已然受损，随后的三天它都会保持这种状态。随着第五天的到来，麻痹开始扩散，它只剩触角来回摇晃，腹部抽搐和产卵管伸缩；第六天一到，蝈蝈儿开始发黑，它就命丧黄泉了。除了它的生命力比较顽强外，与白额螽斯的状况一模一样。

　　如果不在胸部神经节上蜇刺，那将是怎样一种情况呢？我找来一只雌距螽，在它的腹面中部刺了一下。整个过程中，它似乎不太注意自己的伤势，只是在玻璃钟形罩的四壁英勇地攀爬，甚至还啃起了葡萄叶，就像当初那样活跃，这表明它已经从我为它制造的伤势中恢复过来了。几个小时过去后，它仍没有显露出其他情绪，看来已经完全康复了。我在它的腹部两侧及中央又进行了三次蜇刺。第一天，距螽看上去没有任何感觉，也看不出它有什么行动不便。这些禁欲主义者好像完全没有痛苦的样子，可我并不怀疑它们的伤口也会灼痛。第二天，距螽步履稍缓，只能慢慢爬行。又过了两天，让它仰面朝天，它竟无力翻转了。直到第五天它就一命呜呼了。也许这次实验连蜇三下的分量实在有些太重了。

　　我将这个办法也试用到了娇弱的蟋蟀身上。我只在蟋蟀腹部蜇了一下，它竟用了一整天才从痛苦中恢复过来，又啃起了生菜叶。一旦给它多来几个伤口，很快它就会命丧黄泉。这些在我残忍的好奇心中丧生的昆虫里，有一个例外，那就是花金龟幼虫在三四下攻击后依然能抵抗。一旦它们变软、摊开、松弛下来，我曾天真地以为它们死了，或是麻痹了，谁知过不多久这些小虫又复活了，它们缓缓爬行，钻进腐殖土中。看来我没办法掌握明确的情况，诚然，它们有了自己的屏障，那就是它们稀疏的纤毛和肥厚的胸膜，用这些来抵御螯针的刺入，这样总也刺不深，或刺歪到一边。这些难以制服的虫子，最终使我放弃了实验，只能回到易于实验的直翅目昆虫上。倘若螯针正对着胸神经仅只一下就能将猎物蜇死，如果对准的是其他部位，那么只会造成昆虫的短期不适。因此，毒液是通过对神经中枢的直接作用，发挥其可怕的毒性。

要对"胸神经节被刺，死亡马上来临"这个结论做出肯定，还为时尚早。虽然这种情况时常发生，可还是有很多例外，也许是无法确定的因素所致。对于螯针要刺的方向、刺入的深度、排出毒液的剂量等方面，我无能为力，也无法使切下的蜂腹让它自给自足，实验中也不会再现剑术高超的剑客。蜂腹的刺入不可预知，没有规律可循，不讲分寸，所以从最严重到最轻微，各种意外都可能发生。下面我来讲几个很有趣的例子。

蜇刺一只螳螂锋利前足所在的胸部，倘若伤口在正中央，得出的结论已被多次证实，因此，我一点都不会感到惊讶和激动。螳螂胸部锋利刀般的前足骤然麻痹，如同一架机器的粗大发条突然折断，也不会停顿得更加突然。一般，麻痹了的锋利前足，一两天内就会影响其他的几只足，一周不到它就会一命呜呼。一旦螯针刺入了右足，眼前的刺伤偏离了中心不到一毫米。就在这条足麻痹时，另一条由于没有受损，它就用那条足末端的钩子将我

的手指钩出血来。第二天，钩伤我手指的那只足也麻痹了，不过还没有扩展到其他的部位，强悍的螳螂，像平时一样神气地挺着前胸，缓慢地前行。锋利的铠甲而今却分别垂于两侧，已无力攻击。我一直保留这只残废的螳螂12天，由于它自己无法把食物放进嘴里，长久拒绝进食，所以就丧生了。

　　第二个例子说的是行动失调。我记录过一只距螽，它在胸部中线外的位置被刺入，虽然六只足还能动，但不能走，不能爬，行动缺乏协调性。它不能肯定是向前还是退后，朝左还是向右，其动作极其古怪、笨拙。还有个瘫痪的例子我也说说。一条花金龟幼虫被从偏离前足的部位刺入，而后右半边身体开始松弛、摊开，无法收缩，左半边身体变得浮肿，皱纹突起，蜷缩起来。由于左右动作不再协调，幼虫就不会像往常那样蜷成环形，而是一侧缩成一圈，另一侧则半舒展。显然，毒液把神经器官的集中点纵向的一半给感染了，这就可以解释实验室里经常发生奇特现象的原因了。

　　我认识了腹蜂无规律的蜇刺，甚至找到了问题的关键，因此认为再举多少例子也无济于事。蜂类的毒液能使猎物达到捕食性昆虫要求的状态，这里有实验为证。这样的实验有一次成功就够了，因为得到证据需要耐心、牺牲品，还必须有残忍的态度，其代价甚是惨重。如此艰苦的条件下，我使用一种剧烈毒液就能成功一次，虽说只发生一次，但足以证明还是有可能发生的。

一只离前足极近的雌性距螽的胸部被刺。它抽搐着挣扎了几下，随后跌落，腹部搏动，触角颤抖，足还能轻微地动几下，跗节紧紧地把我伸出的镊子钩住。我就将它翻转朝天，它始终保持姿势不变，情况与朗格多克飞蝗泥蜂所蜇过的距螽一样。在三周中，无论从地下洞穴中挖出的还是躲开猎人的猎物，我熟悉的每个细节的剧目又即将上演。长长的触角在抖动，大颚半开，唇须和跗节轻微颤抖，产卵管在跳动，腹部隔很长时间才能抽动几下，一旦用镊子轻触，它就会有活动的迹象。第四周，生命的迹象愈来愈微弱，直到逐渐消失，可距螽始终保持令人惊奇的新鲜状态。一个月后，当麻痹后的距螽开始变成褐色，那么一切都已结束，它一命归西了。

无论蟋蟀的实验还是螳螂的实验我都取得了成功。在这些实验中，它们都有轻微的动作表明生存迹象的存在，且长时间保持新鲜的状态。飞蝗泥蜂和步甲蜂都接受了我所提供的受害者，这说明它们情况非常相似。蟋蟀、距螽、螳螂都和捕食性昆虫的猎物一样，在相当一段时间内都能保持新鲜状态，这对于幼虫变态是非常有利的。蜂类曾明确地向我证明过，如今又向读者证明，它们的毒液效力与捕食性昆虫很是相仿，不同的是毒液的性质。而毒液到底是酸性还是碱性，看起来已是一个多余的问题。两者

都能毒化、刺激、摧毁神经中枢，只是感染方式不同，但最终效果都是使其麻痹或死亡。情况就是如此，剂量很少的毒液都能产生可怕的后果。毒液的作用虽说尚未完全了解，但是我已经知道捕食性昆虫保存幼虫的方法，不是毒液的特性而是取决于它猎捕对手时高超的剑术。

达尔文还提出了最后一个异议，我认为比其他的更不确定。他认为，昆虫的本能并不是像化石那样一成不变地保存下来。假使如此，那些本能又昭示着什么呢？不过是现在的本能展示给我们的东西罢了。地质学家不正是在当今凭借对原始骨骼的想象来对它们进行复原的吗？凭借想象，他们告诉我们，在侏罗纪某种蜥蜴是如何生活的。那些并非一成不变的习俗，他们讲得一点都不少，而且还使人非常信服，因为其昭示着过去。如今，我们何不像他们一样来试试呢。

如果一只蛛蜂的祖先栖息在煤页岩中，它的猎物是某种丑陋的蝎子，蛛蜂是怎样制服可怕的对手的呢？通过类比，它和当今的狼蛛一样，先解除对手武装，在某一点用毒针刺下去，麻痹对手。这个攻击点是可以通过解剖来确定的。如果不采用此法就会落败，很可能会因为刺伤而被吞噬。是蛛蜂的祖先深谙此道呢，还是它的种族和如今的狼蛛一样呢？如果没有一刺置敌于死地的本事，那就无法繁衍后代。因此，我还不能得出结论。第一只蛛蜂用高超的剑术将石炭纪的蝎子刺伤。第一只蛛蜂与狼蛛短兵相接，也非常清楚颇具杀伤力的手术法则，倘若犹豫不定、徘徊不前，它们就会失败，

开创者就不会有再传弟子来继承和完善它的技艺了。

也有人认为本能会为我们提供前进的媒介和阶梯，会给我们指明渐进的过程，会使偶然、无规律可循的尝试达到完美，并积累成几世纪的成果。本能的多样性，为我们提供了从简单到复杂的可比性内容。大师呀，别再固执于此了吧。假如你认为本能是多样的，可以从简单到复杂的起源中寻找原因，那么我们还何必在板岩层去翻找那些旧时代的档案呢？当今时代给我们的思考增添了源源不断的丰富材料，一件事只要有可行性就能实现。短短半个世纪的研究，对于本能，我只是看到了一个不起眼的角落，我所得到的结果也因为本能的多样性而难以处理，至今也没有发现与捕食性昆虫一模一样的捕猎方式呢。

有的蜇一下，有的两下、三下，还有的十下。这一只蜇这里，另一只蜇那里，第三只又不一样，会蜇别的地方。有的不伤害对方只将其麻痹，有的却对准对方头部神经将其杀死，有的咬住对方神经节使其产生暂时性麻木，有的根本不知道攻击胸部的效果，还有的使其吐出蜜汁，因为蜜汁会毒害它的后代，而大多数则没有任何抵御功能。有的先解除拥有毒刺对手的武装，一旦遇见没毒的对手，那就用不着操太多的心。在预备的战斗中，有的昆虫逮住对手的颈项，有的抓喙，有的抓触角，有的抓尾部。我知道有的昆虫将猎物翻转朝天，有的与猎物胸顶胸竖立，有的就采用最一般的方法，有的纵向或横向攻击，有的爬上对手背部或腹部，有的挤压腹部使其胸部铠甲出现裂痕，有的以腹部末端为楔子，

打开对手拼命蜷缩成的环。还有什么呢？它们把剑术一一演练了一番。也许我还没有提到卵。有的卵悬吊在从天花板上垂下的像钟摆一样的丝上，下面是扭动的食物，有的卵放置在仅够吃几餐的食物之上，有的卵放置在被麻醉的猎物身上，有的卵被放置在一个事先确定的地方，这对于食客和食物来说都非常安全，而为了保持食物新鲜，幼虫就必须得用特殊的技艺来吞食肥大的食物。

　　这千变万化的本能又是如何告诉我们它的渐进过程的呢？从泥蜂和土蜂的一蜇到蛛蜂的双击，再到飞蝗泥蜂的三蜇，最后是砂泥蜂的数蜇吗？是的，但倘若我们只考虑数字化进程，那么一加一等于二、二加一等于三这样简单的数目累加就成了。但是这

能解决问题吗？算术有什么用呢？难道就没有一个不用数字来表达的论据吗？因为猎物在变化，所以解剖方式也在变化，每个捕猎者总要了解猎捕的对象吧。简单一螫是刺向神经节集成团的对手；狼蛛的双击，一次是解除对手的武装，另一次则是麻痹对手；多次螫刺是刺向神经节分散的猎物。其他昆虫可依次类推。总之，每种猎手都十分了解猎物的生理结构，都能凭借本能，找到猎物神经组织的秘密。

土蜂虽然只有简单一击，但是并不比砂泥蜂一连串的螫刺逊色多少，它们都掌握了猎物的命运。依我们的学识来看，它们都采用了一种最为合理的方法来处置猎物。在这些深奥得令人费解的科学面前，一加一等于二的论据就显得那样苍白无力了。数目的简单递增又有什么用呢？一滴水能展现一个宇宙，螫针合乎情理的一击，则反映了普遍的逻辑。

如果把土蜂看作这一技巧的基本原理的奠基人，那么我们所做的这种大胆假设是成立的。它的一螫，紧扣可怜的论据，一到二，二到三，这是毫无疑问的。由于意外地采取了某一种方法，它清楚地知道在花金龟幼虫的胸部，只要简单地一击就能将其麻醉，这是它学会的技巧。某一天，不经意或很偶然的情况下，它螫了两下。除非是猎物有所改变，否则重复一击就毫无价值，因为它制敌仅需一击即可。那么又会是哪个新猎物将丧命于敌手呢？既然狼蛛都要被螫两下，我想新猎物应该是一只肥大的蜘蛛吧。而新手土蜂的成功令我不敢相信，它先从颈部机智巧妙地刺

入，第一次尝试就解除了对手的武装，然后顺着正下方靠近胸部的地方，寻找致命的攻击点。一旦螯针失手或是刺偏，我就只能眼睁睁地看着它被吞噬掉。虽然我认为成功是不可能的，但还是暂时认为它成功了吧。我有幸看到这次事件，认为这一科的昆虫还是保存了对食物味道的记忆，尽管以花汁为食的昆虫会把消化肉食性幼虫的记忆留在脑海中。那么我认为这一科的昆虫在希望渺茫的情况下，会有第二次进攻的灵感，为了自己和后代，它们每次都必须冒着生命的危险。承认这种种不可能积累起来的结果，大大超出了我轻信的能力。尽管一确实能到达二，可捕食性昆虫并不会由一击变为双击。

捕食性昆虫依靠其卓越的天赋技能而生存，由此看来，每只昆虫必须找到自己生存的条件，这是可以和拉·巴利斯那首有名的歌谣相比拟的事实。倘若没有娴熟的技艺，那么种族就无法繁衍下去。关于本能亘古未变的看法，过去隐藏在愚昧无知当中，而今也像其他伪论一样，在巴利斯真理阳光的暴晒下消失了，在强大事实的冲击下崩溃了。

第二章

泥蜂的返程能力

　　昆虫的眼力和记忆比起人类而言，显然是大大高于我们的。它们的身上有一种对地点的独特直觉，姑且称之为记性，那是一种我们无法比拟、又无以名状的能力。正是这种能力，令泥蜂准确无误地停落在它那跟滚滚黄沙融为一体的家门前，令砂泥蜂在花丛中徜徉一夜后仍然能找到它昨日心血来潮建好的竖井。我的眼睛无法分辨，记忆也不能完全清晰地指出洞穴所在，纵然我之前可能观察了好几个小时。那么昆虫究竟是怎样记住的呢？它们对地点的认知，是由于卓越的记忆力呢，还是通过什么我们不能理解的方式呢？如此种种令我对昆虫的心理大为好奇，于是我进行了一系列相关实验。

　　第一个实验。在上午将近十点钟的时候，我在一个斜坡上找到了一个栎棘节腹泥蜂的蜂群。这种节腹泥蜂以方喙象为食，它们有的正在挖掘洞穴，有的正在储备粮食。我在同一个蜂群里抓了 12 只雌性节腹泥蜂，用麦秸蘸着一种不会褪色的颜料，给每

个节腹泥蜂的中胸点了一个白点，以便将来辨认。然后把它们每只单独封闭在一个纸袋里，放在盒子中，走到了离蜂窝大约三千米的地方再放出来。这些初获自由的俘虏们骤见天日，纷纷四散飞往各处，没有统一的秩序和方向。不过它们只飞了几步就都停了下来，站在草茎上，用前腿揉一揉仿佛被阳光眩晕了的眼睛，努力辨认着方向。不一会儿就先后起身，毫不犹豫地挥动着翅膀向南飞去。那正是它们家的方向。五个钟头后，我在之前的蜂窝里已经发现了两只胸前带着白点的节腹泥蜂正在窝里不慌不忙地干着活儿，不一会儿第三只从田野里飞来，还抱着一只象虫，看来在归途中很有收获。不到一刻钟，第四只也很快飞来。我想我没有必要继续等待了，也许剩下的那八只正在归途中捕猎，也许已经躲到了窝的深处，不管它们现在在哪儿，一定也会像眼前这四只一样回到这里来的。运输的过程中，它们被关在纸牢里，根本不可能知道运输的路途和方向。我不知道节腹泥蜂的狩猎范围有多大，是不是它们对方圆两千米内的环境比较熟悉，才能如此驾轻就熟地找到自己的家呢？看来我有必要继续实验下去，把它们送到更远的地方去，而且出发的地方是它们绝对不可能知道的。

　　我从上午的同一窝节腹泥蜂中又取了九只雌节腹泥蜂，其中有三只接受过上一次实验。我在这次的节腹泥蜂胸前做了两个白点的记号，和上次胸前只有一个白点的实验品区分开来，然后把它们关在各自的纸袋里，放在一个黑漆漆的盒子中。这一次，我选择了距离蜂窝大约三千米处的邻近城市卡班特拉出发。节腹泥蜂是典型的乡下人，从来没有来过大城市。人口稠密的都市，鳞次栉比的房屋，烟雾缭绕的烟囱，这些对于长年生活在原野中的节腹泥蜂该是多么新奇啊！更何况又有三千米的距离，这是多么大的阻碍！因为天色已晚，我推迟了实验，让囚犯们在黑匣子里过了一夜。第二天早上八点左右，我在人口稠密的市中心大路上，把它们一只只释放，然后观察每一只飞走的方向。被释放的节腹泥蜂在获得自由的时候，都挥动翅膀奋力地垂直向上飞，仿佛要从这一排排楼房、一条条街道中摆脱出来。终于飞到了屋顶上，身处高处的节腹泥蜂视野骤然开阔，它们奋力一跃，迅速地向南方飞去，那正是我把它们带过来的方向，也正是它们窝的方向。我一个个释放了所有的节腹泥蜂，每一次都惊奇地发现，即使是周围的环境完全陌生，甚至在与平时生活的原野一点相同之处都没有的城市，它们还是可以迅速地判断出正确的飞行方向，毫不犹豫地向家中飞去。

　　几个小时后，我回到了成为实验品的节腹泥蜂的家。我首先看到了好几只胸前带着一个白点的节腹泥蜂，它们是昨天的实验品。但胸前带着两个白点的俘虏却一个都没有见到。难道说刚才释放的俘虏们迷失在归途中，找不到自己的家了吗？它们会不会被两天来诡异的经历和陌生的城市吓坏了，躲在某个巷道里平复紧张的心情，或者醉心于原野中的捕猎呢？我不敢确定。第二天我又去视察，这一次，我欣喜地发现了五只胸前有两个白点的工

人在工地上积极劳作着，仿佛什么事都没有发生过一样。

　　节腹泥蜂所展现出来的惊人能力让我想到了鸽子，当鸽子被人们从窝里取出来，带到很远的地方，它也能够迅速地返回鸽棚。然而和节腹泥蜂相比，昆虫的体积只有一立方厘米，而鸽子的体积完全有甚至是不止一立方分米，足足比节腹泥蜂大一千倍！如果动物的体积和飞行能力成正比的话，节腹泥蜂要比鸽子强多少啊！节腹泥蜂被运到三千米远的地方也能够返回自己的窝，鸽子如果想要公平竞争的话，至少要从三千千米远的地方开始飞，中间的距离是法国由南到北距离的最远处的三倍啊！我不知道有没有信鸽可以完成这样的壮举。然而，正如翅膀的强有力与否是不能用长度来衡量的，动物本能的高低更不能用体积的比例来考虑，我只能说，节腹泥蜂和鸽子都是飞行的高手，当它们被人为地弄到背井离乡时，都能迅速而准确地回到自己的家园，两者显然不

分伯仲，各有千秋。

我的实验虽然证明了节腹泥蜂本能的地形感，却并不能解释这种本能。节腹泥蜂在我的实验中，都是被放在黑漆漆的密闭纸盒里，运到一个完全陌生的地方，自始至终它们都不清楚自己身处的地点和方向。对于没有经历的东西，昆虫是不可能有记忆力的。它们肯定不是靠着卓绝的记忆力找到回家的路的，纵使它们向天空奋力展翅，到达一个开阔的高处，记性也不可能成为一个好用的指南针，给它们指明家在哪里。可以说，在这个实验中，记忆力几乎没有起到一点作用。指引节腹泥蜂回到家园的，只能是一种比单纯的记忆还要好用的东西，一种专门的本领，一种独特的地形感。这种与生俱来的本能，在我们人类身上丝毫没有相似的东西，所以我们无法确立同样的概念，更不可能感知昆虫的感受。这种敏锐而精确的本领，在昆虫和鸟的身上体现得那样明显和普遍，但对于人类来说又是多么难得和可贵。为了进一步研究本能的优势和缺陷，我继续做了几项实验。

泥蜂的洞穴搭建在滚滚黄沙中，每当它准备动身外出给幼虫寻找猎物时，它总会一面后退着从洞穴里出来，一面仔细地把沙子扒到洞口堵住入口，直到入口淹没在沙地里，和其他地方的沙子看起来没什么两样，它才放心离去。过了一会儿它带着猎物回来，很轻松地找到了洞穴的入口，这对它来说根本不是什么难事，找到洞口的方法我在别的实验中介绍过，这里不加以赘述。我现在需要采取各种恶作剧的手段改变现场，让泥蜂认不出自己的洞

穴。要怎样才能瞒住如此敏锐的泥蜂呢？我首先采取的办法是用一块平板石头把洞穴的入口盖住。过一会儿，泥蜂回来了，在它外出期间，家门口已经发生了重大的变化，但是它似乎并没有什么困惑，也没有丝毫的犹豫，立即向石头奔去，开始挖掘。它没有费多大力气在那块石头上，而是在与洞口相应的那个部位挖呀挖，由于障碍物过于坚硬，它很快就放弃了。泥蜂围着石头左转转，右转转，似乎换了个念头，钻到了石头底下，开始朝着窝的准确方向挖了起来。看来这块平板石头根本难不住机灵的泥蜂，我只能换另外一个办法。

我用手帕把泥蜂赶到远处，不让它继续挖掘，因为眼看就要挖到洞穴了。泥蜂似乎受到了惊吓，好长时间没有回来，我在这段时间内，设下了另一个圈套。我发现在不远处的路上有牲口的新鲜粪便，路边还有木块，我把粪便挑了过来，一块块地摆好弄碎，撒在洞口和周围，至少有四分之一平方米，一法寸厚。临时做实验就要求实验者善于利用周围一切可以利用的东西。泥蜂肯定从来没有见过这样的家门，粪便的颜色、性质和气味可能把泥蜂弄得晕头转向不知所措。泥蜂会不会因此上当呢？在我的期盼中，泥蜂回来了。它站在高处审视了一番自己的家门，混乱的现场已经完全不是它走时的模样，情况显然出乎它的意料。过了一会儿，它跳到了粪便层的中央，钻进带有粗纤维的粪团中，正对着洞穴的入口挖扒起来，一直挖到有沙子的地方，在那里它立即找到了洞口。实验又失败了！我抓住泥蜂，再次把它赶到远处。即使窝

已经用全新的方式掩盖起来，它还是无比准确地扑向了洞口，这证明了它至少不是单纯地靠着目光和记忆力指引来找到窝的。

那么，指明灯究竟在哪里呢？是嗅觉吗？刚才的粪便不是已经发出了逼人的气味吗？但昆虫并没有失去那种敏锐的判断力。我决定再用另外一种更强烈的气味来试一试。正好我的昆虫学工具囊中有一小瓶乙醚，我把粪便层扫干净，将一层虽然不厚但面积很大的青苔铺在沙上。远远看见主人回来，我立刻把瓶中的乙醚洒在上面。乙醚的气味太强烈了，泥蜂起初不敢走近，但它只是犹豫了一下，立刻扑向还在散发着强烈气味的青苔，迅速地穿过障碍物，钻进自己的窝里。不管乙醚的气味还是粪便的气味，都没能让泥蜂迷失，看来指引它找到窝的，是一种比味觉更可靠、更有把握的东西。

人们可能会认为，指引昆虫行动的感官存在于触角当中。为了证实这种说法，这一次，我抓住泥蜂，把它捏在手中，连根剪断它的触角。昆虫在我的手中疼得瑟瑟发抖，惊恐万分，我一松手它就一溜烟儿地逃走了，好久都没有回来。就在我等得不耐烦，快要放弃希望的时候，它还是回来了。而且一回来就准确地扑向了自己的窝——已经被我在足够的时间内装饰一新的窝：我用核桃大的卵石整个盖住了泥蜂的窝所在的位置。对于昆虫而言，这卵石无疑超过了布列塔尼的拱形建筑物，超过了卡纳克的前期遗留下来的巨石林。但是已经被剪断触角的昆虫并没有因此而掉入我的迷魂阵，它和器官完整的昆虫一样，轻而易举地找到了入口，

仿佛从来没有受到过任何外来的伤害。

　　颜色、气味、材料甚至是肢体伤害，没有一种方法能阻挠泥蜂找到它的窝，甚至不能让它对家门的位置产生丝毫犹豫。我已经无计可施了。我很难理解，在视觉和味觉都被我设计发生偏差的情况下，昆虫究竟是凭借着什么我们所难以理解的官能，抑或是某种神秘的指引，找到自己的家的呢？

　　接连四次的失败让我很是颓然。过了几天，我又进行了第五次实验，这次的结果让我走出了谜团，开始从一个全新的角度思索这个问题。我们当然了解，母蜂执意要回到蜂房的目的，就是为了幼虫的食物，要走到幼虫那里，就必须首先找到蜂房的入口。幼虫和入口是这整个行动的关键所在。

我觉得，这两个问题可以分开来单独考证，要进行观察可能相当麻烦。于是，我用刀刃把沙子一点点刮掉，把泥蜂的窝的天花板整个掀开来，但没有破坏它里面的原貌。所幸这个窝埋得并不深，几乎是水平放置的，泥沙也并不坚硬，我操作起来没有遇到什么困难。这时候，蜂房的整个屋顶都没了，原本在底下的房屋成为一条露天的、弯弯曲曲的小沟，像一条未完工的渠道。渠道有两分米那么长，位于洞口的一端可以自由进出，另一端则是封闭的小凹洼，食物堆放在那里，幼虫就躺在食物上。虽然我掀掉了天花板，但丝毫没有碰屋子里的东西，一切都还是井然有序，少的只是一个遮挡阳光的屋顶而已。

现在这个隐庐暴露在了光天化日之下，沐浴在阳光中，目之所及，屋子里所有的一切都一览无余：前庭、巷道、尽头的卧室，堆成一堆的双翅目猎物，幼虫安然地躺在其中。做完这些准备工作之后，我耐心地在原地等待着泥蜂回来。

泥蜂终于回来了，径直走向已经不存在、只剩下门槛的门口。我看到它长时间地在表面上挖掘，打扫，把沙子掀得漫天飞舞，仿佛要挖出一条新的巷道似的，不屈不挠地始终要寻找那扇活动的门。其实泥蜂只要头一拱，这扇门就可以塌下来让它进去，可是它遇到的不是活动的材料，而是还没有被翻动过的坚实的土地，坚硬的地面让它警觉起来，于是它回到地表继续探索。接下来的这段时间里，它始终在偏离洞口至多几法寸的范围内，来来回回打扫了不下二十次，没有走远，执拗地相信它的门一定就在这附

近而不是别处。我用草茎轻轻地将它拨到另一个地方，它立即又回到它的门所在的地点。再把它拨走，它还是一样回来，说什么也不上当。

过了许久，它似乎注意到了原来的巷道变成了一条露天的渠道，但只是稍稍注意到而已，它试探着向里面走了几步，不停地扒沙子，有两三次，它几乎走到了那条沟的尽头，到了幼虫居住的小凹洼处，但它显然漫不经心地扒了两下，就急急忙忙地返回身，回到入口处继续执拗地寻找着。一个多小时过去了，泥蜂的执着让我都不耐烦了，但泥蜂由于徒劳的寻找变得更加固执，还是没有任何成果但又毫不动摇地在大门处寻找着。

即使找不到熟悉的大门，那么泥蜂总该认识自己的幼虫吧？这可是它捕捉猎物的根本目的啊！我对这个问题同样感到好奇。但是眼前这只泥蜂显然已经被突发的无法解释的状况弄晕了头脑，它被一种想法纠缠着，困惑不解，只能沿袭着本能做下去，丝毫没有注意到在小沟的尽头，幼虫在灼热阳光的炙烤下，在已经咀嚼过的一些食物上面焦躁不安地扭动着。

它的表皮是那么娇嫩，刚刚从温暖潮湿的地下骤然暴露于酷热的阳光下，它可是习惯于生活在黑暗当中的啊！可是母亲却丝毫没有改变自己的行为。它就停在原来的大门所在处，不间断地挖掘打扫，有时候会在周围掘两下土试试看，但很快又回到原地，就是不往巷道里探索，仿佛丝毫不操心自己饱受煎熬的孩子。

对于母亲来说，这就跟散乱在地上的小石子、土块、干泥巴

之类的东西没什么两样，根本不值得注意。母亲的一门心思全都放在找到它所认识的通道上，它只需要找到入口的门，门对它而言比什么都重要，是它已经习以为常的东西。但是，这条路其实是畅通无阻的，没有什么能阻拦母亲，孩子就在母亲的眼前受着煎熬，它才是母亲做这一切的最终目标啊！如果母亲足够理智，那么它应该赶快挖一个新窝，至少也是一个简单的竖井，把婴儿藏在里面免受太阳的炙烤，但它却固执地寻找一条早就已经不存在的通道。

经过了长时间的试探和犹豫，也许是模模糊糊的记忆的指引，也许是堆积的猎物散发出了香味，泥蜂慢慢走进了已经成为小沟的过道里。它一下往前，一下往后，漫不经心地东扫扫西扒扒，

终于走到了巷道的尽头，见到了自己的幼虫。

让我极度惊奇的事情发生了，泥蜂母亲根本认不得它的孩子！在动物所具有的所有情感中，母爱无疑是最强烈也是最能激发才智的。但我看到的泥蜂母亲对自己的孩子漠不关心，甚至粗暴对待。如果不是我对节腹泥蜂、大头泥蜂以及各种泥蜂都反复做过多次测试，真不敢相信自己的眼睛。

泥蜂母亲要找的到底是什么呢？自然是幼虫。但是要找到幼虫，就要进窝，而要进窝，就要首先找到门。本能行为之间的联系，即使是面临最危险的情况，依然无法打乱从前的顺序。所以即使洞口已经打开，巷道畅通无阻，幼虫近在眼前甚至正在承受着折磨，母亲却视若无睹。对它来说，至关重要的就是找到熟悉的门，否则接下来的一切都没有意义。本能和智慧的区别，就在于是否能够认识到行为的终极目标和意义，如果由智慧指引，泥蜂母亲会抛开所有不重要的细节，毫不犹豫地扑向自己的孩子，正如我们人类所能做到的一样。但由于它受到的只是本能的指引，所有行为就像是被按照某种固定顺序排列好的一样，如果前一个行为没有完成，后面的所有行为就都不会继续。

第三章
螳螂窝的建造

除了惨无人道的爱情，螳螂当然也有那些看起来好的方面。就拿螳螂的窝来说，那简直就是个奇迹，科学的称呼是"卵鞘"，我不愿意滥用古怪的字眼。既然有人喜欢说"燕雀窝"，而不愿意说"燕雀巢"，那么，在指螳螂窝的时候，我为什么非要说巢或者卵鞘不可呢？在朝阳的地方，几乎都能看到修女螳螂的窝：石头、木块、葡萄树根、灌木枝、干草秸，此外还有砖块、破布、旧皮鞋的硬皮这些人造的物体。只要能把窝牢牢粘住、固定，任何东西都可以拿来做窝，没有什么区别。

这样的窝，通常说来长4厘米、宽2厘米，色泽如同金黄的麦粒。在火中烧它会很旺，有淡淡的微焦的味道弥漫而出。实际上，做窝的材料与丝极为相似，只不过不能像丝那样拉长，而是与泡沫一样成团地凝固。如果窝固定于树上，小树枝就会被它的底部紧紧包裹。它的外形会随着支撑物的变化而发生改变，假如这个窝固定在一个平面上，它的底部就会变成平面状，

与平面粘贴在一起，这个时候，窝会变成一个椭圆形，一头圆钝，一头细长而尖锐。通常情况下，窝还有一个与船头相似的短短的延长物。

窝的表面总有一个规则的突起，无论在什么状态下都是如此。突起物的中间部分是最窄的，像房屋的瓦片一样重叠的那些东西是两行并排的小鳞片，在它空空的边缘上有两行微微伸展的缝隙，这是螳螂若虫孵化后的出口。

有一个刚被螳螂抛弃的窝，在它的中间部分是满满的小螳螂褪下来的外皮，只要一有微风吹动，它就会摇晃起来。在经过一阵风雨侵蚀之后，这些外皮就会消失不见。这个部分是螳螂事先安排好的，通过这个出口，小螳螂才能获得自由。除了这部分，在能哺育众多后代的摇篮里，别的地方都是无法通行的。摇篮两侧的地方占据了椭圆形窝的大多数领地，表面黏结得非常牢固。这些坚硬的部分使刚出生的螳螂根本不可能从这里通过。窝的两侧有数以万计的横条纹，这些条纹是窝内壁分层的标志，标志的后面分布着螳螂卵。

当我将窝横向切开时，立刻发现，螳螂的卵与长长的核极为相似、它看上去很坚硬。两侧覆盖着一层多孔的厚厚的外皮，似乎与凝固的泡沫有些类似。内核的上部，有着紧密排列的弯弯的薄皮，可以做极小幅度的活动，在它的最上部就是小螳螂的出口，淡黄色的角质外壳里面紧裹着的就是卵。它沿着圆圈分层排列，出口的所在汇聚着卵的头部。这种排列方式使我知道了螳螂的若虫是如何出来的。新生儿就是从那狭窄的通道——虽然极难通行，但是借助我在不久以后将要研究的工具，这些小家伙还是能顺利通过。就这样，它们来到了中央地带。在重叠的鳞片下面，它们将面对两个出口。有一半的卵会从左边的门出去，另外一半则从后边出去。每一层的结构都是如此。

没有亲眼见过窝的结构的人，很难彻底地搞清楚其中的道理。窝里所有的卵都以窝的中心线为聚会场所，层层聚集。这样就形成了海枣核一样的形状。它的外面是一层保护膜，就像凝固的泡沫。只有到了保护膜的中间区域，并列的两片薄片才可能代替如同泡沫一样的多空层。

我研究的对象，是观察螳螂这个家伙以怎样的方式一砖一瓦地搭建自己的家。虽然过程费尽心机，然而我毕竟做到了。这是因为这个家伙总是在夜里产卵，而且是那样随意。在多次无功而返之后，我终于抓到了难得的机会。九月五日，我终于目睹了一只在八月二十九日受精的雌螳螂，在凌晨四点，在我的面前产卵的情景。

金属网罩里头众多的螳螂窝——请一定要注意这点：它们的支点无一例外都是金属网纱。我曾经想给它们制造更为符合它们生活习惯的居所，比如几堆凹凸不平的石块，还有几束百里香，在野外，螳螂的窝多用这些作为支撑物。但是令我感到意外的是，这些家伙对此无动于衷，它们更偏爱铁丝网。这是因为它们可以把最为舒适的建筑材料嵌到铁丝网的网眼里，这对窝的牢固度非

常有帮助。

螳螂的窝没有任何可供遮挡的地方，这是在野外的情况。在这样的环境下，它的窝必须要经受冬季寒冷的气候，还必须抵挡住风雪雨霜的侵袭。为了避免遭殃，产妇们对凹凸不平的支撑物情有独钟，依靠这种支撑物，产妇可以把它的家粘连得更加牢固。当然，如果条件允许的话，螳螂会选择更好的居所。也许正因为这样，它才会看中金属网纱。

这只螳螂是我看到其产卵的唯一一只。它攀附在网罩顶的附近，倒悬着身体，就算我用放大镜近前观察也打扰不到这个家伙。它全身心地沉浸在产卵的过程中。即便我打开金属网罩，随意地转来倒去，也不能让它中断自己的工作。我的动作的确鲁莽了些，但我有什么办法呢？螳螂产卵的速度过于迅速，而我观察起来却充满了各种困难。由于螳螂的腹部末端始终放置于一团泡沫之中，使得我不可能将它产卵的过程毫无遗漏地摄入眼帘。那团泡沫颜色灰白，带点黏性，感觉上更像肥皂泡。螳螂窝绝大多数的多孔材料正是由这些带着气体的泡沫形成，使得窝的体积要远比螳螂的肚子大。

气体并非来自螳螂的身体，而是从空气中吸收而来。这样看来，螳螂的窝主要依靠空气建造，才能抵御各种恶劣的气候。螳螂以极快的速度将尾部摆动个不停，这是它产卵时的动作。它每摆动一下，就意味着它在窝里产下了一层卵。同时，在窝的外皮上就有了一条小横纹。这个过程很快，包裹着的泡沫也越来越多，这对我的观察没有任何好处，我只能通过它是否摆动臀部，来判断它是否产卵。

与产卵过程相伴的，是如同倾盆大雨般的黏液，在螳螂尾部两个小裂瓣的搅拌下，黏液变成泡沫，然后涂满窝的底部和每层卵的外层。在泡沫以及螳螂臀节的助压下，窝的底座就被挤到了金属网眼里。随着螳螂的卵巢逐渐排空，海绵状的外皮也渐渐地形成。我想，在窝的最内部，是比外层更为均匀的物质包裹了卵，这是因为在那里面，泡沫是螳螂用它直接排出来的物质形成的，而非用小勺搅拌而成。螳螂产下了卵，这才使得臀部的两个小裂瓣搅起泡沫，将卵包住。因为我无法观察到产卵的具体过程，所以上述的内容也不过

是我的猜想。

在窝的出口涂着一层有细密气孔的物质。这种物质就像白石灰一样洁白光滑，与灰白色的窝形成了鲜明对比。如同糕点师把蛋清、糖、淀粉掺和起来，用来制作装饰蛋糕的东西一样，这层物质也有这样的作用。当它脱落后，我们就能清晰地看到那个出口。现实的风雨迟早会将这层物质撕去，这也正是螳螂的窝为什么没有留下一丝雪白痕迹的原因。

不仔细看的话，人们很容易误会：这层物质与窝其他部分的材料是一样的。螳螂是否用了两种不同的材料来建筑它的家呢？这种可能性是不存在的。通过解剖我发现，它所用的物质是同一类型的。肠道分泌了这些物质，然后将其分为两段，每段20根左右，都装满了黏稠的无色液体。液体的外表都是相同的，无论从哪个角度看都是如此。分泌白石灰色液体的迹象在肠道内并不存在。另外，洁白物质的形成方式也会让人们打消所用材料不同的这一看法。只要稍微有点耐心，这种事实就可以被我们确认，我们也能得到满意的结果。

当我们的视线落到窝中间部分时，我承认，观察将变得很困难。在这个区域，螳螂在两行重叠的小鳞片下，给它的孩子安排了安全的出口。对这个问题，我所知不多，我只能说，螳螂的腹部末端由上至下如同刀口般长长地裂开，在刀口的上端，它纹丝不动，但是在其下部，则左右摆动，排出泡沫的同时将卵排出。我发现，刀口上端部分始终浸于中间区域

的突起处，在尾部末梢汇集起来的白且细的泡沫中间。那两根尾末，我很想将它形容为两根敏感的手指，正在指挥难度很高的建筑工程。

我还有一个疑问，两行鳞片以及鳞片下端遮盖住的出口裂缝，又是怎么形成的呢？我对此一无所知，即便是猜也猜测不出。这个问题还是留给别人来解决吧。这是多么令人感到奇妙的器物啊。它有条不紊、迅速地将内核中心的角质物排出，其间还包括排出用来保护泡沫、中间为长条的白色泡沫，还有卵和大量的液体。如果我们来做这一切，肯定会手足无措，但是螳螂显得从容不迫。它一动不动地攀附在金属网上，至于身后正在发生的一切，它根本不瞧一眼。它也不需要任何帮助，它自己就能完成一切事情。这是机械活，而不是出于本能的需要。螳螂更加高明的地方还在于，它的窝出色地应用了物理学有关保温的最好的物体，螳螂超过了我们，至少在对导热体的认识上。

物理学家拉姆福特以他出色的实验证明了空气的不传热性。这位科学家将一块冰冻奶酪放到经过搅拌的鸡蛋泡沫中，之后放入炉中加热，没多久，他拿到了一块泡起来的蛋卷，不过，蛋卷中间的奶酪一如刚才那般凉。螳螂又做了些什么呢？这位昆虫界出色的物理学家用搅拌后的黏液得到了一个发泡的蛋卷，它被用来作为核中心所有胚胎的保护层。与拉姆福特相反的是，螳螂的目的不是产生高温，而是要抵抗严寒。

螳螂是如何得到这一知识的呢？它怎么就轻易地做到了用泡沫包裹大块的卵，固定在树枝上，或是石头上，经历风雨却毫发无损？

我唯一了解的螳螂种类，也就是我家旁边的那些螳螂，那些凝固的泡沫有时被它们用来当作隔热外套，有的则放弃不用，主要依据所产的卵是否要过冬而决定。与修女螳螂有很大差别的是雌灰螳螂，这种螳螂没有翅膀，它的窝就像樱桃核那么大，外皮上覆盖着一层厚泡沫皮。它是出于什么目的需要这层起了泡沫的外套呢？原因是，与修女螳螂一样，雌灰螳螂的窝也需要过冬。身材如修女螳螂一般硕大的椎头螳螂，建造的窝却和灰螳螂一样小。

椎头螳螂的窝由三四行连在一起的小空间组成，看上去很简朴，虽然也是固定于树枝或石头上，但没有起泡的外套，也没有不导热的外套，由此我知道，椎头螳螂所适应的气候条件与其他螳螂不同。它的卵产于天气很好的时段，而且产后不久就孵化了，因此它的窝不会受到严寒的侵袭。

螳螂采取的保护措施如此得当、合理，这只是出于偶然吗？如果这个说法成立，那么在这个荒谬可笑的结论前坚定你的看法吧，由此承认偶然性的选择竟然也有这样让人惊奇的洞察世事的能力。

建造一个温馨的家，对修女螳螂来说，是一件很轻松的事情，只要不间断地工作两个小时，就可以完成整个工程。产下卵后，雌螳螂便会抱着与己无关的态度离开，我一开始还满心期待它能回过头来看看自己的孩子，表现出一丝母爱，但是它没有任何表情，即使是作为母亲的喜悦感也不存在。它甚至不会去注意那个爬上它窝的蝗虫，不过，这只蝗虫很温和，如果蝗虫做出要破坏幼虫窝的举动，不知道螳螂会不会对它采取特别的行动。从那无动于衷的表情来看，我相信它不会。产完卵后，它就不会再关心窝的命运了。

在交配后，雄螳螂都被雌螳螂吃掉，这一点，我已经说过。这是悲惨的结局。在短短两星期之内，我就看到一只雌螳螂连续七次登上新婚的殿堂，每一次交配完成后，它都会将它的配偶毫不留情地吃掉。通过这个习性，我认为这只雌螳螂会多次产卵，事实证明了我的猜想。从所建造的窝的数量上，我知道了螳螂能产下多少卵。就我了解的是，一个形体正常的窝，约能容纳 400 枚卵，建造了三个窝的雌螳螂，最后一个窝要小一半，这样推算也能留下 1000 个胚胎。如果是两个窝，卵的数量就是 800 枚，即使是产卵量最小的螳螂，也有

三四百个卵，显然，这是一个庞大的族群，如果没有有效的精减方案，很快就会"虫满为患"。

比起修女螳螂，小个子的灰螳螂就小气了许多。在网罩里，这个小家伙只造了一个窝，只产下了六十来个卵，与修女螳螂相比，灰螳螂的窝也有很大的不同。首先，灰螳螂的窝体积小，长只有2毫米，宽不过5毫米；另外，灰螳螂建造的窝中间隆起，而两侧弯曲，中线突出成为一道脊梁，微微有些不平。这些是它的窝与修女螳螂的窝最大的区别。

灰螳螂的窝没有重叠的薄片形成的出口区域，也没有出口区域的雪白物质。它层层排列的卵，嵌在没有洞孔的角质物质上。与修女螳螂一样，灰螳螂也是在夜晚建造自己的家，不过对像我一样的观察者来说，这无疑是个不便的条件。体积硕大、结构奇特的修女螳螂，不可能不让普罗旺斯的农民对其产生兴趣。事实上，修女螳螂被人们称为"梯格诺"，在乡村特别有名，声誉很高。不过，对于螳螂窝是如何建造的，人们并不知情。螳螂在夜晚产卵可能是他们对此一无所知的原因。不过，这并没有什么关系，至少它的存在引起了人们的注意，从这点考虑，它应该对我的邻居有某种功效吧。我们总有个天真的想法，能在奇异的事物中寻找能使我们减轻痛苦的东西，在任何时候，我们都会这么想。

普罗旺斯的乡村药典一致吹嘘"梯格诺"就是对冻疮最起作用的良药。它的使用方法很简单，将螳螂劈成两半，挤压，然后用流出汁液的地方摩擦冻疮。据当地人说，这种药的药效非常灵验，只要有谁患了冻疮，就一定要涂抹"梯格诺"，事实上果真如此吗？

螳螂对治疗冻疮毫无作用，我在我自己和家人身上做过试验，结果令人失望。可以想见，这种所谓的药对别人也不会有作用。虽然结果很明显，但是这种药依然名声在外，这可能是因为药与病的名称相同的缘故。冻疮，在普罗旺斯语中，也被称为"梯格诺"。在我生活的村庄，或许就在某个角落，"梯格诺"就是指螳螂的窝，它还有一种功效，就是能治疗牙痛，只要将它们随身携带，就能消除牙痛的折磨。

在夜光皎洁的晚上，天真的农妇就会想办法将螳螂窝收集起来，然后虔诚地放置于衣柜的角落，或是缝到衣兜里面，生怕一不小心就把它给弄丢了。如果有邻居牙齿有了毛病，那些农妇就会借给他，同时也会叮嘱他，"不管怎样，都不要弄丢了"。不要对这种奇怪的良方进行嘲笑，一些列在报纸第四版上的药物不见得比它更有疗效；再者，乡村里的朴素想法，根本比不上某些古老的书籍。比如一个16世纪的英国博物学家托马斯·穆菲，就为我们讲了一个有关在野外迷路的孩子向螳螂问路的故事。

昆虫伸出爪子，向孩子指明道路，它从来没有指错过方向。轻信的博物学家说："这个家伙的判断力是如此的奇妙，小朋友向它问路的时候，它总是能给予正确的指引，从没有欺骗过

人。"这个英国人是从哪里听到这个故事的？不可能在他的国家，那里不适合螳螂的生存；也不是普罗旺斯，这里找不出这类幼稚故事的迹象。博物学家无疑是在臆想，而我更倾向于认为，这是对"梯格诺"神奇功效的最大赞誉。

第四章

圆网蛛的电报线

在炎热的夏日阳光下，田野里一片欢声笑语。蝗虫比任何时候都跳得高兴，蜻蜓比任何时候都飞得轻捷。但是，在我观察的六种圆网蛛中，只有彩带蛛和丝蛛能够忍受夏日的灼热，始终停留在网上。其他的蜘蛛在白天完全不见踪影，它们跑到离网不远的灌木丛中躲起来，并用几片叶子构成了一个简单的隐蔽所。它们白天通常一动不动，直到夜幕降临才会露面。

蜘蛛织好捕虫网以后，便静静等待猎物自投罗网。但是对于不小心黏上蛛网的冒失鬼，身在远处的蜘蛛会知道意外的收获吗？它会立即赶过来享受美餐吗？其实，我们根本不必为它担心。

我曾经在彩带蛛的黏胶网上，放上了一只刚刚因硫化碳而中毒窒息的蝗虫。我故意把死蝗虫摆在守在网中心的蜘蛛附近，可是它居然丝毫不理会我的好意。过了许久，它依旧无动于衷。我有点不耐烦了，用一根长长的麦秸稍稍地拨动了一下死蝗虫。这一下，彩带蛛立刻从中心区跑过来，别的蜘蛛也从树叶中下来，

全部奔向蝗虫，像对待活猎物似的，齐心协力用丝把它捆起来。可见，只有网发生震动，才会使蜘蛛发起进攻。

但是，我想，会不会是因为蝗虫的外衣灰灰的，蜘蛛看不清楚才不采取行动的呢？于是，我用红色又做了一次实验，因为红色对我们视网膜以及可能对蜘蛛的视网膜而言是最鲜艳的。由于蜘蛛吃的野味中没有穿鲜艳的红衣服的，我便用红毛线做了一个小包裹，一个像蝗虫大小的诱饵粘在网上。可是蜘蛛依旧一动不动，只有当我用麦秸拨动这个小包裹时，它才会急急忙忙地跑过来。

有一些狡猾的蜘蛛，匆匆地奔向红毛线诱饵，用触肢和步足探了探，立即发现这小东西没有价值，不值得浪费它们的丝

去做无用的捆扎，扭头就走了。还有一些蜘蛛，头脑很简单，像对待一般猎物一样，用丝把这个没有发出其他信息的包裹捆起来。它们甚至咬了咬这个诱饵，为的是在享受美餐之前先让猎物中毒。直到这个时候，它才发现上当了，失望地走开了。直到我把欺诈的道具扔掉很久以后，它们才会回来。

不管狡猾的还是幼稚的，毕竟所有的蜘蛛都仿佛听见了集结的命令似的，从设在枝丫的埋伏地跑出来。它们是极端近视的，因为这个无生命的东西就躺在它们的眼皮底下，蜘蛛还是会用脚抓住，再咬一咬才会觉察到自己的错误。在很多情况下，它是在漆黑的夜间捕食，就算有再好的视力也没有用。既然它们不是靠视力得到消息的，那么，需要从远处侦察猎物时，该如何是好！

我试图找出这种远距离传递信息的仪器。我随便找了一只白天躲在隐蔽处的圆网蛛，在它编织的网后面注意观察，一根丝从网的中心拉出来，以斜线往上拉到网的平面之外，直到蜘蛛白天所待的埋伏地。除了中心点，这根丝同网的其他部分没有任何关系，跟框架的线也没有任何交叉。这条线毫无阻碍地从网中心直通到埋伏地，平均长度为一肘。角形蛛高踞在网上，它的线长度有两三米。这根斜丝是一座丝桥，确保在紧急情况发生时，蜘蛛能够急忙来到网上，巡查结束后又能够返回驻地，这就是它来回行走的路。

如果这只是一条连接隐蔽所和网之间的快速通道，那么把丝桥搭在网的上部边缘就行了，这样减少路程，斜坡也不那么陡。可是，为什么这根线总是以黏性网的中心为起点，而从来不会在别处呢？

来看看我的实验是怎么阐述这个原因的吧。我放了一只蝗虫在网上，被粘住的昆虫难受地挣扎；蜘蛛立即兴致勃勃地跑出住所，爬过丝桥，奔向猎物，用线把它捆绑起来施行手术。稍后它用一根丝把蝗虫固定在纺丝器上，一路拖回了自己的隐蔽处，慢慢地享用。这过程像往常一样，没有任何新情况发生。

过了几天，我轻轻地用剪刀把信号线剪断了，然后把另一只蝗虫放到网上。猎物拼命地挣扎，晃动了网，可蜘蛛却一动不动，一副事不关己的样子。有些人可能以为，丝桥断了，蜘蛛跑不过来，所以只能待在原地干着急。实际上，网有许多丝系在枝丫上，蜘蛛有百十条路可以通向它该到的场所。可是，圆网蛛哪条路都不走，安静地待在家里。

让我来解释一下吧。网的中心点是辐射丝的汇聚处，是一切震动的中心点。网上任何部分发生的震动都会被传送到这里。因此，从中心点拉出一条线，就可以把猎物在网上挣扎的地点信息输送到远处。蜘蛛拥有的不只是一座丝桥，更是个信号器，是根电报线。

当蜘蛛的电报线被我剪断以后，它根本就没有得到远处猎物颤动的信息。整整一个小时过去了，它聚精会神地守候在家中，而我一直在旁边观察。圆网蛛终于警觉起来，它感觉到脚下的信号线不再绷得紧紧的，便动身过来了解情况。它随便搭着框架上的一根丝，轻松地进入网中。然后它发现了蝗虫，立即把它捆起来，还重新架设了信号线来取代我刚才剪断的那一根。通过这条路，蜘蛛拖着猎物返回了家。

　　我的邻居粗壮的角形蛛，有一条三米长的电报线，更好地给我保留了要观察的情况。早上我发现它的网上什么都没有，也毫无损坏的痕迹，说明昨夜捕猎的情况不好，蜘蛛一定饥肠辘辘了。用一只猎物作为诱饵，能不能让它从高高的隐蔽所下来呢？

　　我把一只蜻蜓粘在网上，这对蜘蛛来说，是非常优质的猎物。绝望的蜻蜓挣扎着，使网晃动个不停。躲在高处的蜘蛛立即跑出柏树叶中的隐蔽所，顺着它的电报线飞快来到蜻蜓那里，捆绑完毕以后立即带着俘虏原路返回，那可怜的俘虏在它的脚后跟上晃动。它回到绿色的休息地安安静静地美餐了一顿。

　　几天之后，我同样事先把电报线剪断，然后放上了一只粗壮

的蜻蜓，不论它怎么激烈挣扎，蜘蛛都没露面；我耐心地等了一天，还是没见蜘蛛下来。它并不是无视猎物，而是根本不知道有猎物在那里。因为它的电报线断了，它无法获知树下三米处发生的事。夜深人静的时候，它离开家，来到已成废墟的网上，准备修葺丝网的时候终于发现了蜻蜓，于是迫不及待地就地把蜻蜓吃掉了。

漏斗圆网蛛也有这种信息线的基本机制，却大大加以简化。它生长在春季，特别擅长在迷迭香花朵上捕捉蜜蜂。

它用丝做了一个海螺壳式的窝，大小和形状就像一个橡栗的壳斗，坐落在一根长着叶子的枝丫梢上。它惬意地把大肚子放在圆圆的窝里，前步足支在边缘上，时刻准备跳出去。

它的网也遵循圆网蛛的惯例，垂直，很宽，总是离蜘蛛待着的小窝棚非常近。蛛网由一个角形的延伸物与住所相连；在这个角中总有一根辐射丝，来自于网的中心，网上任何地方的颤动都汇聚在那里，及时地给蜘蛛提供信息。漏斗蛛就坐在它的漏斗里，步足始终不离开这根辐射丝。因为这根辐射丝是黏虫网的一部分，同时又能通过颤动把信息传递给蜘蛛，因此漏斗蛛就不需要多设一根专门的线。

其他的蜘蛛则相反，它们白天住在远离丝网的隐蔽所，绝不能少了一根专门的线与蛛网保持联系。不过，这种装置的出现只有去年老的蜘蛛那里才能找到，它们需要在绿荫下深思和假寐，所以才安了一根电报线来了解网上发生的事情。而年幼的圆网蛛非常警觉，也不会打电报的技术。更何况它们的网存在的时间很短暂，到了第二天几乎就变得破烂不堪，什么都逮不到了，所以根本就没有装报警器的必要。而漏斗蛛在这方面可以省不少力气，它一直把脚踩在电报线上，避免了持续警戒的辛苦，让它能够安闲自在地休息，甚至背对着网也能够时刻了解发生的事。

夜间，一只肚子非常肥大的角形蛛，在两根月桂树中间织了一个将近一米宽的网，然后早早地在黎明前就躲进了它白天的庄园。顺着那根电报线，我轻易地找到了它的庄园，那是一个用几股丝连起来的枯叶做成的隐蔽所。蜘蛛把整个身体都藏在这个很深的茅屋中，除了它的肥屁股露出来，把隐蔽所的大门挡得严严实实的。这样一来，就算它有良好的视力，也肯定无法看见猎物。

这是否意味着，在这样日照强烈的白天，它不捕猎了呢？让我们仔细看看。它的一只后步足伸到树叶盖的屋子外面来，脚尖搭着那根电报线。因为这个脚上牵着电报线的姿势，我们见识了它最奇妙的技巧。我在网上放了一只蝗虫，步足接收到震动的信息，打瞌睡的家伙立即愉悦地醒来，急匆匆地跑来。看来它对猎物十分满意，殊不知我对刚才了解的情况更加满意。

第二天，我准备了两只猎物——蜻蜓和蝗虫，向这位柏树的邻居了解更多的情况。我切断了有两只手臂那么长的电报线，蜘蛛依旧从窝里伸出后步足搭在它上面。然后我把扑腾的蜻蜓和蝗虫放在网上。蝗虫的带刺长腿猛踢蹬，蜻蜓的翅膀直打战，

激烈的震动甚至影响了连着丝网框架的丝线的几片树叶，在网的旁边摇晃起来。可是，震动就算发生在离蜘蛛非常近的地方，也丝毫没有引起蜘蛛的注意，甚至它连头都没探出来一下。一旦它的电报线失效，它就什么事都不知道了。它就保持这个姿势度过了一个白天。夜晚它出来重新织网，才喜出望外地发现了它白天都不知道的收获。

也许有人会觉得电报线就像门铃绳一样，拉一拉就会把晃动传送过去。但是，蜘网多次被风吹得直摇晃，网架的许多部分被空气涡流震得拉过来、扯过去，电报线一定也把这种晃动传送给蜘蛛了。为什么蜘蛛从来没有因此从窝里出来过呢？对于蛛网的震动，它居然丝毫不关心。可见，它的仪器比门铃绳更好；它是一部电话机，能够把声音的颤动传输过来，丝毫不比我们的电话机差。蜘蛛用一只足抓住它的电报线，用足聆听；它能感觉最隐秘的颤动，也能轻易辨别出哪种颤动是来自于俘虏的，哪种颤动是来自风的捉弄。

第五章

蜘蛛的迁徙

　　成熟后的种子，离开孕育它的果实，散落在泥土的表面，开始了它生机盎然的小生命。

　　蝴蝶花的蒴果裂成三瓣，中间凹陷成一个吊篮。由于蒸发作用，果瓣的边缘会卷曲起来，原本在吊篮里面安睡的种子就会被挤出来，面对新的世界。

　　有一种葫芦科的植物，与椰枣差不多大，果实味道非常苦。它的学名叫"弹性喷瓜"，俗称"驴瓜"。这种植物成熟时，果肉融化成液体，给种子提供了一个温暖的游泳池。当这个游泳池的墙壁收缩，种子被挤到肉柄的底部，这时一个塞子似的东西堵住了出口，种子们只能慢慢倒流回去，而塞子脱落后，种子和果肉便气势磅礴地一齐从出口喷射出来。所以，当你摇动喷瓜植物时，记得要小心机关枪般的扫射，别被这莫名的袭击弄得狼狈不堪。

　　花园里熟透的凤仙花只要被人碰一下，花果就会卷曲成五个

49

瓣，把里面的种子喷射出去好远。人们给它取名为"急性子"，生动地描绘了它不能忍受碰触的样子。另一种与凤仙花同属一科的植物，由于这种喷射现象而得到了一个更可爱的名字"别碰我凤仙花"。

那些很轻的种子，特别是菊科类的种子，有浮空器、冠毛、翼以及羽状冠毛，风一吹便飞离了依赖的花托，生命之旅由此开始。除了羽状花冠以外，最适合靠风传播的器官就是翼了。黄色紫罗兰的种子借助膜状的鳞片，随风飞进岩石缝和老墙的墙缝里，在那里生长发芽。榆树的翅果有一个又大又轻的翼，中间嵌着种子；槭树的两个翅果连在一起，呈现鸟儿展翅的姿态；白蜡树的翅果如同桨叶，在暴风雨的席卷下才能进行遥远的迁徙。

植物传播种子、远途旅行的方式是如此多样。那么，昆虫是不是也像植物一样有旅行的工具呢？答案是肯定的。实际上，植物的种子和动物的卵都是一回事。

圆网蛛是一种了不起的蜘蛛，捕食的时候会在两棵垂直的灌木前拉开大网。我们这里最有名的就是一种身上横纹有黄、黑、白三色相间的彩色圆网蛛。它梨状的卵袋是一个丝绸缝制的小袋子，两极间随意地分布着棕色的经线，不禁让人感叹这小东西的精美绝伦。打开卵袋，你会更加惊讶，里面吊着一个顶针状的小丝袋，装着 500 枚左右的橘黄色的卵。这些漂亮的小宝贝正幸福地享受着母亲无微不至的呵护：小丝袋的外面有一团棕红色烟雾似的丝团，轻轻地笼着，就像一床暖暖的羽绒被。

　　这颗卵袋被太阳晒熟开裂以后，里面的几百枚卵会分散到不同的区域，各自找到一块领地，从来不需要担心邻里间的竞争。但是，这些脆弱的小生命，它们是运用了什么交通工具，才能找到遥远的归属地呢？我在一种比较早熟的圆网蛛中找到了答案。

　　五月，荒石园里一棵丝兰引起了我的注意。这棵植物去年已经开花，现在只剩干枯的花茎竖立在那里，大约有一米高。剑形的绿叶上爬满了刚孵化出来的两窝小圆网蛛。这些小家伙的尾部有一个三角形的黑色斑点，今后它们将以背上三个白色十字图案清晰地告诉世界，它们不是彩带圆网蛛的孩子，而是冠冕圆网蛛的后代。阳光移动到荒石园的时候，这些小家伙自发形成了热闹纷乱的集市。两群小圆网蛛中有一群非常激动，一只一只地爬上

花茎，走一段又兴致勃勃地折回来，它们就这样丝毫没有倦意地反反复复。

这时，微风吹来，这群小家伙行动的队形被打乱了，它们一只一只地从花茎上出发，就在我睁大了眼睛想看清楚它们的小动作时，这些小东西仿佛长了翅膀一样，一下子就消失在我的视线里。我当时多么希望这是在宁静的实验室里而非喧闹的露天，那样的话我也许能够更加清楚地看到刚才到底发生了什么。

我把剩下的小蜘蛛装进一个小盒子，盖起来带回了实验室，放在离敞开的窗户两步远、正对窗户的一张小桌上。想起刚才小蜘蛛爬高的喜好，我找了一捆半米长的细树枝给它们作为爬高的场所。一转眼，小家伙们全部爬到了高处，漫无目的地四处拉线，形成了以树枝梢为定点、桌子边缘为底边的一张网。在阳光的照耀下，这些小生灵变成晶莹闪光的小点，悬挂在乳白色的细网上，就好像望远镜里那些遥远的星座。只不过这片星云不是静止的，而在不停地变化着。

许多小蜘蛛从网上摔下来，就在我担心它们的安全时，它们突然在空中停住，又安然地顺着那根丝重新爬上去。如此反复好多次，把丝捆扎成束。其他的伙伴还在网上不停地忙碌，好像在编织一个网袋。原来丝不会自己从纺丝器中流出来，而是需要用力拉出来的。所以蜘蛛必须利用自己的重力往下掉，或者行走，才能得到一点细长的丝。

这时，我看见几只圆网蛛在桌子和敞开的窗户间跑。我明明知道它们不可能在空中划桨，经过上下左右观察，只看见小家伙们的身后有一条细丝，有时候会显现出一闪即逝的光线。但是，在小蜘蛛们运动的前方，什么支撑物都没有看见。但事实证明，这座看不见的天桥的的确确是存在的。我用棍子在那只向窗口跑得蜘蛛前面劈下去，这一举动就好像施了一个魔法，小家伙立即停止前进，直直地跌落下来。

原来，进行高空行走的蜘蛛，会同时拉出一根线来保卫自己的安全。因此它的身后有两根线，比较容易被看到；而在它前面只有单根细线，所以几乎看不出来。不论多小的微风都给予小蜘蛛帮助，将这一根看不见的丝线带走、拉长，就像房顶上袅袅的炊烟。我想起南美洲的印第安人借助藤蔓荡过山脉中的深涧，而小蜘蛛却是靠着看不见的不可丈量的天桥跨越空间。

在我的实验室里，敞开的门和窗给了小蜘蛛们这个条件，而这阵风如此微弱以至于我看见烟斗冒出的烟往一个方向飘才恍然大悟。外面的冷空气从门口进来，房间里的热空气从窗户流出，小蜘蛛们利用空气的流动，悄无声息地出发了。

我关上门窗，用棍子将全部的天桥切断。迁徙者没有了空气的流动，就没有了出发的原动力。

没过多久，蜘蛛们沿着一个意料不到的方向再次出发了。火热的太阳照到了地板上，使这里温度较高，向上涌起了一股轻轻的气流。蜘蛛们真的爬向了房间的天花板，只是绝大部分已经在之前飞向了窗户，剩下的数量不足以进行实验，我必须重新开始。

第二天，我又在那株丝兰上捉来了第二窝小圆网蛛，数量与第一窝差不多。在这群小家伙忙忙碌碌地做着出发前的准备工作时，我关上了房间所有的门和窗，使空间处于静止状态。

然后，我开始了准备工作：在桌子脚边点了一盏煤油灯，不是很热。我在灯上方、桌面齐平处撒了一把蒲公英毛，大部分都缓缓飞到了天花板上，因此我相信，产生的上升气流柱应该也足以把丝线拉送到高处。

一切准备就绪。我们在场的三个人依旧什么都没看见，但是一只圆网蛛正在慢慢地上升，八条腿悬在空气中划动，就像有魔法在召唤着它向上。其他的圆网蛛也开始出发了。如果你不知道其中的奥秘，一定会被眼前几百只蜘蛛上升的现象惊得目瞪口呆。

我不禁佩服起这些小家伙了。只有一个微小的卵球，小家伙们在没吃任何东西的情况下爬上了高四米的天花板，也就是说拉出了一根至少长四米的丝。工厂加工铂线时必须把材料烧红，而小蜘蛛拉丝只需要阳光加热，这是多么精细的产品加工方法啊！

几分钟之内，大部分蜘蛛都爬到了天花板，还有一部分竭尽全力却停滞不前，甚至倒退下滑。那是一个很简单的物理题。丝线没有到达天花板，是飘动的，只要长度适当，尽管晃动依然可以支撑小蜘蛛的体重；但是小蜘蛛越向上爬，飘浮的线就越短，有时会出现重力等于向上的浮力达到平衡，到最后超过浮力的现象。这使得丝线更加缩短，所以虽然蜘蛛在向上爬，但看起来在倒退。

我不能让失败的登高者死去，不尽快找到停泊处吃点东西，它们无法再造出丝来。我打开窗户，煤油灯的热气带着蒲公英的毛缓缓飘向了窗外的世界。那么，小蜘蛛的迁徙应该也不成问题。

我看准了几根小蜘蛛身后的丝线，小心地用剪刀剪断，线是双股的，较粗，不会看错。这次又如同施展魔法一般，原本吊在细丝上的小家伙好像长了翅膀，优雅地随风穿过了窗户，消失不见了。微风啊，你要把这些柔弱的小生命带去什么地方

呢？也许几步之内，也许百步之外。请给这些可爱的小家伙找一个适合的落脚点，因为它们完全听命于你，不能自己选择停止旅行的时间。

我相信，只要在广阔田野间，小家伙们天生的疏散本领绝对不需要人工的辅助。它们爬到细枝梢上，给自己身下留有足够的空间，随后从小小的制绳场里拉出一根细线。太阳炙烤的大地涌起了一股上升的气流，将细线轻轻地托起，使它在上升飘摇波动中不断地被拉长。纺丝主则悠闲地在上面散步，等待丝线终于被扯断的那一刻，旅行就开始了。

刚才这种带白色十字的圆网蛛，给我们提供了第一手的迁徙资料，但它用来蓄卵的容器只是一个很简单的丝球，与彩带蛛织的气球相比，实在是太寒酸了！为了得到最有价值的资料，我继续进行实验。

秋天，我用饲养雌彩带蛛的方法，储备了一些小蜘蛛。在这里我进行了充满期待的准备工作。我把大部分在我眼前织出来的气球分成两组，一半留在实验室里有小捆荆棘作为支撑物的金属网罩下，另一半放在室外的迷迭香树篱上。

可惜这样的处理并没有让我看见预想中与居住环境相应的壮观的迁徙场面，不过我还是记录了很多有价值的结果。

孵化是在近三月时进行的。我用剪刀把彩带蛛的圆形巢剪开，发现一些小蜘蛛已经完成了孵化，从小房间里爬出来，慵懒地躺在外边的绒被上，而其他的橘黄色的卵还簇拥在一起，静静地享

受醋睡。小蜘蛛不是同时孵化的，断断续续地要持续两周。小彩带蛛有白色的肚子，前半段像覆盖了一层粉，后半段则是黑棕色，除了眼睛在前面形成黑框外，身体的其他部位都是浅棕色。这些懒洋洋的小家伙，在羽绒被上一动不动。受到干扰时，它们没睡醒似的动动脚，或者再漫无目的地打几个转儿，仿佛还很眷恋这个地方，过段时间再出去吧。

它们的确还不够成熟。在接下来的四个月里，气球会慢慢变大。那是因为所有的小蜘蛛都从小房间里爬出来，在羽绒被上成长壮大。这个精美的丝团不仅是接待站，更是健身房。小家伙们在那里使自己的肌肉变得结实有力，做好准备在炎热的天气到来的时候面对广阔的新世界的准备。

小蜘蛛大约有 600 只，这么多全部来自一个豌豆大的卵袋。蜘蛛是用了什么神奇的办法，让如此大的一个家族挤在里面并且不会因挤压而扭伤腿脚呢？

卵袋是一个底部呈弧形的短圆柱体，是用一块结实得像无法穿透的屏障似的白色绸缎缝制的。卵袋上面有一扇圆形的门，门里嵌着一个同样结实的盖子。柔弱的小家伙当然不可能穿过小盖子钻出来，那么，它们是怎样使自己解脱出来的呢？

假设这个盖子是活动的，不是封死的；假设这一窝圆网蛛是同一时间孵化出来的；那么可以想象，在所有小蜘蛛背部合力的推动下，那扇门会被轻而易举地推倒，就像沸腾的水把壶盖顶开一样，小蜘蛛们随即如潮水般一泻而出。然而，盖子和袋子是紧密连在一起的，孵化是断断续续的，并不是因为小蜘蛛的微弱力量聚集在一起而打开的。事实上，盖子应该是像植物的囊袋那样自动开裂的。在孵化期间，这个盖子会自动启封、翘起，让新生儿通过。

每一种植物都有一把神奇的锁，掌控着种子盒的开启关闭。而这把生命系统的钥匙，就是阳光的爱抚。龙头花的干果熟透时会打开三扇小窗；海绿果会分成两个像香皂盒形的球冠；石竹的果瓣会部分裂开，顶端打开一个星形的洞口。而彩带蛛的"卵盒"也像干果一样，只要未完成孵化，盖子就锁得紧紧的；一旦感应到里面有小蜘蛛的动静，它就自动打开。

炎热的六七月来到了，小圆网蛛们也迫不及待地要享受它们最喜欢的季节了。

要从牢固的球壁上开辟一条通道是很困难的，盒盖必须自动开启。但是盒盖的开启并不遵循一般的设想，因为盖子是这个卵袋的最后一道工序，所以我们总幻想盖子的边缘不会被完全焊牢，可以裂开。但不论我在什么季节，除非把整个建筑物毁坏，我的镊子都不能够把它撬开。最后，它的开启很不完美地展现在我的眼前：裂痕毫无规律，绸布像石榴皮似的在强日光下突然裂开。看着撕破的布都往外翻，我猜想爆裂应该是由于内部空气受阳光加热膨胀所造成的。喷出来的棕红色绒棉，再也不能充当小蜘蛛的温床，小家伙们显得惊恐不安。

这里让我们来看看室内和室外的区别。室外迷迭香树篱上的气球在骄阳下轰轰烈烈地炸开了，喷出了棕红色的丝团和小蜘蛛。在田野里，七八月的烈日照射到毫无遮拦的荆棘丛中，小蜘蛛的住所炸开的情景仿佛在为它们饯行。而在温和的实验室里，大多气球都没有裂开，除非我插手。但是我观察到有几个气球上出现了一个圆洞，像是由钻头钻过的，显然这是里面耐不住寂寞的小蜘蛛轮流用大颚在某一点上钻洞的结果。

来到新世界的小彩带蛛们，在迁徙之前，要给自己换一身新衣服。一小部分的蜘蛛随着丝团被喷出来以后，绝大多数还在裂开的丝团袋子里面。小蜘蛛们一点都不着急出去，因此整装待发也不是同时进行的，好几天以后，小家伙们才一批一批疏散出去。

小蜘蛛们一边经受着阳光的洗礼，一边有条不紊地进行迁徙工作。它们跟冠冕圆网蛛一样都是纺丝的好手，拉出一条细线，随风飘荡着飞走了。同一天早晨只有小部分蜘蛛离开，场面冷冷清清，一点都不热闹。没有看到它们成群结队地飞走，我有点失望。

不过，这一次小蜘蛛在蜕皮前是倾巢出动的，也许是因为轻微擦伤的表皮大可不必换掉。圆锥形的袋子远没有气球形的袋子宽大，小蜘蛛们想从挤成一团抽出身来，很可能会扭伤，因此统一行动，到附近的小树枝上安顿下来再作打算。

同样因没有看见热热闹闹的迁徙场面而失望的，是对于丝蛛的迁徙。它也有一个非常精美的卵袋，一个仅次于彩带蛛的杰作：一个星形的圆盘封在钝圆锥形的卵袋顶上，制作袋子的布料比彩带蛛的更加厚实，因此更有必要自动破裂。开裂的原理似乎同样是空气受热膨胀，也需要七月的炎炎烈日。

小蜘蛛们共同编织，发挥集体的力量，很快就搭好了一顶透光的帐篷。它们在这个临时营地住上一周，完成蜕皮的过程，把旧皮堆积在营地的地面上。换上新衣的小蜘蛛们爬上高高的秋千，在那里养精蓄锐。等它们足够成熟的时候，

就陆陆续续开始出发了。可是，它们不像用丝线飞行的蜘蛛那样大胆，相比而言，它们的旅途是一段一段的，显得亦步亦趋。吊在丝端的蜘蛛，在离地一拃高的地方垂直下落，一阵风把它吹成了一个摇晃的钟摆，好不容易落在附近的一棵小树枝上，算是到达了旅行的第一站。随后，蜘蛛又继续下落，将丝线拉到最长，等着微风把它送到充满希望的下一站。它挑剔地寻觅完美的居所，直到降临到一个满意的地方才会停止一小段一小段地前进。

　　当然，如果风力大，远征也变得比较方便快捷。摆线一断，小蜘蛛就会被飞出的丝带到一定距离以外。总之，蜘蛛迁徙的方式在实质上都是一样的。彩带圆网蛛和丝蛛虽然是我们地区编织卵袋技艺最精湛的纺织姑娘，但迁徙时的表现都让我大失所望。我怀念冠冕蛛旅行时的气势，于是我将转向那些被我忽略的普通蜘蛛，重新看见了同样甚至更加惊心动魄的场面。

第六章

CHAPTER 6

昆虫的植物性本能

很多种类的昆虫都知道自己应该在哪里产卵，无论这种昆虫强大也好，还是弱小也黑，也无论它是华丽也好，还是质朴也罢。在产卵之前，昆虫母亲的职能是对未来的关注。它们建立自己的家庭，而且为即将出生的小家伙们准备吃的东西和住的地方。

我们能够在膜翅目昆虫和食粪虫那里看到这样的举动。这是昆虫本能能够激发出的最有成效的行

为。然而一旦昆虫母亲转变为一名产卵者，而且变为简单的生殖胚孢的实验室，它们所拥有的技能就消失得无影无踪了。

七月里的天牛母亲毫无目的地对橡树干进行着探测，它的背上骑着自己的雄性配偶。天牛母亲的输卵管不停地寻找着产卵的合适地点，它可以自由地插入裂开的树皮鳞片下。卵在被安放好的一刻，它也基本上受到了周详的保护。之后，天牛母亲就没有什么事情可干了。

八月，以花朵为栖居地的金匠花金龟把自己的壳在腐殖土中弄碎，然后它便到花朵上吃东西、睡觉，这是恢复体力的必经程序。在一堆腐烂了的树叶堆积地，金匠花金龟母亲找到一个最有利于产卵的温暖之地，它在这里产下了自己的卵。我们没有必要再追踪它接下来的行为，因为仅此而已。

同样的，拥有漂亮羽毛装饰的松树鳃角金龟也是如此。它用自己的腹尖在沙质土地中进行挖掘，用力地往下面钻，直到自己的头部能够完全被掩盖，之后它就在这个洞穴中产下自己的卵。假如有人不小心在这个洞穴上扫了一把，那么它的全部功夫就白费了。

昆虫母亲除了知道自己应该如何产卵之外，对自己的幼虫毫不关心。幼虫通常都是依靠自身的力量和本能来适应困难的环境。天牛幼虫的卵壳还拖在身子的后面，它第一口咬下来的是不能吃的木质东西，然后再把这些枯萎了的树皮弄成粉末状，之后便在这里挖洞，因为这个洞穴能够让它到树干比较深的地方去。那里

有着它能够吃上三年的食物。

金匠花金龟幼虫刚出生就有能够吃的东西，它根本不需要额外去寻找食物，因为它们出生在糜烂的牧草上面。沙子下面柔软的、腐烂的植物根部是松树鳃角金龟幼虫寻找的对象，因为那就是它们的食物来源。

与埋葬虫、螳螂、泥蜂以及其他一些昆虫拥有的温情不同，许多野蛮的昆虫族类，它们的幼虫一旦被生出来就处于流浪的状态。没有家庭的呵护，更没有任何受教育的权利。金匠花金龟就具有这种粗野的习性。

与那些温情脉脉的昆虫不同，对这些粗野的昆虫族类的探究让昆虫学家们大失所望。因为它们身上值得载入历史的东西实在是太少了，没有非常值得探索的习性。

菊花象母亲除了会在蓟草的花冠里产卵之外，它还会做点别的什么事情吗？不会。昆虫的幼虫往往能够将母亲的不足弥补出来，因为它们一出生就具有本能所赋予的灵巧技能。菊花象幼虫会凭借自己的技能修建房屋，还会剪下毛来制作床垫子，而且还做出了一个类似羊皮袋的防御性武器，就好像城堡的主塔一样。

那些没有任何经验的新生幼虫在蜕变之后便离开了自己亲手建造起来的屋舍，反而去一个碎石的堆积处住下来。这是为了躲避冬季恶劣气候的袭击，因为糟糕的天气很有可能会摧毁它的居所。这是多么富有预见性的举动啊。

人类拥有对过去记载的历书，根据这本历书，我们能够预见到未来的历书。然而昆虫并没有有关季节变化的任何记载，它们只能依靠本能。出生在酷暑难耐季节的昆虫，它们知道这样的日子不会持续很长时间。而那些从来没有遭遇过屋舍坍塌的昆虫也知道它们的房子将会在不久后倒掉。

本能告诉它们必须在房屋倒塌之前逃离。在依靠本能行事这一点上，象虫科昆虫做得最好。它们的幼虫能够预见未来，而且能够提前做好准备。即便象虫母亲再没有技巧，即便这是一只最蠢笨的象虫，它也同样会考虑一个比较复杂的问题。它依靠自己的本能来为自己的幼虫选择最佳的出生地点，那里生长着符合幼虫口味的食物。

甘蓝还没有开花，它的球冠紧紧地缩着。粉蝶飞到这样的植物上不知道能做些什么。这种黄色、简朴的花朵并不比其他的花朵更能够吸引蝴蝶，但是它的毛虫却依靠这种植物才能成长。由于蛱蝶的毛虫对荨麻比较喜欢，所以它们飞到了荨麻上。然而，荨麻上却没有什么东西是成虫可以吃的。这两种蝴蝶拥有比较好的记忆力，它们来到的地方虽然对于自身没有任何价值，然而对于自己的毛虫来说，却是美食的储备之地。

成年的松树鳃角金龟喜欢在夏至傍晚的微光中围着一棵它钟情的树跳婚礼芭蕾。它在这棵树上寻找几根针叶作为食物，这样它的体力就会得到恢复。之后它便离开这片树林，到一片拥有沙质土地的地方去。这种地方对于松树鳃角金龟母亲来说，并不适合产卵，然而它依旧会把自己的卵产在这里。

因为禾本科植物的侧根会在这种沙质的土地中腐烂。浓烈的松脂香味吸引着昆虫母亲，大片的松树让这位母亲万分地高兴。它让自己身体的一半都埋在土里，然后开始产卵。松树鳃角金龟母亲还依稀地对这片糜烂的植物有着童年的回忆。

腐殖土那里根本没有适合金匠花金龟的食物，但是它还是执着地离开自己喜爱的蔷薇和山楂的伞状花序。它让自己在脏污的腐烂物中埋着。它有它自己的原因而来到这个地方，不是为了喝香甜的蜜汁，更不是为了陶醉在浓香的汁液中。之所以来到腐殖土中，是因为金匠花金龟对从前有着模糊的记忆，那个时候的它还是在糜烂牧草中的一只幼虫。

假如成虫有着与幼虫同样的饮食方式，那么它们很可能就拥有对幼虫时期的记忆。在食物方面产生的问题通过饮食的均一性得到了很好的解决。人们认为食粪虫的行为非常好，它们在自己吃粪便的时候，还不忘为自己的家庭成员储备一些。这样一来，成虫和幼虫的食物就能够很好地交互，这种交互又能产生联想与回忆。

然而我们对捕食性的膜翅目昆虫却不知道做出怎样的解释。就像金匠花金龟原本拥有高级的花朵类食物，而它们的幼虫却在低级的腐烂叶中进食。这些昆虫的嗉囊中装满了蜜，但是它们却用捕获物来喂养自己的幼虫。飞蝗泥蜂为了让自己的体力得以恢复，它们选择在刺芹上进食。然而在体力恢复之后它们却迫不及待地飞走了，因为它们想对蟋蟀进行屠杀。节腹泥蜂也同样如此。它们离开了盛开着鲜花和流淌着花蜜的伞形花序，转而去刺杀象虫，因为这是它们孩子的食物。

怎样对这些行为做出合理的解释呢？会有人在这里提出记忆的问题。不，绝对不是。昆虫的这种行为跟记忆没有丝毫关系。人类在记忆力方面最有发言的权力，然而却没有哪个人会记得自己还是婴儿的时候在母亲怀中吃奶的情景。人们拥有对自己生命起源的联想只是因为看到了其他婴儿在自己母亲的怀中。小羊羔在母亲的乳头下吮吸着乳汁，它摇动着自己的尾巴，膝盖跪在地上。然而没有任何迹象表明长大后的它能够记得之前的吃奶场景。

婴儿期的食物是根本不可能被回想起来的。既然连我们自己都无法将婴儿时期吃奶的情形回忆起来，那么我们为什么还对昆虫进行强求呢？人类可是没有经过身体的巨变而懵懂地成长起来

的，那么昆虫们怎么可能在身体的蜕变之后还记得幼虫时期的活动呢？不可置信！

我不知道昆虫母亲怎样为自己的幼虫选择合适的食物，这是个永远不能解决的问题。昆虫母亲自己也不知道它的心脏和胃究竟有着怎样的奥秘和运作机制，它对这些一窍不通。同样地，产卵期的昆虫在为自己的孩子选择出生地时也什么都不懂。这种混沌的意识为粮食问题的解决提供了很好的条件。刚才我们才做过细致研究的菊花象就是一个很好的示范。它们会告诉我们怎样去选择有营养的植物，还能够让我们知道它们是使用怎样的植物性的机灵敏锐来进行的。

象虫科昆虫依靠一种敏锐清晰的植物性的辨别能力来选择将要产卵的小花。它们具有一种草药商的才能，所以在这里让我们对它们稍做一些描述吧。不是任何一只小花上都拥有某种特点的味道、稳定性以及浓毛等幼虫所喜爱的东西，因此选择小花进行产卵并不是一件随意的事情。明晰的植物性辨别能力能够让昆虫很快地知道哪里适合产卵而哪里不适合。

色斑菊花象对蓝刺头情有独钟，它们不会到处乱寻找其他的植物进行产卵。也只有蓝刺头的蓝色花球是它们的开垦之地，也只有象虫科昆虫才欣赏这种植物。色斑菊花象这种永久不变的行为使得它们的后代很容易就能够继承。

春天来临时，昆虫离开自己的出生地，转而走向不远处的小小的遮蔽所。在这里，它们能够找到自己喜欢的植物，非常容易。

植物已经发了新芽，昆虫们在瞬间认出了它们祖传的产业。它们高兴地爬上去玩耍，就像新婚时一样。昆虫们等待着蓝色的花球长成熟。蓝色的蓟草对色斑菊花象有着天生的吸引力，只有它们会相互欣赏。

与色斑菊花象不同的是，熊背菊花象所开垦的植物种类变得多起来。它们既能够在万杜山山坡上长着老鸦企属植物叶的飞廉上开辟天地，也能够在平原的伞状花序飞廉上进行开垦。假如我们不对这两种植物进行细致深入的分析，而只是流于表面的形式，那么肯定不会发现它们之间的任何相同点。就算是能够以犀利的目光区分不同种类的草的农民，他们也没有想过能用同一个名称来称呼这两种植物。而生活在城市中的文明人就更加对它们没有认识了。城市中任何其他事物的证据都要比植物学的多。

山朝鲜蓟是万杜人为这种飞廉植物所取的名字。这种花的肉质非常丰富，而且里面有着生吃依旧美味的榛子味乳汁。万杜人在收割完这些花后还会拿它们来炒鸡蛋，有一种非常独特的香味。有时候万杜人也把这种植物钉在羊圈的门上，当作湿度计来使用。它们在空气干燥的时候会把花打开，样子就像镶着金色鳞片的太阳似的，美丽华耀；而在空气潮湿的时候这些花又会将自己合拢。这种习性与耶利哥玫瑰恰好相反。耶利哥玫瑰在空气湿润的时候绽放，而在干燥中合拢。虽然这种植物比较有名气，但它只不过是个粗陋的小盒子而已。相比耶利哥玫瑰而言，飞廉科植物是个土生土长的种类。假如它来自外国，那么很可能也会受到乡亲们

的重视。然而现在对它的重视程度却远不如耶利哥玫瑰。

山朝鲜蓟的伞状花序长得十分修长，叶子比较细小，茎干也很长。它的花托还没有橡实的一半那么大，但是普通的花朵却集结在一起成了花束。它拥有宽大阔叶圆花饰，并且在地上攀爬的植物是长着老鸦企属植物的飞廉。这种飞廉没有茎，它阔大的叶子有点像科林斯柱子上的装饰物。一朵鲜艳的花朵在由叶子织成的篮子中央绽开着，这朵花就如同拳头一样，非常大。

七月和八月，我在徒步旅行中经常看见象虫在山朝鲜蓟上面忙碌着，它们对飞廉科植物十分了解。菊花象对这种植物的了解不是因为它们有湿度计的作用，这种作用对菊花象来说没有丝毫意义。菊花象是把飞廉作为食物和养料来对待的。象虫就在受阳光抚育的鲜花下进行产卵。我不知道象虫母亲是否会在同一朵花上面产下好几只卵，因为我不了解那里是否有足够几只卵同时进食的东西。或许象虫母亲会像在伞状花序的飞廉上那样，只在那里安放一只卵，因为没有什么迹象告诉我这只小虫子不会为自己的家庭做精细的打算。或许象虫母亲知道如何才能更好地利用有限的食物来喂养自己所产下的卵。我无法在那个时候对象虫的行为进行细微的探索，因为那时候我的注意力已经转向了植物学。这让我感到非常遗憾。

假如上面的问题让我们感到迷惑，那么对于熊背菊花象的这点我们就应该感到有趣而且清楚了。假如不是专门对这些植物进行研究，我们根本不可能分辨出这两种植物是同一个科类。然

而熊背菊花象就知道这两种截然不同的植物都同属于飞廉科，而且都是它们的美食。熊背菊花象是目光非常犀利的草药商，它们能够分辨出纤细的蓟草和拥有华美圆花饰的植物是属于同一个种类。

一种拥有玫瑰红的头状花序的植物被色斑菊花象辨认了出来。色斑菊花象并没有因为这种针形蓟草的花色与拥有白色头状花序的植物不同就将其放弃。色斑菊花象也因此为自己的领地加入了一笔新的财富。这是一种比拥有白色头状花序的植物更为可怕的种类，但是却质量优良，高度不超过一拃。

色斑菊花象不是因为植物球冠的大小不同才能够对其进行分辨。因为三种蓟草的大花冠与细花飞廉的头状花序都同样常被使用。其实，色斑菊花象并没有根据植物的外表、香气、颜色或是树叶来对它们进行区分，而是利用那些开着黄花的绒毛肯特罗非茸草。这是一种被路上的尘土遮染了的可怜小花。

另一种叫作斯柯丽米菊花象的小家伙在分辨植物的能力上比色斑菊花象还高出一筹。它们在朝鲜蓟和刺菜蓟这两种外形比较庞大的植物上面进行劳作，这两种植物的蓝色球冠差不多有两米左右的高度。甚至还有人在一种比较普通的矢车菊上也看见过斯柯丽米菊花象的踪影。这可是一种长着比人的小指还要小的头状花序的植物，它的头状花序是拖在地上的。与色斑菊花象相比，斯柯丽米菊花象拥有着更为深厚的植物性本能。它们为自己开辟出了一些比较珍贵的场地，连绒毛肯特罗非茸草都是它们的活动

场所。这让人产生无限的遐想与思考。

菊花象天生就知道的事情，我却只能通过后天的学习才能获得。虽然不同的蓟草对于我来说很难区分，然而菊花象却在夏天毫不犹豫地从一种蓟草那里飞向另一种蓟草。菊花象知道这些蓟草同属于一个科类，它的这种感觉从来都没有出过差错。而我们却在让人生疑的小旅店面前犹豫不决。菊花象的这种本领没有经过实验就已经拥有。它知道什么是朝鲜蓟的花盘，也知道什么最适合它的家庭。假如我被突然放在一个陌生的地方，假如我没有任何关于这个地方的信息，我根本不敢去吃这里的某种果实。

促使菊花象对植物进行分辨的是一种叫作本能的东西，这种本能能够为它们提供非常确切的信息，而且是在一个有限的范围之内。菊花象可以不经过学习就掌握到如何对植物进行区分，但是人类却需要靠学习来掌握。如果说菊花象的向导是它的本能，那么我的向导则是我的智慧。不同于菊花象无须学习就拥有的本领，我的智慧需要我经过不断的学习才能获得。在迷失道路之后重新找到道路，经过反复之后才能自由飞翔。智慧能够畅游的是整个宇宙，而本能却只能在宇宙中一个小小的点上活动。

CHAPTER 7
第七章

昆虫的应激反应

　　作为一个人，有谁会平白无故地装扮成自己所不了解的陌生人？又有谁会去模仿一个与自己毫不相识的人？同样的道理，只有对死亡有着一定的理解才能去装死，昆虫也是如此，可是从来没有一只小虫子告诉过我说它的脑子里曾经闪现过死亡的念头。人类对死亡有所了解，这种了解既是人类最大的痛苦却又是人类最伟大之处。一个能够为自己死后所待墓穴而焦虑的人一定是一个思想上达到一定程度的人。然而不论昆虫还是除人类以外的其他动物，它们知道自己的生命有尽头吗？当然不知道，它们对死亡的无知让它们摆脱了因了解死亡而产生的苦痛。它们就像婴儿那样享受着生命带来的快乐，而对未来一无所知。

　　我想举一个例子，就发生在这一周，也是我身边一个活生生的例子。我家有一只时常带给全家人快乐的小猫，但是它由于疾病缠身而在昨夜里死去了。第二天清晨孩子们发现小猫躺在篮子里，全身僵硬，大家为此都感到十分痛心，而以小安娜最为忧伤。

安娜今年四岁，她用她那双童真的眼睛看着身旁这位好朋友。安娜不停地抚摸着小猫的毛发，还时不时地呼唤着它的名字，甚至还喂牛奶给它。安娜伤心地说："小猫睡着了，它什么时候才会醒来呢？我还没有看见过它如此般地沉睡呢。它不愿意吃我给的东西一定是因为它生我的气了。"

听到安娜的呢喃，我赶忙将小猫从她的手中拿走，把它埋掉了。孩子在面对死亡时所表现出来的天真让我痛心疾首。后来每次吃饭的时候小猫都不曾再出现在饭桌旁边，安娜似乎已经了解到底发生了什么。是的，小猫再也不会出现在她面前了，死亡的概念第一次入侵到小安娜的头脑之中。孩子的思想虽然远不及成人深邃，但是他们却在发育之中，就算再不成熟也要比昆虫愚钝的脑力发达得多。那么昆虫们究竟能否感知死亡呢？火鸡向来是个诚实的动物，我想我们应该先向它咨询。我们不用把手伸向高深的科学，更不用急于下定论。

罗得皇家中学在以前就叫作中学，大概是因为社会不断发展的缘故，现在被叫作公立中学了。我想要回忆一下当时这所学校留给我的记忆，虽然短暂，却鲜活无比。

在学过了十个希腊文词根以及做完了将外文翻译成法文的练习之后，在复活节马上就要到来的星期四，我和小伙伴们一窝蜂地跑到了山谷底下。我们是一同去阿维龙河捕鱼的，我们把裤腿卷过了膝盖，那样子就像朴实的渔夫。花鳅是我们最想捕获的鱼类，为此我们还带了三叉干，想着用叉子刺进花鳅的身体。由于

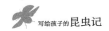

花鳅时常在泥沙上的草丛中一动不动地待着，而且身子非常短小，就像指头一样，所以对我们有着很大的吸引力。一旦花鳅看到叉子向它刺过去的时候，它就会将尾巴摇三下，之后就消失不见了。那次捕鱼的经历十分快乐，虽然收获不多，但是大家捕得很尽兴。

塞翁失马，焉知非福？虽然花鳅没有捕到，但是我们却摘到了苹果。苹果树种植在附近的草坪上，但它们并不属于我们这群捣蛋鬼。当苹果被揣进我们的布兜里的时候，一种莫名的兴奋与满足感便油然而生，直到所有人的包里都塞满了苹果。

除了捕鱼和偷苹果，我们一群人还在火鸡那里得到了快乐。火鸡群随处可见，这些家伙四处游走，成了农庄周围蝗虫的天敌。我们玩火鸡的方式就是把它们弄到死掉或者是快要死亡的程度。每人手中都要抓到一只火鸡，然后就把火鸡头埋在翅膀下面，顺势再来回摇晃，片刻过后便把火鸡侧放在地上。这时候的火鸡已经完全动弹不得了。

假如没有被看管的人发现，我们就会这样一直玩下去，而且非常快乐。但是一定要留心农家妇女，只要被她们听到火鸡的叫声，她们就会立刻手拿着鞭子冲向我们。但那个时候我们的身子是多么灵活啊，边逃跑边发出阵阵的大笑声，一溜烟地就全都不见了。

与童年时代的欢乐玩耍不同，我现在对火鸡所要进行的是严肃而认真的实验，不知道今天的我是否还有着孩童时灵巧的双手。火鸡正睡得熟，它并不知道自己将要死于万人同欢的复活节。我按照小时候玩弄火鸡的方式对待着身边的这个家伙，把它的头埋在翅膀下面，然后就开始摇晃，这个动作持续了差不多两分钟。实验的结果表明，我现在的操作与孩童时期的玩弄并没有太大的出入。

火鸡毫无生气地躺在地上，一动不动，像是死掉了似的。还好它上下起伏着的羽毛告诉我它还有呼吸。火鸡的身体抽搐着，看上去非常悲惨。我心中掠过了一丝不安，它可千万不能死掉啊！慢慢地，它那冰冷的、蜷缩着足趾的爪子缩到了它的肚子下面。我的担心是多余的，它终于醒了。它缓慢地将那摇晃着的身体立起来，表情很凄惨，尾巴也是垂着的。就这样持续了很短的时间，这只火鸡又恢复到了它被摆弄之前的状态。

此后，火鸡被弄昏迷了多次，有时候半个小时，有时候只有短短的几分钟，前后之间也有一定的间隔。昏死状态的持续时间

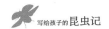

各不相同，这种状态介于睡眠和死亡之间。想要搞清楚为什么持续的时间和间隔的时间不同，这就像研究昆虫一样是一件极为麻烦的事情。之后我又对另外几种禽类进行了同样的实验。

我首先进行实验的是珠鸡，它的昏迷状态持续了有半个小时之多。与还能够看得出在呼吸的火鸡不同，从珠鸡的羽毛上根本看不到上下浮动的现象。我用脚轻轻地将躺在地上的珠鸡移了移，它仍旧一动不动。我有点担心了，以为这只可怜的家伙真的死掉了。然而当我再次移动它的时候，它居然把头伸了出来，然后就站了起来，稍微让摇晃的身体稳定了一些之后就跑掉了。看来这个实验比对火鸡的实验还要成功。

接下来被我做实验的是一只鹅。由于我家根本没有养鹅，所以邻居把他的鹅送给了我。刚刚来到我家的时候，这只鹅还显得生机勃勃，特别是它那富有特色的嗓音，沙哑而绵长，渗透在我家的每一个角落。但是没过多长时间它就看起来奄奄一息了，它的头埋在翅膀下方，整个身子都瘫在地上。就像前面所实验的火鸡与珠鸡一样，这只鹅的昏迷程度不亚于前两者。

之后我又对母鸡和鸭子进行了实验，不同的是它们昏迷的时间比较短。是不是因为体形小的缘故呢？为了证明这一点，我又对鸽子、雏鸟还有翠雀等身子更娇小的禽类进行了实验。果然如此，鸽子在我的摆弄之下只昏睡了两分钟左右就起来了，而比它更小的雏鸟和翠雀仅仅躺了几秒钟而已。

实验所得到的结论和我原本的猜想是一致的：动物的体积越

小，它经历的昏睡时间就越短，这是因为体积小的动物身体构造趋向高级。

由于对个头较大的动物研究不多，所以我们先将它们抛在一边不谈。从我对鸡鸭鹅所做的实验可以知道，一种简单的手法就能够使这些禽类进入暂时的昏迷状态。它们不可能是在装死，这一点毋庸置疑，所以它们的行为不是在跟摆弄它们的人耍伎俩。它们只是被催眠了，因而会呈现出昏死的状态。这种能让家禽昏迷的手法是很多人都知道的，它们甚至有可能早于科学催眠术的产生。但是当时的我们，一群罗得皇家学校的小孩子，怎么可能懂得火鸡昏迷的原因呢？而且这也不是在书本上所学到的。

就在刚才，我又把手中的昆虫摆弄了几次。这让我想起了小时候伙伴们一起玩弄火鸡的样子，还要被农家妇女追着打，但想起来就觉得乐趣无穷。可是我们那些天真的行为背后却隐藏着一个非常严肃的问题。所有能够成为儿童游戏的事物都是不会间断的，玩弄火鸡的方式亦是如此。也许这种手法在很早以前就出现了，之后便代代相传，直至今天依旧没有改变。现在在我生活的塞里昂村，懂得催眠鸟类手法的人到处都是。我们不得不承认，有时候科学的源头是非常普通的技巧，甚至是低下的。也许那些捣蛋鬼的行为正是催眠术的源头。

由于每个人的睡眠程度不同，因此实施催眠术的方式也要因人而异。同样的催眠师使用同一种催眠术对两个不同的人实施催眠，可能前一个成功而后一个却是失败的。这样的道理放在昆虫

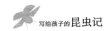

界也同样适用。很多昆虫对我的实验都采取了反抗的态度，它们或者完全没有陷入昏迷，或者在非常短的时间后就又开始活动了。而大头黑步甲和大粉吉丁却十分听话，因此我选择了它们作为实验的对象。

被实验的昆虫所达到的状态有着与家禽惊人的相似之处。在昏迷或者说假死之后，昆虫和家禽同样显得萎靡不振、一动不动；而在快要苏醒的时候，它们的肢体都会摇晃抽搐。不仅如此，假死的状态还会因为外界的刺激而消失，只不过这种刺激不同而已。对于家禽来说，声音是最好的刺激物；而对于昆虫来说则是光照。假死的持续时间会因动物的体形大小而各有不同，一般来说，体形越肥大的动物假死的时间会越长。倘若要将假死或昏迷的状态延缓，外界环境就一定要保持安静和阴冷。

我们再来观察对昆虫的乙醚实验。瓶子里的昆虫由于乙醚的蒸发而进入昏死状态，它们确实昏过去了，完全没有耍花招的嫌疑。倘若我迟一步将它们从瓶子中取出来，那它们可能真的就归西了。我们想要观察的是昆虫从假死状态到苏醒之间究竟有什么状况发生，也就是说，昆虫身上有什么反应预示着它又活过来了呢？我们人类从睡眠中醒来就有很多种预示，如伸懒腰、打哈欠以及揉搓双眼等。昆虫当然也不例外。它们的触须开始抖动，触角不停地摇晃，脚跗节也微微地颤抖着。这些表象都预示着小昆虫即将恢复生机。

还记得人们经常讲到的一个在熊面前装死的伙伴吗？我十分

确定他不会在熊离开之后还需要伸展身体然后才慢吞吞地站起来走开，而是立刻拔腿就跑。显然，装死与真正的昏迷截然不同，表现出来的行为也不同。假如昆虫真的是装死，那它们根本没有必要在危险已经解除的时候还慢慢地抖动身体的各个部位，它们应该迅速站起来才对。

看看这只小虫子吧。它因为受到侵扰而肚子朝天地躺着，它的这种表现被人们误会为装死。在苏醒过来的时候，它身体上每一个细小的部位都开始慢慢抖动。难道一只小小的昆虫可以聪明到能够假装复活的动作？绝不可能。就像被乙醚熏晕后恢复知

觉的状态一样，这只小昆虫的触须和触角都在慢慢地摇摆，只不过比起被乙醚麻醉的程度要轻微一点而已。所有的这些细小的身体活动都告诉我们：人们口中所流传的昆虫会装死的说法是不正确的，因为它们确实是被催眠了。

人类在受到威胁或者惊吓之后完全有可能陷入昏迷状态，那么一只弱小的昆虫就更有可能发生类似的眩晕

了。轻微的碰触和突如其来的危险都会使小昆虫进入假死的状态，就像家禽在被摆弄之后全身瘫软在地上一样。外界轻微的躁动会让昆虫感到不安，如果程度较轻，昆虫就会蜷缩着身体停留片刻，等到外界恢复了平静之后再夹着腿逃跑。但是如果它们遇到的是很大的危险，那就会被吓到晕厥，好像被催眠似的，一动不动地躺在地上。

至今为止我还没有见到或是听到过有动物主动地结束自己生命的事情。动物们不可能装死，因为它们对死亡的确不了解。有些情商较高的动物会因为同伴的离去或者其他打击而陷入深度忧伤之中，这种忧伤很有可能让它们身体衰竭，最终导致死亡。但是这与自杀是扯不上关系的。但是我又听有人说蝎子会自杀，说蝎子在被火围困的时候就用身上有毒的螯刺来结束自己的生命。不过也有一些人否定了此事。是真是假，我还是亲自做个实验吧。

在我的实验室中养着差不多十来只白蝎子，它们的身材非常粗大。野生的白蝎子常常生活在丘陵上的石头底下，而且最好是日光充足的沙地之中。它们是离群索居的昆虫，非常让人讨厌，也很可怕。不过我是将这些蝎子放在一个大瓦钵里养的，里面垫着陶瓷碎片和沙土。它们不太符合我研究昆虫的习性，所以我要将它们用于别的实验。

被蝎子的螯刺伤过的人还真是不少，不过由于我在实验室中总是小心翼翼地与它们相处，所以还没有遭遇到这样的悲惨事件。但是为了让大家了解被蝎子蜇伤是多么痛苦，我请了一位深受其害的樵夫来讲述他的经历。这位樵夫看上去非常纯朴，他一边讲述着他的经历，一边用手比画着蝎子的大小。我并没有惊奇于这些，因为我见过的蝎子跟他描述的都差不多大。

"本来我喝完汤在柴捆中睡觉，刚进入梦乡就感觉有什么东西刺在了我的小腿上面，我被吓醒了，赶忙将裤腿卷起，发现一只可恶的蝎子正在用它那恶毒的螯刺蜇我。后来我的腿就开始逐渐变得红肿，越来越粗。原本我还想继续干活，可是也没有办法了。那只蝎子好粗大。我拖着伤腿跟跟跄跄地回到了家。到了第二天，我的腿已经肿得不成样子。第三天就连站都站不起来了。后来我用了一些消肿的碱性敷料涂在了腿上，就这样一直耗着，这才慢慢地有了好转。"除了他自己，他还说了另外一位樵夫被蝎子刺伤的事情。"那个人在捆柴火的时候被蝎子蜇了，他甚至连回家的力气也没有，只是像个死人一样躺在那里。后来还是过路的人把他背回家的，他们好像是在抬一具尸体。"

这位樵夫手舞足蹈地讲着，情绪有些激动，他的动作绝对多于他的言语。蝎子之间相互进攻时假如被对方蜇到，那么受伤的一方也很快就会死去。樵夫所讲的经历在我听来一点也没有夸张的成分，因为白蝎子真的很残忍。对于这一点，我有实验为证。

我拿了一个短颈的大口瓶，在瓶子的底端铺上了一层沙土。然后在我所喂养的蝎子当中选了两只比较强悍的放入瓶中。两只蝎子都恶狠狠地看着对方，看样子它们是准备开战了。刚开始的时候，两只蝎子都互相向后退了几步。为了让它们具有更强的进

攻性，我用麦秸尖轻微地挑逗它们，让它们离对方的距离再近一些。这两只小虫根本不会想到引发它们决斗的是我这个旁观者。

螯钳是蝎子在战斗时的防身武器，它们在准备进攻时都呈半圆形展开着。这样做的目的就是能够在相对较远的地方将敌人钳住。之后蝎子的尾巴也开始伸展，由背上往前伸。蝎子的毒液位于一个形似细颈瓶的器官里面，螯钳尖端挂着一颗水珠般的毒液。进攻开始了，其中一只蝎子将自己的毒刺刺向另一只。那只受伤的蝎子立刻倒了下来。看来蝎子的螯刺真的可以置对方于死地，其威力已经非常清晰了。

人们告诉我蝎子只有在被火围困的时候才会有自杀的举动，果真如此吗？我想做个实验。我点燃一堆火焰，并用风箱把它扇得通红。然后我在那群蝎子中挑选了最为强壮有力的一只，将它放在火圈的中央地带。由于受到了炽热的烘烤和严重的惊吓，蝎子开始后退，它的身子也在地上不停地打转。它害怕极了，开始乱了方寸。前后左右处处都在包围之中，无论它转向哪一个方位，都会被火烧到。它挥舞着自己的防身武器，无所适从，原本强壮凶悍的蝎子开始绝望了。

我想传说中蝎子自杀的时刻就要来临了。果然，它的身子在突然间的抽搐中瘫在了地上，之后便一动也不动了。我没看清它用钳子将自己刺伤的那一举动，不过我认为是这样的。因为蝎子进攻同伴时也用了同样的方式，而且敌人很快就倒地而亡。我不知道这只蝎子是不是真的死了，不过表面上看真的很像。我将

它从火圈中取出，放在了铺着沙土的地方。很快我就有了答案。大约一个小时后，原本瘫在地上的蝎子居然活了过来。之后我又拿了两三只蝎子进行了同样的实验，结果都是一样。蝎子在昏迷一段时间之后又醒了过来。

高温的炙烤让陷于无助的蝎子开始抽搐，不一会儿就会进入昏迷。看来蝎子的智商还不够高，相信它懂得自杀的人们只是被它的行为蒙住了。由于这些人认为蝎子是自杀死掉了，所以根本不会把它从火堆中拿出来，因此蝎子没有了苏醒的机会。人们这才觉得蝎子真的会自杀。不过我的实验已经很清楚地反驳了这种说法。

自杀确实是人怯懦的表现，更是愚蠢的选择。生命对于人类

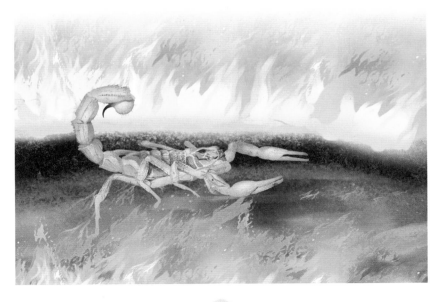

来说是多么可贵，我们应当尽心尽力地对待自己的生命，而不应该将它提前结束。完全享乐地活着和完全在苦难中活着都不是生命的真谛，活着只是一种义务。在人生的旅途中难免会遇到这样或者那样的苦痛折磨，但这些坎坷绝不是我们选择自杀的借口。哲学家和孔夫子的言论是对的，虽然我们有着自杀的能力，但是我们并不应该运用这种能力对世事进行逃避。

动物不了解死亡，动物也不懂得自杀，因此动物世界中缺少了我们人类所特有的欢快与痛苦。我们知道什么是人生苦短，我们也知道每个人都要面临死亡。我们敬重死去的人，我们也能够预见到自己有一天也会消失于世。只有我们人类知道彼岸世界这个概念，而对于动物们只能够说："要相信，本能不会超出本能的范畴。"

至于那些所谓的科学，那些大肆宣称动物会自杀的荒谬结论，最终只是把动物的暂时性昏迷当作了死亡。对待这些低劣的研究结果，我们只能够采取更为精细、更为负责的研究态度和研究成果来对其进行回应与反击。

CHAPTER 8 第八章

昆虫的着色

　　我们常说，爱美之心，人皆有之。在自然界中，也不乏爱美并且懂得怎样美的生命。比如说我们的推粪工人食粪虫，它们从事辛苦的劳动，身穿朴素的衣服，但是喜欢佩戴华美亮丽的珠宝作为装饰。比如，黑粪金龟身体背面披着暗夜般的黑衣，在腹面则为自己抹上黄铜矿石的颜色；某一只金龟则用稳重的酱红色装点它的鞘翅，另一只也不甘落后，在前胸佩戴上佛罗伦萨的青铜色宝石；粪生粪金龟在阳光下也身穿一袭低调的缁衣，但是为朝着地面的腹部挑选了华贵的紫晶做装饰。

　　在搜寻挖掘污物的虫类中，还有一位珠宝工人兼珠宝艺术家很值得一提，这就是潘帕斯草原上最漂亮的食粪虫亮丽亮蜣螂。它的名字意思是灿烂、光亮、辉煌，这真是一个极响亮的名号了。它也确实不是浪得虚名，这位对美有着绝妙感知的珠宝艺术家，将宝石的光辉和金属的光泽完美地结合起来，当阳光凌空而下，它便能放射出绿宝石的光彩和红铜的光亮。可以说，亮丽亮蜣螂

称得上是昆虫珠宝工的成功楷模。

爱美之心，虫皆有之。除了食粪虫类，还有很多其他种类的昆虫也表现出了形形色色的、高水平的装饰技艺。比如天蓝色单爪丽金龟，它拥有一种罕见的蓝，这种蓝只有在赤道地区某些蝴蝶的翅膀上，或在某些蜂鸟的颈部才能够找得到。这是一种绝妙的蓝色，它比天空的蓝更柔美，比海浪的蓝更恬静。吉丁、步甲、金匠花金龟、叶甲等昆虫在装扮自己方面，也都表现得十分出色，堪与食粪虫媲美。有时候，这些珠宝与色彩的爱好者聚集在一起，各种美妙的光彩交相辉映，真是美不胜收。

然而，昆虫这些绝美的宝石是从什么矿山中找寻到的呢？它又是如何加工而成的呢？探寻美的根源是一件令人开心的事情。而且，根据我的判断，颜料化学能在这项研究中获得令人惊喜的成果。但是，难度似乎很高，科学至今还不能回答昆虫这些美丽

的装饰品到底来自哪里、到底怎样制成。不过，我相信，在未来的某天我们一定会找到这个问题的答案，虽然这个答案永远都在不断地完善之中。那么，我目前所得到的一点实验成果，也许能成为这个答案中的一小部分。

那是很久以前了，当时我正在研究捕猎性膜翅目昆虫从卵到茧的演变情况，笔记本里几乎记下了我居住地区的所有昆虫猎手。让我们先说一说黄翅飞蝗泥蜂的幼虫吧，它身材适中，是很好的实验对象。

这只幼虫在孵出不久，透明的皮下就显露出一些细小的白色斑点。随后，这些斑点的面积迅速扩大，数量急剧增加。最后，除了头两个或头三个体节外，它全身都布满了白色斑点。剖开幼虫后，我们得知这些斑点是脂肪层的附属物。它不但数量非常多，而且渗透得很深，一直深入到脂肪层的底部。

让我们在显微镜的帮助下进一步探寻脂肪层里的秘密吧。脂肪层组织由两种椭圆囊状物组成，形状和体积都相同，它们乱七八糟、毫无次序地组合起来，就形成了脂肪层。其中一种囊状物呈淡黄色，透明，充满含油的小油滴，它属于营养性储备物质，通俗地说，就是肥肉。另一种则是淀粉的白色，不透明，里面还有一种颗粒很细的粉状物，它展开成模糊的长条状，使得椭圆囊鼓胀起来。在显微镜的载玻片上，这种包含粉状物的椭圆囊状物意外地破裂。根据以上观察，我推断白色斑点是由这第二种椭圆囊状物形成的，看来我们要花些功夫研究一下这些斑

点了。

在显微镜的载玻片上,我用硝酸分别与两种椭圆囊状物作用。饱含脂肪的椭圆囊状物不受硝酸的侵蚀,只是稍微有点变黄而已。与此相反,白色椭圆囊状物中那种不透明、不溶于水的细小微粒,在遇到硝酸后,沸腾起泡,不一会儿就消失不见了。用硝酸溶解封闭在椭圆囊状物的这些微粒时,情况也是一样的。

于是,我扩大了实验规模,从许多只幼虫身上抽取脂肪组织,与硝酸作用,也产生了强烈的沸腾起泡的反应。但是,当沸腾平息后,有残余物漂浮起来,是一些很容易分离的黄色凝块,它们来自于细胞膜和脂肪组织。然而,那些白色的微粒在被硝酸溶解之后,没有留下一星半点儿的残留物,它们变成了透明的液体。

这些白色微粒到底是什么物质呢?我试图向先驱们寻求帮助,可是前人没有留下任何相关的资料。我只能自己一次次摸索。我将白色微粒溶解后的溶液放置在一个小瓷圆皿里,然后将圆皿置于热灰上,溶液蒸发了。我在圆皿底上滴几滴氨水或是几滴水,得到了一种漂亮的胭脂红色,这种染料就是红紫酸铵。因此,使得白色椭圆囊状物鼓胀的物质就是尿酸,更准确地说,是尿酸盐。至此,谜团终于解开了,求得正解的成就感真让人快乐!

然而,我认为这样一个重要的生物学现象不会是一个特例,据此,我展开了更大规模的实验。我对我居住地区的所有捕猎性膜翅目昆虫幼虫和处于蛹态期的蜜蜂进行了相同的实验,在前者的脂肪组织里和后者的体内都找到了尿酸微粒。同样地,在其他处于幼虫或是成虫状态的昆虫身上，我也观察到了这种微粒。我为大家详细展示一下两种昆虫猎手的幼虫：泥蜂的幼虫和水龟虫的幼虫。想必在它们身上也同样存在着尿酸或是类似的酸吧。然而，实验证明，这种酸在泥蜂幼虫的体内积存着，在水龟虫幼虫的脂肪层中却没有发现。这是为什么呢？

这是因为，泥蜂幼虫正处在变态时期，身体的排泄通道都不能够打开，消化器官的尾部如同被绳子捆绑扎紧一般，致使固体排泄物无法排除。尿酸既然找寻不到出口，就必然找寻一个地方容身，被尿酸选中的这个场所就是幼虫的脂肪组织。这样，脂肪组织就成了一个仓库，用来存放器官加工的剩余物和有待于加工的塑性物质。这种情况让人想起高等动物切割肾脏之后的状态。尿素在血液中原本只是不明显的微量存在，但是，当它的排出通道被阻断之后，它就只能够积存于机体之内，于是血液中的尿素就变得明显起来。

而水龟虫幼虫的情况刚好相反，它体内的排泄通道从一开始就是畅通无阻的。因而，只要有尿酸产生，立即就能通过这条通道将其排出体外，就不用把脂肪组织变成仓库将其收存起来了。

研究尿酸剩余物是一个重要的课题，也很有趣，不过这似乎远离了我们的主题。我们现在要着重讨论的是昆虫的着色问题，还是将尿酸剩余物的进一步探索留到以后吧，让我们言归正传。

我们还是接着看看泥蜂幼虫提供的资料。它全身都是半透明的，只有一个地方除外，这就是幼虫皮下那个长长的消化袋囊。

这个袋囊盛满了幼虫享用过的食物，因而鼓鼓囊囊、暗淡无光，还带有红葡萄酒的颜色。在它那半透明而又模模糊糊的皮层之上，我们能清楚地看到白色尿酸椭圆囊状物，它们数量极多，数不胜数。这些洁白的微粒是艺术家的杰作，如果再仔细观察，你会发现这正是泥蜂未完成的美丽衣衫。

正如捕猎性膜翅目昆虫的幼虫利用尿酸残余物在自己的身上装饰虎纹一样，还有一些其他的昆虫，它们身上都有用来排泄自身残余物的器官，它们就利用这个便利条件，将身体产生的废物变成身上的华美服装。对于这些昆虫来说，这种就地取材的服装制作方法是极为常用的。不过也有一些昆虫没有这样得天独厚的条件，它们的排泄通道是畅通的。为了把自己装扮得更加美丽，它们之中的一些能工巧匠就去收集、保存别的昆虫排出的废物，然后制成漂亮衣服和华美首饰穿戴在自己身上。

白额螽斯就属于这种心灵手巧的昆虫。这位普罗旺斯动物种系中最为健硕的携刀者，它对自己的容貌和穿着都十分讲究。它有着一张象牙色的宽脸，肚皮呈奶白色，一对大翅膀细致地点缀着褐色的花斑。七月，盛夏伊始，这是它身穿华丽的结婚礼服的时期，我选择在这时对它进行深入的研究。

我在水下将它剖开，它的脂肪组织丰满，显出暗黄白色，呈不规则的网状，里面鼓胀着一些粉状物，它们集结成白垩色的斑点，在透明的底层上清晰可见。我取得一小片这样的脂肪网状物放在一滴水里，它们立即像云一样散碎开来。在显微镜的帮助下，我们可以看到这些云状物之中含有大量不透明的细微颗粒，不过并没有从中找到食用油脂的小星体。与之前的实验一样，我也用硝酸来溶解这些脂肪组织，它们遇酸后也产生了与溶解白垩一样的化学反应，沸腾起泡，继而产生大量的红紫酸铵，将一满杯子的水都染成了美丽的胭脂红。据此，我们可以知道，白额螽斯的脂肪组织里也含有尿酸盐。

这种情况真是令人费解！白额螽斯的脂肪组织里找不到一丝一毫的食用油脂，那么也就意味着脂肪组织中没有营养储备，而这些脂肪网状物又浸透着大量的尿酸盐，这样的脂肪物真是太奇怪了！七月是白额螽斯结婚的时期，对它来说，西登极乐的日子也不远了，它无须为将来保存积蓄。在这段数着分针秒针度过的日子里，它所需要的、所希望的，只是把自己打扮得漂漂亮亮。

于是，它将原来的营养储存室变成了颜料加工厂房，产生白垩色的尿酸糊，在它半透明的皮下就覆盖上一层这样的颜料。它将这种颜料涂抹在脸部和额部，面颊就拥有了考究的象牙色；它将颜料涂抹在肚子上，它的大肚皮就拥有了奶白色。

这种分析螽斯服饰的研究十分有趣，令人印象深刻。不过，对此感兴趣的热带地区的朋友可能会问：在我居住的地方找不到白额螽斯这样的实验对象，该怎么办呢？没关系，我向大家推荐十分常见的葡萄树螽。这种昆虫的腹部也披着乳白色的薄纱，这颜色也源自尿酸。在螽斯家族中，还有一些体形小巧者，研究它们要多花些功夫，不过它们也都会不同程度地向我们展示同样的结果。

　　如果说白额螽斯的一席白色衣衫是一种低调的华丽，那么接下来出场的这位，它的服装就是一种光彩照人的华美。这位色彩达人就是大戟天蛾的幼虫，它的身上五彩斑斓，在黑色的打底衫上，还装饰着铬黄黄、朱砂红和白垩白的刺绣，绣花的样式也各式各样，有斑点状的，有星光状的，有彩带状的，各种颜色和形状交相辉映。它仿佛是身着盛装的舞会皇后，难怪雷诺米尔赞美它是"美人儿"。

　　让我们来仔细探究一下它这身漂亮的刺绣衣服吧。剖开幼虫，用硝酸处理染着黑色的部位，它并未受到这种化学物质的侵蚀，在反应前和反应后，这个部位都呈现出暗淡的颜色。然而，染着其他颜色的部位却有所不同。

　　在放大镜下我们可以看到，在皮下除了染着黑色的部位外，还有一个色素层。它是一种黏性分泌物，有的呈红色，有的呈白色或黄色。我小心翼翼地从这层五颜六色的膜层上取下一个皮片，让它与硝酸作用，又产生了我们所熟悉的状况：色素遇酸后沸腾起泡，然后产生了紫红酸铵。据此可以判定，幼虫这件色彩亮丽的刺绣衫也是用尿酸制成的，尿酸存在于幼虫的脂肪组织里，但数量很少。色素层在被试剂除去颜色之后，变得非常透明，与黑色部位完全相反。

　　这只美丽的幼虫的衣衫就是靠着黑色碎片和其他颜色的碎片形成的。前者实际上是染料的产物，它之所以不被硝酸溶解、侵蚀，是因为染料已经完全渗透到这些碎片的内部，与之融为一体、

无法分离了。而那些红色、白色和黄色的碎片，它们是另一种涂层，就像是刷在墙上的一层油漆。在它们半透明的薄片上有尿浆，是产生于从脂肪层的细管向它们流输的液体。当被硝酸处理过之后，在黑色碎片那暗淡的深黑底色上，显现的是原来红色、白色和黄色碎片所在位置的透明星点。

接下来，让我们在蛛形纲中选择一位服装出众的代表，我选择了彩带圆网蛛。它身着的服装，无论在色彩的鲜艳丰富，还是花纹的独特别致上，都能够与大戟天蛾幼虫的盛装相媲美，甚至在花纹设计方面更胜一筹。它粗大的腹部表面，有暗夜的深黑、向日葵花瓣似的鲜黄和雪花一样的亮白，三种颜色交替成飞舞的彩带；腹部末端，它只选用了对比度强烈的黑、黄两种颜色，其中，黄色从纵向排成两条带子，延伸到纺织器旁边时，就由黄色渐变成了橘黄；它的胸侧有一种颜色淡淡的图案向周围扩散，这图案十分抽象，很难看出到底是什么。

在放大镜下从外面观察这只彩带圆网蛛，可以看到黑色部分是同质的，各处的强度相同。而染有其他颜色的部分，呈网状，其网眼十分紧密，是由多角的颗粒构成的，这些小网堆积成小堆。

将它解剖后，我们发现这些红、黄或是白色的碎片，它们的颜色来源于一种色素涂料，可以很容易地用画笔尖扫开。我们还可以看见，在黑色或者黄色的条带部位，皮层是黑色或是黄色的；而在白色条带的部位，皮层则是半透明的。揭去白色条带部位的皮层，可以看到一些排成带状的白点，这些白点呈多角形，排列得时密时疏。正是这些透明的白点，为蜘蛛构制成一条洁白的飘带，与其他色彩艳丽的饰带相得益彰。

我将蜘蛛身上这些染有颜色的部位的微粒放在显微镜的载玻片上，将它们与硝酸作用，没有出现像前面那些昆虫一样的沸腾气泡现象，因此我可以断定，这种染料与尿酸无关。我推测，蜘蛛在皮下用来制作黑、黄、红、橘色彩带的色素是鸟嘌呤，它是一种蛛形纲动物尿的生物碱。总之，这种蜘蛛是用鸟嘌呤来制作盛装打扮自己的。

叙述到这里，让我们来总结一下吧，黄翅飞蝗泥蜂的幼虫、临近婚期的白额螽斯、大戟天蛾的幼虫还有彩带圆网蛛，它们告诉了我们什么呢？由肌体的残余物尿酸、鸟嘌呤和其他生命运转所产生的废物，在昆虫的着色方面起着非常重要的作用。

昆虫的着色分为染色和涂色两种情况。

所谓染色，这种方法的材料是染料，在对皮层上色时，染料浸透到皮层深处，两者相互化合，融为一体、无法分离，因

而用画笔尖无法将其清除。就像是染布的颜料深入到纺织品的纤维中，于是原来没有颜色的布料就变成了彩色布。

所谓涂色，就是用涂料给皮层着色，皮层本身是无色的、半透明的，这种涂层是尿的产物，用画笔尖一扫就能扫掉。这有点像在布料上贴花，是将颜色涂抹、黏合上去的，很容易就能揭下来。

染料与涂料这两种材料，在使用与分配方面迥然不同；那么，它们的化学性质也有同样大的区别吗？这种说法不太能够使人信服。大戟天蛾幼虫的背上装饰着黑色和白、红、黄色的斑点，染料和涂料在它身上并存。虽然对于这两种物质的共同根源，目前我们还不能用化学试剂来揭示；但是，这两者最接近的相似处却肯定了它们的共同根源。

对昆虫染料的研究是一个比较曲折的过程，目前我们所能观察到的明确现象仅仅是：染色质的发展演变。让我们向草原上的圣甲虫咨询一下吧，或许会有更多的收获。

圣甲虫新近褪下了蛹的旧衣，换上了一身有点奇怪的衣服，这套服装与成虫身穿的深黑色衣衫似乎毫不相干。除了鞘翅和腹部是白色之外，它的头、爪和胸都呈现出鲜艳的铁砂红，色调就像大戟天蛾幼虫背上的红色一样。同样的染色质，由于分子的排列形式不同，它在腹部和鞘翅的皮层中也一定处于转化状态；因为没过多久，圣甲虫的腹部和鞘翅也变成了红色，它的全身都是红的了。最初的褐色雾状物，开始在头部和前足的细齿上出现，随着时间推移，逐渐蔓延至全身，代替了红色；最后，又都变成了成虫的黑色。至此，圣甲虫时装表演似的换衣活动终于结束了。

在不到一个星期的时间里，圣甲虫由无色到有色，由红色到褐色最后到黑色，这是由于一种新的分子结构的作用。就像是一套积木，木块本身没有变化，但是你可以根据不同的排列次序，将其摆成一座高耸的大厦或是一片小别墅。

这种简单的分子结构的不同排列，能够产生令人惊喜的奇迹。银被化学方法分割到极限，本质就是一种看起来像是烟灰的尘土。然而，当这些尘土置于两个坚硬物体之中压紧之后，分子重新进行排列组合，它就具有了金属的光泽，变成了我们所熟知的银。尿酸的衍生物红紫酸铵，溶解于水之后呈现出亮丽的胭脂红色，结晶变成固体后又散发着金绿色的光泽。

因此，获得金属光泽不需要大费周章改变染料本质，只要找到一种合适的排列次序就可以了。想必粪蜣螂、双凹蜣螂和其他许多昆虫都是用这种聪明的办法来打扮自己的。亮蜣螂用红铜和绿玉的光辉代替了最初单调的红色，圣甲虫则用发亮的黑色代替了最初的红。

让我们来总结一下，昆虫所穿的服装和所戴的宝石，都是源于同一种物质，这就是尿的排泄物的衍生物，根据分子排列组合的不同方式，产生了亮蜣螂的金属质感的红色、圣甲虫的亮黑色。这种物质在粪堆粪金龟和黑粪金龟的背面显现出黑色，又变换排列组合，把前者的腹部染成紫晶色，把后者的腹部染成黄铜色。它根据昆虫身体的不同部位，变换不同的颜色和光泽。

然而昆虫们华丽的服装和光彩熠熠的宝石，与阳光毫不相干，昆虫在制作这些美丽的装饰物时，不需要光线的帮助。当粪金龟和亮蜣螂离开昏暗的洞穴时，当吉丁结束它的幼虫期从树干深处走出来时，它们就已经拥有了最终的饰品。从黑暗中出来之后，阳光的照耀并没有使饰品变得更加绚烂，或是再度改变饰品的颜色。

虽然如此，我还是认真地进行了一次实验。我将圣甲虫、粪金龟和花金龟各分成两组，一组置于黑暗的环境当中，另一组接受日光的照射。为了避免阳光过热的温度对蛹造成伤害，我用置放在薄玻璃之间的水屏使光线变得柔和一些。最终，实验证明，阳光并没有参与昆虫的制衣和宝石加工工作。两组昆虫的颜色变化情况完全相同，阳光既没有加速这个过程，也没有使其延缓。

昆虫用尿的残渣作为染色质，这种染色质在很多高等动物的体内也能找到，爬行动物也用类似的物质来装饰它们的皮毛。经过沸滚的盐酸长时间地处理，一种美洲小蜥蜴的色素就变成了尿酸，这并不是一个孤立的例子。鸟类也差不多是这样，它们绚丽多彩的羽毛，都多多少少与尿的排泄物有关系。

大自然这位神奇的设计师，这位伟大的艺术家，它将黑乎乎的碳变成夺目的钻石，它将昆虫身体中废弃卑俗的残余物制成美丽的装饰品。谁能想得到，野鸽的虹彩、翠鸟的海蓝宝石、蜂鸟的紫晶、亮蜣螂的红宝石，这些熠熠生辉的饰物，它们的源头竟然是一点尿。真是让人不得不赞叹大自然巧夺天工的杰作。

第九章

昆虫的毒素

通过之前的实验和研究，在毛虫使人产生痒痛的问题上，我们已经了解到两点。虽然我们了解到的内容实在有些少，但至少是有一点进展。

首先，我们明确了昆虫的毒素不是来自毛虫的浓毛，在引起人们皮肤痒痛方面，毛皮只是个配角。昆虫毛皮将毒素和碎的毛粉尘贴在我们身上，让我们的皮肤饱受折磨；风一吹，粉尘就四处飘散。既然毒素不是源于浓毛，那么是否来自毛虫的某种特别的腺体器官呢？我想，或许毛虫就像膜翅目昆虫一样，拥有一个制作和分泌毒素的腺体器官。但是，通过解剖我们发现，引起痛痒的毛虫和良性毛虫的器官结构相似，并没有什么特别的器官。

我推测，既然不能确定毒素的准确来源，那么它就有可能存在于全身，是否会像高等动物一样，以尿素的方式存在于血液中呢？当然，这只是我们的推测，到底是不是事实，还是让我们用实验来证明吧！

这次的实验对象是松树上爬行的毛虫，我用针从五六条毛虫身上取得了几滴血，并用血浸湿一小块吸水纸。我用不透水的绷带把这块吸水纸贴在我的前臂上，接下来就是焦急地等待。实验的结果在夜晚降临，我在疼痛中醒来，我皮肤上的肿胀、瘙痒、灼热感以及脓疮，它们告诉我：松毛虫的血液中确实含有毒素。

这些毒素让我的身体遭受折磨，可是我却为这种苦痛感到高兴，因为它用特别的方式证明了我推测的正确性，也让我能够在此基础上更进一步。血液中的毒素不是参与器官运转的活性物质，而是生命有机体的废弃物。如果我的推测是正确的，那么我们将在松毛虫的粪便中再次找到这种毒素。

现在，我要在我的手臂上进行新的实验了。我将一点松毛虫的干粪在乙醚里浸泡了一两天，溶液变得又脏又绿；溶液经过过滤和自然蒸发，浓缩成几滴。

我用这几滴液体浸透一张一折为四的吸水纸，然后将它贴在我前臂内侧细嫩的皮肤上；再用不透水的胶布盖在上面，保证毒素不会减少；最后用绷带绑紧。结果究竟如何，让我们耐心等待吧。

真理伴随着疼痛一齐降临，为了探寻这小小的毛虫使我产生痛痒的原因，我付出了巨大的代价。下午，我将吸水纸放在手臂上；当天的整个晚上，瘙痒令我煎熬难挨，刺痛和灼烧感折磨着我，让我每时每刻都有冲动把这块吸水纸揭下来。第二天，在与这块让我痛苦的吸水纸接触了 20 个小时之后，我终于把它拿下来了。

不过，痛苦没有因此而停止。由于我用量太多，毒液蔓延到

纸片四周的地方，皮肤红肿、起皱、灼痛甚至坏死。第三天，肿胀加剧，扩展到整整一大块肌肉里；创口呈胭脂红色，并向四周扩散，随后出现液体外渗现象；瘙痒更加厉害，让我辗转反侧，彻夜难眠，不得使用硼砂凡士林和碎布。

五天内，皮肤受损的部位出现了令人恶心的溃疡，以至于每天早晚给我换药的护士见到了都想呕吐。三个星期过去了，皮肤开始逐渐康复，但是脓疮在我的手臂上留下了红斑，红斑一直很红，持续了好长时间。又过了一个月，瘙痒和灼热还没有完全消退。最后，又过了半个月，除了红斑外其他症状都消失了，红斑逐渐变得轻微，三个多月之后才完全消失。

我为了找寻答案，让自己的身体尝尽苦痛，然而这并不会减少我寻得真理后的快乐，现在，我距离答案更近了。实验证明，松毛虫的毒素是生命有机体的废弃物质，它一边形成一边随着粪便排出体外。粪便包含两部分，其中大部分是消化的残渣，还有一小部分是尿的残渣。至于毒素到底源自哪一部分，我们稍后再谈，先谈谈松毛虫为什么要产生使人痛痒难忍的毒素吧。

这些沾染毒素的浓毛是为了震慑敌人吗？未必。因为我知道许多例子能够推翻这种假设。比如说杜鹃，它非常喜欢食用毛虫，它的胃里装满了毛虫的毛，但是却毫发无损。再比如说皮蠹，它驻扎在松毛虫的丝屋里，以死毛虫为食，对食物身上的浓毛没有丝毫顾虑。

可以说，涂抹了毒液的浓密毛发，对那些特殊的胃来说，并没有什么抵挡作用。

那么，这些毒素是为了自我保护吗？我认为答案未必是肯定的。在昆虫的社区内，装备着浓毛的虫子和裸露身体的虫子，并没有什么大的区别。和这些能够让人痛痒的虫子相比，裸露的虫子没有威胁敌人的浓密长毛，似乎更应该让全身浸满毒素。像松毛虫这样的虫子，并没有更多制作毒素来保护自己的理由啊！

既然松毛虫的毒素是生命运转的废弃物质，那么也许所有毛虫，无论裸露的还是有毛的，都具有一种毒素。只不过，在身上装备长毛的虫子中，有些技艺高超或是具有某些我们还不确定的有利条件，它们通过痛痒使其他人知道自己身上带有毒素；而另一些，它们使用毒素的技艺还不到火候，所以我们才没有发觉。

下面，就让我们用实验找出这些尚未被发现的毒素吧。这一次，我选择了蚕，这种皮肤光滑、几乎完全无害的虫子。不过，蚕的无害只是表面现象。我用和处理松毛虫粪便一样的方法，将蚕的粪便用乙醚浸泡后浓缩成几滴，贴在前臂。相同的症状又出现了：瘙痒、灼痛、肿胀和溃疡，它们向我证明我前面的推理是正确的。这种令人的皮肤痛痒、溃疡的毒素，存在于所有昆虫的体内。

这次实验也让我找出了村里养蚕的妇女前臂奇痒、眼睛红肿的原因。由于劳动时人们经常挽起袖子，当人们清理蚕沙、更换桑叶的时候，前臂难免要和蚕沙接触。而蚕沙中混有蚕的粪便，这种粪便给我的前臂带来的痛苦大家也都看到了。人们若是不

注意，用手揉到眼睛上，这种肿痛瘙痒的痛苦便传染给眼睛了。至于蚕本身，是不会对人们造成损害的。

在蚕的实验后，我又进行了多次同样的研究，也都取得了一样的结果。我随机性地选择各种昆虫的粪便进行实验，多氯蛱蝶、大孔雀蝶、二尾蛾、甘蓝粉蝶、豹蠹蛾、野草莓尼蛾等幼虫，它们的粪便都引起了与之前松毛虫粪便相同的痛痒症状，只不过程度不同而已。由此，我可以得出这样的结论：所有幼虫的排泄物都带有毒素。然而，在它们之中，有些并没有使用自身的毒素；只有很少的一部分虫子，使毒素产生了真正的损害效果。为什么会有这样的差别呢？仔细观察和回忆昆虫的生活习性，就会明白了。

我观察到，不会引起痛痒的毛虫通常独来独往，四处漂泊，没有永久性的居所。例如灯蛾毛虫，它身上装备着浓密的长毛，这是集纳含有毒素的粪便的好东西。然而，它对于人来说却是没有什么损害性的，这是为什么呢？灯蛾毛虫来来去去皆是独自一虫，也没有一个固定的住处，它将粪便排泄在田野中，这些带有毒素的东西没有机会也没有时间和浓毛相接触。因此，灯蛾毛虫看似可怕的浓毛，实际上是无害的。

也许有人会产生疑问，为什么蚕生活在狭小的空间里，终日与含有它们粪便的蚕沙为伴，蚕身上却没有沾染上废弃物中的毒素呢？有两个原因。第一，蚕通体光滑如绸，不像松毛虫那样穿着用浓毛织成的衣服，因而很难收集和保存毒素。第二，蚕并没有与排泄物直接接触，在两者之间有桑叶相隔，而且养蚕人每天会多次更换桑叶。因此，尽管蚕聚集生活在满是蚕沙的空间中，却不会沾染上粪便中的毒素。

与上面所述相反，带有侵略性毒素的毛茸茸的毛虫们，比如松树和橡树上成串爬行的毛虫们，它们都过着集体生活。我曾经和大家谈过松毛虫的窝，这是一个半丝半叶的卵形居所，松毛虫除了晚上的一部分时间走出家门享用鲜美的树叶之外，绝大部分时间都待在家里。而这个家的卫生状况极差，虫窝里的每条丝线上都悬挂着小念珠一样的粪便。对这种状况，松毛虫毫不介意，对它们来说这个垃圾场就是遮风挡雨的避难所，它们就堆堆挤挤地待在里面。

这样一来，虽然我们看到的松毛虫身上没有黏着可恶的排泄物，但由于和粪便的长期接触、摩擦，其浓密的长毛已经涂上了能使人痒痛的毒素。

在谈下一个问题之前，我们在这里先总结一下。所有毛虫的排泄物当中，都含有一种相同的有毒物质，这种毒素在接触皮肤后，能使人产生痛痒甚至更为严重的症状。但是，毛虫只有在粪便堆积的地方长时间停留、与之接触，才能使毒素发挥作用。在使我们遭受痛痒的这场阴谋中，毛虫的粪便是主犯，它提供毒素；而皮毛是从犯，它收集和传播毒素。

现在，我们来处理一下前面留下的问题：毛虫的毒素存在于粪便当中，那么，它是来源于粪便中消化的残渣呢，还是来自

尿的残渣？想要解决这个问题，就要单独收集到这两样东西分别进行实验，看来，我要着手收集昆虫变态的产物了。飞蛾在羽化的时候，会排出浓稠的液体，这些废弃物是器官运作的残液，其主要成分是尿，里面没有消化的残渣。

为了取得这样的残液，我求助于荒石园老榆树上那些多氯蛱蝶的幼虫。我将一百多条幼虫放入金属钟形罩中，认真喂养，耐心等待着它们的羽化。六月上旬，蛹变态的时间终于到了，我在钟形罩下铺上了一张白纸，用来保存我们实验所需要的东西。美丽的蛱蝶从蛹中诞生，它抛弃了做毛虫时身体的残余物。这些残余物是一种红色的稀糊，掉在白纸上晕出一颗大大的红色斑点。

实验过程大家已经很熟悉了，用乙醚处理、蒸发、浓缩、用吸水纸浸透溶液贴在手臂上。这次的结果呢？我实在不想重复之前的症状，因为这与我使用松毛虫粪便时的结果完全相同：奇痒难挨、灼热刺痛、肌肉肿胀、创口溃疡，最后留下红斑，一直用了三四个月的时间红斑才消失。

我饱受苦难、伤痕累累的手臂啊，你已经为我的好奇心受了太多的苦。有的朋友疼惜我的身体，建议我使用动物。可是，我的好奇心又和它们有什么关系呢？它们在自己的世界里过得好好的，我探寻的秘密它们并不关心，也没有必要知晓，我又有什么理由用它们的生命证实我的猜想呢？在我看来，世界上的任何生命都没有贵贱高低之分，再卑微的生命也需要尊重、值得珍惜。既然是我想要探究的问题，那就应该亲自上阵，在寻求真理的道路上，一点皮肉之苦又算得了什么呢！

退一万步来讲，就算我狠下心残忍地将动物作为实验品，也不能够达到实验的目的。动物在遭受痛苦时，只能用扭曲的肢体告诉我们一件事：疼，但是我们并不能据此了解更多。瘙痒、灼热、刺痛，这些只有在我自己的身上才能丝毫无差地被感觉。不过，我的皮肤现在已经遭受了太多折磨，以后的实验我决定点到为止，能够做出结论就揭下带着毒素的吸水纸。

让我们忘记我手臂的苦难，回到实验和推理中来吧。单凭着多氯蛱蝶的例子，我还不敢肯定地宣布我的结论。于是，我又收集了松树蛾、蚕蛾和大孔雀蝶羽化时排出的尿，实验结果也与之前的完全一样。由此，我可以判定，松毛虫的毒素在所有毛虫身上都有，它是生命有机体的残余物质，是尿的产物。

这个问题解决了，新的问题又接踵而至。在树上爬行的毛虫身上所具有的这种特性，在整个昆虫世界中，又具有多大的普

遍性呢？除了鳞翅目昆虫，其他昆虫是否也在尿的残渣中注入毒素呢？

让我们先询问一下膜翅目昆虫吧。在我的金属钟形罩里，养着一些绿色叶蜂的幼虫，从它们那里我得到了大量的黑色细粒粪便。这些粪便在我的皮肤上发挥的毒素的作用，引起了明显的痛痒症状。随后，我又向直翅目昆虫寻求论据。灰色蝗虫和葡萄树上的距螽，它们的粪便也都会引起某种程度的痛痒。至此，我又在昆虫毒素的研究上迈进了一大步。

是时候了，正如我饱受苦难的手臂所呼喊的，适可而止吧！我已经掌握了翔实的论据，最后得出以下的结论：成串爬行的毛虫体内的毒素，在其他昆虫身上也都存在，可以说是在所有昆虫身上都存在，而毒素的真实面目是昆虫的尿的产物。

第十章

矮个的昆虫

　　世界上没有两片完全相同的树叶，也没有两个性格完全相同的人。一成不变的标准在生物界并不存在，存在的只是因人而异的不同价值取向。既然连不同的道德观都有它们各自的追捧者，那么像驼背、独眼、罗圈腿、畸形这些不常见的身体特征，我们就不能一概以"怪异"或"缺陷"这些词语来形容。

　　在某些人看来难以接受的东西，对另一些人或许具有强大的吸引力，这就是大自然与人类社会都存在的互补法则。就像普罗旺斯的一条谚语说的那样："任何一把茶壶都能配上壶盖，任何一个人都能找到合适的配偶。"

　　当然，所谓的"合适"因人而异。所以，当你看到昆虫界里那些看上去不太般配的伴侣时，千万不要像我这样大惊小怪。

　　在一次偶然的情况下，我得到了一对蒂菲粪金龟。我找到它们时，这对夫妻正在洞底忙着挖掘泥土，令我惊讶的不是那位女主人的美丽和优雅，而是它那矮小的丈夫！雄蒂菲粪金龟身材瘦

弱，身高只有 12 毫米，正常情况下这种雄性昆虫一般都会长到 18 毫米。它的体积几乎只有普通雄性的四分之一，除此之外，就连它们特有的胸前那三根并排长矛都出现了畸形：正常情况下这三根刺都应该弯向头顶，但现在中间那一根又短又小，两侧的两根也只长到和眼睛等高的位置。我感到奇怪，那位漂亮的姑娘为何偏偏选中了这样一位既不潇洒也不帅气的侏儒丈夫呢？

这种情况我并不是头次遇到。我曾经为一位英俊而魁梧的雄性蒂菲粪金龟寻找伴侣，不幸的是，姑娘说什么都不肯接受我为它锁定的配偶，为了撮合这门婚事我绞尽脑汁，最后，我不得不为这个小伙子另配佳偶。

连拥有好身材、好相貌的雄虫都会被拒绝，那么这只矮小的粪金龟怎样俘获了漂亮姑娘的芳心呢？难道我们要用"爱情是盲目的"这句话来解释这种不太般配的结合吗？

虽然心有疑惑，但我的注意力并不在那里，还有更加有趣的事情值得我推敲：按照遗传学的观点，子女的身高、相貌多少都会受到父母基因的影响，这是不是意味着这对极不般配的夫妻所生下的孩子中，会有一部分长成母亲那样的瘦高个，而另一部分像父亲一样矮小？

为了得到确切的答案，我决定把它们"圈养"起来。遗憾的是我没有合适的牢房，如果能用木板做一个高高的空心木柱，再在里面装满泥土，那就再合适不过了。但眼下的条件并不允许，所以我只好找了一个做昆虫实验用的试管，往里面装进沙土和食

物，随后将这对蒂菲粪金龟放了进去。

对于环境的变化，它们似乎并不关心，或者说没有完全意识到这一点。就像在野外的洞穴中一样，雌虫挖土，雄虫清理垃圾，并开始把堆在外面的粪球挪到洞里。

很快，雌虫挖到了试管底部，它们这才发现无法继续劳动。由于试管中的土壤厚度无法满足蒂菲粪金龟对于洞穴深度的要求，很快，这对夫妻死去了。

实验失败，破解侏儒之谜的线索也断了。我想到的是，这只雄虫为何成了侏儒？莫非它的父辈或祖辈就是矮个子？它的子女也会把父亲的身材当作遗产继承吗？如果这一切与遗传无关，又是什么因素导致的？一连串的问题让我感到头痛。

关于遗传的问题我因缺乏专业知识无法验证，只能希望通过力所能及的实验寻找突破口。想到人类中那些因缺乏食物而面黄肌瘦的孩子，还有因营养过剩而令人操心的小胖子，我开始怀疑食物的供给量也会对昆虫的身高产生影响。

一根有弹性的绳子会根据拉伸力度的大小出现长短变化，一个可伸缩的袋子会因为放入物体的多少发生体积缩胀，假如把昆虫的身体当成绳子或袋子，这种现象就不难理解了。昆虫的进食量应该有一个范围，低于最低值，昆虫会饿死；之所以出现了矮子，可能是因为它摄入的食物量不够；如果在最低限度之上增加数量，同时又不超过可承受范围，就会得到一个身高正常或偏高的生命。如果这一套可伸缩理论不算荒唐，那么我是不是可

以随意制造矮子或巨人？是不是通过控制它们的食物摄入量就能做到呢？

但是，昆虫们有自己的智慧，通过强迫进食来制造巨人恐怕只会白费力气，因为它们一旦吃饱就会停止进食。所以我的实验只能在最低级和最高级之间进行，以保证它们既不会被饿死，也不会因超量的食物而苦恼。

如何确定幼虫正常的食物定量是我遇到的第一个问题。一般来说，绝大多数昆虫父母都会为它们即将出世的孩子准备取之不竭的食物，幼虫们想吃多少就吃多少，除非胃再也无法负担，否则就没有限制。其中育儿经验最丰富的要算食粪虫和膜翅目昆虫了，它们预备的食物往往数量适中，绝不会出现不足的情况，也不会因过多而造成浪费。

蜜蜂类昆虫也是分配食物的一把好手，它们不仅预备了足够多的蜂蜜，而且会根据幼虫的性别分配食物：雌虫个子大一些，就多分点食物；雄虫个子小，就少分一点。像蜜蜂一样按性别为幼虫分配食物的还有鞘翅目昆虫。我曾经尝试过破坏这些母亲精心的分配，将雌虫的食物匀一部分给它的兄弟们，这虽然没能制造出巨人和矮子，但成虫的身高确实受到了影响。

这让我的想法更加坚定，食量确实能影响身高，我将通过更多实验证明这一点。接下来的任务是挑选我的实验对象，膜翅目昆虫被我排除，原因是它们的幼虫过于娇弱，很可能夭折于实验之中。而那些身体健康、胃口较好、大小明显的圣甲虫则完全符合我的要求。

圣甲虫会把粪球揉成大小不同的梨形，分配给每一条幼虫。或许也是因为性别不同，幼虫们得到的梨形食物有大小上的差别，对此，我没有做实验性质的认证，而是像当初改变蜜蜂母亲的分配一样，将圣甲虫母亲自认为最恰当的配给进行了调整。

我在五月初做了一项削减食物的实验。我把四个包裹着虫卵的粪梨横向切开，然后把球冠形的梨腹扔掉，而把寄居着虫卵的梨颈分别放在四个广口瓶里。广口瓶的好处在于，能给孵化中的幼虫提供恰到好处的外部条件，因为瓶子内部既不干燥，也不太潮湿。

在食物被削减了一大半的情况下，这几条幼虫只能依靠有限的粮食完成生长过程。可能是由于瓶里的舒适程度比不上洞穴的

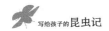

温暖和湿润，两条幼虫很快就死掉了。为了观察其余两条幼虫的生长情况，我在粪球外壁挖了一个小洞作为观望口，两个小家伙一直尝试着用粪把它堵上，终究没有办到。

在结束幼虫期以后，幸存的两条小圣甲虫比那些依靠整只粪梨长大的同类确实瘦小一些，不仅如此，幼时食物不足对它们身高的影响将延续下去。

两只圣甲虫于九月份从蛹中羽化而出。那些在野外自由生长的成虫最小的也有 26 毫米，但这两只圣甲虫只有 19 毫米，而且它们的体积也只有正常同类的一半左右，确实算得上圣甲虫中的侏儒了。

这些圣甲虫体积缩小的比例与食物减少的比例几乎是一致的，这证明了某些昆虫的身体与可伸缩的袋子确实相像。不过我并未因此感到满足，起码我还不知道那只启发我进行昆虫身高研究的蒂菲粪金龟到底遭遇了什么事故，是否也是因为食物短缺呢？

或许是因为那位善于分配食物的母亲一时疏漏，把分量不足的粪球分给了某个孩子；或许是因为食物缺乏，所以最后一颗卵只能勒紧腰带；还有可能是母亲在分配食物时遇到了突发事件，只能中止工作。不论哪种情况，唯一确定的是那条营养不良的幼虫挺过了饥荒的童年，虽然没能长成大个子，总归还算健康。

虽然明知可能性不大，但我还是想试试看增加食物供给会不会增加昆虫的身高。我给实验室里的圣甲虫们提供的食物是它们的母亲所分配的定量的两倍多，但正如我所预料到的，这些小虫吃饱之后就没了食欲，大概是因为胃的容量有限吧！所以它们并没有长成像来自阿雅克修和阿尔及利亚的圣甲虫那样的巨人。那两个地方的圣甲虫一般体长34毫米，若单纯比较体积，塞里昂乡间的圣甲虫的体积是用节食法得到的矮子的两倍，科西嘉和非洲圣甲虫的体积比矮子们甚至多出了四倍。我猜想这些昆虫一定具有超大的胃口，非洲的气候环境或许就像辣椒和芥末一样刺激着它们的食欲。这样的环境我无法仿造，也就没有办法将本地的圣甲虫养得像非洲虫子一样。

以后的实验，我选择了花金龟为对象。一般来说，这种昆虫生活在腐烂的树叶堆里，它们的母亲从来不会对它们的粮食进行合理的规划，将它们产在充裕得不受任何限制的食物堆里后，它们的母亲就认为完成了自己的任务。

四月初，我从荒石园里的一堆腐叶中捉来了36只发育良好的花金龟幼虫，不出意外，它们会在接下来的一段时间内大量进食，以储备化为成虫的营养，并在夏天到来时织起虫蛹。

我把捉来的幼虫分成三组，每组12只，分别放进一个铁皮罐里，为了避免水分蒸发过快，又把罐子密封起来。这三组幼虫享受的待遇是不同的：第一组拥有充裕的食物，而且食物随时都能得到补充，住在这里甚至比在那松软的沃土堆还要舒服；第二组幼虫隔几天就能得到一些腐叶，但数量有限，根本填不饱肚子；第三个罐子就是饿鬼们的地狱了，里面铺着薄薄的一层粪，饥饿的花金龟幼虫只能在上面散步，但它们得不到任何食物。

炎热的夏天很快就到来了。三个罐里的幼虫分别变成了什么样子呢？我怀着好奇心打开第一个罐子后，看到了12只美丽的花金龟，它们都很健康，发育得很充分，放到荒石园里后根本无法把它们和自然长大的花金龟区分开。不过，这个现象同样说明：充裕的食物不能增加它们的身高。

第三个罐子里那些彻底禁食的花金龟幼虫中大部分因为饥饿而死亡，只有两只结成了蛹，蛹的尺寸也比较小。它们迟迟不肯破蛹而出，第一个罐子里的花金龟都已经爬来爬去了，这两个蛹还没裂开。到了九月中旬，我实在没有耐心继续等待这两个花金龟自己钻出来，便动手破开了蛹壳，原来里面的幼虫已经死了。在完全没有食物的情况下，即使有两只幼虫靠着顽强的毅力活了下来，但最终也没完成蜕变，它们所做的最后努力就是把周围的粪黏合成一层外壳，似乎是要为自己穿上最后的寿衣。

看过处于两种极端环境中的花金龟之后，让我们来看看情况介于两者之间的第二个罐子里发生了什么吧！打开罐子后，我看到里面12只花金龟幼虫中有11只饿死，只有一只蛹壳孤零零躲在一边。看上去除了比正常的蛹要小一些之外，结构还算正常。同样到了九月中旬，在确定它没有任何自动开裂的迹象后，我打开了那个蛹壳，我本以为两只虫蛹的悲剧会在这里重演，但让我万分惊喜的是，里面居然有一只活着的花金龟，它像那些在松软土壤、可口腐叶中长大的同类一样漂亮，皮肤甚至还闪耀着金属般的光泽，白色条纹外衣让它看上去像位风度翩翩的绅士。

遗憾的是，这位绅士的身材实在太矮小了——从头顶到鞘翅末端的长度只有 13 毫米，在这之前，我还从来没捉到过这么小的花金龟。如果和在正常条件下成长的花金龟相比，这个侏儒的体积大约只有它们的四分之一。饥饿造成了如此严重的后果，我的推测得到了越来越多事实的佐证。

禁食造成的影响是深刻而长久的，这只被我从蛹壳里剥出来的花金龟仿佛耗尽了所有的力气，无法从壳里爬出来，我只好亲自为它打开牢房。虽然破壳而出的时间已经过去了很久，但它似乎一点都不喜欢已经到手的自由，它懒懒地趴在地上，一点也不动，除非我用手去拨弄它，它才会走。我想这只花金龟的虚弱应该是饥饿导致的，于是把它的同类们最爱吃的香甜的无花果扔给了它，这块无花果已经熟透，味道一定非常不错，如果是一只在荒石园中长大的花金龟，它一定会扑上去狼吞虎咽起来。但是这只被强行解放出来的虫子宁可睡觉，也不肯进食，这让我产生怀疑：如果我不把它强行从蛹中放出来，它会不会踏踏实实地待在壳里过冬呢？

我在圣甲虫那里得到的结论在这只矮小而虚弱的花金龟幼虫身上得到了再次的验证：在昆虫界，身材矮小很可能与先天无关，而是后天饮食不足的结果。我很想知道这些通过饥饿实验得来的昆虫中的侏儒是否能生育后代，并将矮小的身体特征遗传给它们的子孙，但这将会是一个艰难的实验，我根本无法确信一只本身已经非常虚弱的花金龟能够活到求偶、生育的那一天。我不得不去考虑一切消极因素，如果我执意而为，最终可能会一无所获，这样倒不如换个思路，去研究研究那些植物好了。

四月份，在那些长期潮湿的地方生长着一种叫作春葶苈的植物。它们要忍受被人多次踩踏过的、坚硬的土地，它们看上去很虚弱，那是因为养分过于贫乏。

比起对圣甲虫或花金龟进行试验而感到费心费力，对植物进行试验就容易得多。我只需收集一些这种弱小植物的种子，然后在合适的季节把它们撒在土里，基本上就大功告成。前提是这里的土壤要非常肥沃，起码不贫瘠。

第二年春天，这些春葶苈长出了很多根高达一米多的茎，叶子宽大肥厚，就像莲花座一样，到了收获季节，果实挂满了茎干。植物恢复了正常的状态，侏儒症似乎已经得到了彻底的治愈。

通过各种试验得出的结论，我推测，如果昆虫的矮小是由于人为因素或是意外不测而造成的，那么只要它们还有生育能力，并且能保证它们的后代在正常的条件下成长，那么诸如驼背、肋缘外翻和上肢残缺一类的身体特征就不会遗传。

写给孩子的**昆虫记**

写给孩子的昆虫记

写给孩子的
昆虫记
习性大揭秘

[法] 法布尔 著

王光波 编译

江西美术出版社
全国百佳出版单位

图书在版编目（CIP）数据

写给孩子的昆虫记. 习性大揭秘 /（法）法布尔著；
王光波编译. -- 南昌：江西美术出版社，2023.2
　　ISBN 978-7-5480-8715-1

　　Ⅰ. ①写… Ⅱ. ①法… ②王… Ⅲ. ①昆虫学—儿童
读物 Ⅳ. ①Q96-49

　　中国版本图书馆 CIP 数据核字（2022）第 125863 号

出 品 人：刘　芳
企　　划：北京江美长风文化传播有限公司
责任编辑：楚天顺　朱鲁巍　　　策划编辑：朱鲁巍
责任印制：谭　勋　　　　　　　封面设计：韩　立

写给孩子的昆虫记·习性大揭秘
XIE GEI HAIZI DE KUNCHONGJI·XIXING DA JIEMI

［法］法布尔 著　王光波 编译

出　　版：江西美术出版社
地　　址：江西省南昌市子安路 66 号
网　　址：www.jxfinearts.com
电子信箱：jxms163@163.com
电　　话：010-82093785　　　0791-86566274
发　　行：010-58815874
邮　　编：330025
经　　销：全国新华书店
印　　刷：河北松源印刷有限公司
版　　次：2023 年 2 月第 1 版
印　　次：2023 年 2 月第 1 次印刷
开　　本：880mm×1230mm　1/32
总 印 张：16
ISBN 978-7-5480-8715-1
定　　价：148.00 元（全 4 册）

目录

CONTENTS

第一章

圣甲虫的习性

　　我们沿着山路高兴地走着，一边谈天说地，一边寻找着圣甲虫的踪迹，或许它在我们不知道的时候已经在安格尔沙土高原上出现，正在滚动着被古埃及人视为代表世界形象的粪球。在这五六个人中，我是年纪最大的，是他们的老师；而他们呢，则是一群充满干劲的年轻人，有着火热的激情、丰富的想象力和充沛的活力。我们都热爱着这神秘的自然，并且渴望能对它有更多的了解。我们想了解梭形尾巴像珊瑚枝的小蝾螈是不是藏在山脚的溪水里，躲在了绿毯般的浮萍下；小溪里的刺鱼是不是已经戴上了天蓝和紫红相间的结婚领带；刚刚归来的燕子是不是正在焦急地寻找着一边跳舞一边产卵的大蚊子；而长着眼状斑的蜥蜴是不是正趴在阳光下的砂岩上，展示着它布满蓝斑的尾部。总之，我们就是这样一群对动物深深痴迷的人，我们怀着愉悦的心情来到这里，用我们自己的方式，来庆祝整个春天的回归。

　　山路两旁长满了接骨木和英国山楂树，树上的伞房花序散发出了一阵阵苦涩的香味，就连金花龟也陶醉在了这样的香味里。我们伴着这样的香味，找到了令我们兴奋的东西。小溪里的刺鱼已经梳妆完毕，它的鳞片闪着白银般的亮光，胸前的朱红色也变得格外扎眼。当居心叵测的黑色大蚂蟥接近时，它背部和鳍部的刺便会立刻竖起来，把敌人吓得灰溜溜地逃跑。扁卷螺、瓶螺、椎实螺等软体动物在水面上呼吸着新鲜的空气。它们总是一副与世无争的样子，就算被水鬼虫和它丑陋的幼虫袭击，这些和平爱好者也好像什么都没发生一样。而在悬崖那边的高原上，绵羊们正在悠闲地吃着青草，马儿们紧张地练习着赛跑。它们都给食粪虫带来了丰富可口的食物。

把地上的粪便清除干净，这便是鞘翅目食粪虫的工作，也是它们的崇高使命。食粪虫拥有各种各样奇异的工具：有的用来翻动粪土，把粪土捣碎、整形；有的用来挖洞，以便日后用来储存它们的战利品。这些工具就好像博物馆里陈列的挖掘工具，极其精巧实用，有的像是仿造了人类的技艺，而有的则完全出于它们的原创。

西班牙粪蜣螂的额前有一个强有力的角，脚尖向后翘，像十字镐的长柄。月形粪蜣螂不但拥有类似的角，它的胸部还长着两片犁铧形状的尖片，两个尖片之间，还伸出了一根十分突出的尖骨作为刮刀。生长在地中海边的水牛布蜣螂和野牛布蜣螂额前有一对岔开的角，前胸有一片水平的犁铧伸到两角之间。蒂菲粪金龟的前胸长着三片直指前方的平行尖犁，两边的长，中间的短。公牛嗡蜣螂的工具是两个像牛角的弯长钳子，而叉角嗡蜣螂的工具则是一根双刃长杈，竖立在扁平的头上。即使是最差劲的食粪虫，它的头上或胸前也长着突出的硬疙瘩。

很多食粪虫的衣着鲜艳得像首饰盒上的宝石。似乎是作为对干脏活的补偿，不少食粪虫都能散发出麝香的味道，而且腹部闪耀着金属般的光泽。一般来说，食粪虫的颜色都是黑的，但也有很多例外，粪堆粪金龟的腹部就发出了金和铜的光泽，而黑粪金龟的腹部则更加美丽，呈现出了紫晶的色彩。有些生长在热带地区的食粪虫显然更加幸运，因为它们拥有同类中最亮丽的外表。生长在埃及的骆驼粪下的圣甲虫有着祖母绿般的色彩，而圭亚那、

巴西、塞内加尔的蜣螂则有着红宝石般耀眼的光芒。

　　我观察过很多食粪虫的工作场景，那是多么忙碌的一番景象啊！就连在加利福尼亚寻找金矿的淘金者们，也没有食粪虫的这般干劲。太阳还不太热，数百只大小不同、形态各异的食粪虫便已密密麻麻地挤在了一起，谁都希望能在这共同的糕点上多分得一杯羹。有的负责梳理粪堆表面，有的负责在粪堆深处挖掘巷道，有的则忙于挖洞，以便一会儿把战利品储藏起来。身强力壮的一般都在前面冲锋陷阵，而个头比较小的就站在一边，把偶尔坍落的一小块粪便切碎。有的小虫子初来乍到，看到美味兴奋不已，便当场饱餐一顿。而大多数虫子还是有着长远的打算，它们会把食物储存到一个隐秘的地方，以备不时之需。要知道，在这宽广的草原上找到这样一堆新鲜的粪便有时候比中彩票都难。

　　方圆一千米内粪香四溢，所有的食粪虫都循着这香味急急忙忙地赶过来。看，那里有一只来晚了的虫子，它正迈着小碎步向粪堆走过来。它的长腿生硬又笨拙地向前移动着，好像是被某种装在肚子里的机械推动着前进；红棕色的触角像扇子一样张开，显示了它对不能分到足够的食物所产生的担忧。终于，它挤倒了一些捷足先登者，抢先来到了粪堆旁边。它伸出强壮巨大的前足，一抱一抱地对粪球做着最后的加工，然后走到一旁静静地享受自己的劳动成果。这浑身黝黑、粗大异常的家伙，便是大名鼎鼎的圣甲虫。

习性大揭秘

圣甲虫用它特有的步骤制
造出了一个个粪球。在它的额头有
六个排成半圆的角形锯齿，那是用来
挖掘和切削的秘密武器。圣甲虫用这把
子来剔除不能吃的食物纤维，把最精华
的部分聚集起来。如果是为了自己采集
食物，圣甲虫才不会如此挑剔，可是如果是为了制作育儿室，在
粪球中挖一个孵卵的小洞，那就必须精挑细选，用最精华的粪便
筑成小洞的内层。这样，幼虫破卵而出时便能在住所的内壁找到
营养丰富的精细的食物，为将来储备能量。在筛选自己的食物时，
圣甲虫似乎显得有点漫不经心。它把带锯齿的额突转入粪堆里，
在强壮有力的前足的配合下，很轻易地进行着挖掘的工作。如果
需要翻越障碍在粪团最厚处开辟通道，它便用它那带锯齿的腿用
力一耙，清理出一个半圆周的空间来，再把耙过的粪便聚拢到腹

下的四只腿之间。剩下的工作便交给后足去完成了：检查和修正球体的形状。实际上，这些腿的作用就是帮助粪球成形。这些经过粗加工的粪团在四条腿之间摇摇晃晃，逐渐趋于完美。

就这样，一粒小小的粪丸在眨眼之间变成了苹果那么大的粪球。这些工匠在烈日下如痴如醉地干着活，它们的速度总是让我感到惊异。我还曾经见过它们制造出拳头大的粪球，那么大，估计够这些贪食者享用很久。

圣甲虫习性中最惊人的特征体现在它搬运食物的方式上。食物制作好了，圣甲虫们便从混战中退了出来，开始进入搬运的过程。它们没有丝毫迟疑，立刻上了路，用那两条长长的后腿抱着粪球，把足尖的爪子卡进粪球里作为旋转轴，两只中足用作支撑点，长着锯齿的前腿交替着地。它们就这样倾斜着身子，头朝下身子朝上地倒着走。两条后腿在这里起了重要的作用，它们来回运动，变换着旋转轴，使得重物能够保持平衡。而两只前腿的左右交替也推动了重物向前移动，使粪球表面的各个点轮番与地面接触，由于压力分布均匀，粪球外层的各个部分也都变得一样坚实，外形逐渐趋于完美。

当然，事情总不会一帆风顺的。瞧，圣甲虫遇到了第一个困难。在翻越一个陡坡时，沉重的粪球顺着斜坡滚了下去，圣甲虫也被重物拖倒，翻了个跟头，六条腿冲着空中乱挥。不过它才不会轻易放弃，转眼间，它又翻了过来，奔跑着去把粪球抓住。倔强的圣甲虫不愿意走那平坦的谷底，它又站在了那造成严重后果

的斜坡前，再一次开始了它的攀登。它小心翼翼地往后退，千辛万苦地把巨大的粪球推到了一定的高度，可是一个不小心，粪球又带着圣甲虫滚了下去。一次次地攀登、一次次地跌下，在这艰难的路上，圣甲虫往返重复，小心翼翼。可二十几次徒劳的攀登终于磨平了它的耐性，或者说，使它变聪明了些，只有在这时候，它才肯选择那条平坦的小路。

圣甲虫并不总是单独搬运珍贵的粪球，它会经常给自己找个搭档，或者说，会有另外一只圣甲虫主动参与进来。当粪球做好后，一只圣甲虫便会带着粪球倒退着离开，企图早点摆脱战局，而这时候，旁边的同伴便会放下自己的工作跑来协助它。在两只虫的共同努力下，粪球总会顺利到达终点。我很好奇，这是不是一种雌雄的联合呢？一对配偶即将成家立业，于是它们共同协作来谱写一曲家庭牧歌。可是没有任何特征能将雌雄圣甲虫从外表区分开来，于是我便解剖了两只搬运同一粪球的圣甲虫，事实是，它们经常是同一性别的伙伴。

既然不是一家人，也不是劳动伙伴，那么这种表面的合作是为了什么呢？哦，原来这纯粹是一场有预谋的"抢劫"。狡猾的搭档以帮忙为借口参与到粪球的搬运中，而一有机会，便会把粪球抢走据为己有。如果物主不警惕，帮忙者便会带着财富溜走；而如果物主监视严密，使得帮忙者没有机会作案，那么最后的结果通常是两只虫共同享用美味的午餐，因为它至少帮忙过。有一些野心更大的圣甲虫抢劫起来就更明目张胆了，它们也不假装好

心，而是直接出现在半道上，用武力把做好的粪球抢走。并且这种拦路抢劫的事情还常常发生。一只圣甲虫安详地坐在路上，独自滚动着它辛辛苦苦做成的粪球。不知从哪里飞来另一只圣甲虫，猛地落下，把黝黑的后翅收到鞘翅下面，用带锯齿的手臂把物主推倒在地，而物主因为推着重物，常常无法招架。当物主意识到自己被抢劫时，它会不顾一切地守住自己的财产。看，那只被抢的圣甲虫翻转了过来，冲着抢劫者又踢又蹬。而抢劫者反而看起来比较淡定，它只是静静地站在粪球上，前腿收在胸前，静候事态的发展，随时准备攻击。它已经占据了能打退进攻者的最有利的位置，它要做的只是盘踞在粪球的圆顶上，监视着物主的一举一动。一旦对方立起身子准备攀登，它便挥臂一击打到对方的背上。

为了让敌方垮下来，被抢者必须施展挖坑道的战术，那就是破坏粪球的下部，使得摇摇晃晃的粪球带着抢劫者一起滚动。而强盗为了不让自己掉下去，只能像做体操一样，尽量在滚动的粪球上保持身体的平衡。如果它一不小心出现了失误，从粪球上掉了下来，那么战斗便会转化为拳击，双方会胸贴着胸厮打起来。在厮打中占据上风的一只会找机会重新回到粪球上去，费尽心思把粪球据为己有。当强盗幸运地获胜之后，它便套上车把夺来的粪球随便推到什么地方；而可怜的物主只能逆来顺受地回到粪堆上去，重新制作一个又一个的粪球。

我无法查明到底是什么原因使得圣甲虫养成了抢劫的习惯，

为了一块粪团而对同伴动用武力，但我能够肯定，抢劫是这种虫子的天性之一。蒲鲁东的"财产即盗窃"和外交家们"力量胜过权利"的主张都能在圣甲虫身上得到很好的体现。为什么这些小虫子能够和同伴肆无忌惮地你抢我夺，这是个奇怪的动物心理学问题，只能留给未来的观察者去解决。在这里我只想讨论一下这两个共同搬运粪球的合伙者。

首先，我必须纠正书本上流行的一种错误的说法。我在布朗夏尔先生杰出的作品《昆虫的变态、习性与本能》中读到了下面

这段话：

　　我们的昆虫有时被一个无法逾越的障碍挡住，粪球掉进了洞里。这时圣甲虫表现出一种对局势的惊人的了解，以及一种在同类之间进行联络的惊人能力。由于已经意识到无法带着粪球越过障碍，圣甲虫似乎放弃了粪球，飞到远处。如果你充分具备这种称为耐性的伟大而高尚的品德，那么你就待在这个被丢弃的粪球旁边吧。不一会儿，圣甲虫又来到这个地方，不过，它不是独自回来的，它身后有两个、三个、四个、五个同伴，全都扑向这个宝物，同心协力把重担抬起来。圣甲虫找到了援军，这就是为什么在干旱的田地上，常常看到好几只圣甲虫共同搬运仅有的一个粪球的缘故。

　　我在伊利热的《昆虫学》杂志上还看到：

　　一只墨侧裸蜣螂在造用来装卵的粪球时，粪球掉到洞里去了，它长时间拼命想独自把粪球拉出来，却是白费力气，浪费时间。于是它跑到临近的粪堆找来三个伙伴，它们共同出力，终于把粪球从洞里拉了出来，然后那些帮手又回到各自的粪堆里，继续自己的工作。

　　这两种说法完全相似，无疑是同出一源。可是恳请大师布朗夏尔原谅，事情肯定不是这样的。伊利热的杂志根据十分不合逻辑，所以不值得盲目相信，只是提出关于墨侧裸蜣螂的奇遇，并

把它照搬到圣甲虫身上。两只同种的昆虫共同帮忙滚动粪球，或是从一个地方把粪球拉出来，是件非常罕见的事。但这样的合作并不能证明处于困境的圣甲虫会向同伴求助。

我算是相当具有耐性的人了。我曾经长时间地和圣甲虫朝夕相处，千方百计想要看清楚它的习性，可是在我的观察中，我从没看过它有任何想找同伴帮忙的迹象，哪怕是一闪而过的念头也好。我也曾经对圣甲虫做过实验，而且实验的难度比粪球掉进洞里的难度大得多。比如我曾经给它设置比重新爬上斜坡更严重的障碍和比任何时候都更需要帮忙的局面。可是展现在我眼前的，从来就不是同伴互相帮忙的画面。所以我对这一问题的见解是：几只圣甲虫出于掠夺的目的而一起拥到同一个粪球上，结果却被误会成了呼唤同伴来帮忙的故事。由于观察得不充分，人们把这样一个拦路抢劫者，说成了一个放下自己的工作去帮助同伴的人。

在实际的情况中，圣甲虫的伙伴关系其实更微妙。一般来说，来帮忙的圣甲虫其实是带着阴谋硬加入进来的，而物主是因为害怕更严重的灾祸，才勉强接受帮助的。它们的相处方式看起来很和平。两个人共同驾车，物主占据着首席，在主位，从后面推重物，后腿朝上，低着头；伙伴在前面仰着头，带锯齿的前腿放在粪球上，常常后腿拖着地。它们的力气很不协调，助手背朝着前面的路，而物主的视线又被粪球挡住了，于是两者经常笨拙地摔倒在地。

入伙者在表现了好意之后，便开始破坏合作的体制。它把腿收在腹下，赖在粪球上面，跟粪球成为一体。它牢牢地趴在上面，一声不吭，无论如何都不肯松手。这时候如果前面出现个陡坡，那就有好戏看了。它变成了领头人，在上面抓住沉重的粪球，而物主只能在下面费尽力气把粪球推上斜坡。当物主已经筋疲力尽再也使不出力气的时候，另一只则毫不费力地赖在粪球上，随着粪球一道滚落，再一道被推上来。

我进行过各种各样的实验，目的是要检验这两个合作者在面对重要麻烦时，解决问题的能力如何。我用一根长而粗的大头针把粪球钉在地上，粪球一下子停住了。那只圣甲虫不知道我的诡计，以为遇到了什么天然障碍，所以它加倍地使劲，拼命干，可粪球仍然一动不动。现在是真正需要帮助的时候，如果它向趴在圆顶上的伙伴求助一声，事情应该很容易解决，但没有任何迹象表明它会这么做。

圣甲虫顽强地摇动着粪球，各个角度都尝试过了，但没有丝毫效果。这时候，在上面休息的同伴也意识到了什么，于是从粪球上下来，绕着圈进行观察。它们从底部对粪球进行探测，终于发现了大头针的秘密。如果我能给它们意见，我会告诉它们："必须进行挖掘，把固定粪球的大头针拔出来。"这种办法对它们来说，太简单不过了，因为它们是天生的挖掘工。可惜我的意见并没有被采纳，甚至连试都没被试一下。

这两个伙伴一个从这头，一个从那头钻进了粪球下面，粪球

随着它们钻进的程度，开始滑动起来，顺着大头针向上升。由于粪便松软，它们很快便在桩头下面挖出了一条通道，很快粪球便被悬在与这两只圣甲虫身体厚度一般高的地方。它们趴在地上，用背部顶着粪球，靠腿用劲一点一点地把粪球撑起来，最后终于使粪球从大头针顶脱离了出来。于是，它们把被大头针戳破的粪球马马虎虎地修补了一下，又开始了它们的运输。

这两只小虫子并没有意识到，它们之所以能逃出这个困局，是因为我大发慈悲帮了它们，否则就算它们怎么挺直身子也达不到大头针的高度。我捡来一小块平平的石头放在粪球下面，用来把粪球垫高，让圣甲虫在这个平台上继续干活。起初，它们似乎没有理解我的意图，还是按照之前的方法尝试。不过无意间，一只圣甲虫终于爬到了石头的上面，或许是感觉到粪球轻轻地擦着它的背，它又恢复了信心，再一次开始使劲。它们借助我不断添加的石块作为支点，坚持不懈地工作，直到把粪球完全拉了下来。

既然圣甲虫能想到利用我放的石块来完成这项工作，那它为什么想不到用自己的背来垫高另一只虫子以便它能够着粪球呢？唉！它们根本想不到这样的办法。通力合作对它们来说，似乎是不可能发生的事情。就算是遇到再大的困难，每只圣甲虫也只是独自努力，从没想到过配合。如果圣甲虫没有同伴，情况也是一样的，它还是会用完全一样的方法去摆脱困境。这就证明，同伴对圣甲虫来说完全没有意义，那么，它去找一群

同伴来又有什么意义呢？

　　为了增加记录的客观性，我又进行了一次实验。这次我挖了一个相当深而且陡的小洞，把圣甲虫和粪球一起放到了洞底，使它无法滚动着沉重的负担爬上洞壁。圣甲虫一再努力毫无结果，相信自己已经无能为力，便飞得无影无踪。在这种情况下圣甲虫会叫同伴来帮忙吗？我等了好久，一直希望它能带几个增援的好友回来，但结果却令我大失所望。

　　两只搭档的圣甲虫滚动着粪球，穿过百里香、车辙和斜坡的沙地，漫无目的地往前走，滚动使粪球有了一定的硬度，也许这样的粪球正合它们的口味。找到合适的地方后，主人开始动手挖餐厅，而伙伴却趴在粪球上面装死。圣甲虫主人用带锯齿的腿把沙子一抱一抱地挖出来，慢慢地消失在洞穴中。每次它

带着一抱沙土回到露天时，这位挖掘工总要向粪球瞧一眼，看看它是否还安然无恙。

随着工程变得越来越大，圣甲虫主人出来的次数逐渐减少，那只睡着的圣甲虫终于醒来了，奸诈地溜了下来，背朝外迅速地推着粪球，一溜烟儿就跑掉了。窃贼已经到了几米开外，失窃者才从洞里出来，它四处张望，却什么也没找到，凭借嗅觉和观察，它迅速确定了窃贼的行踪，并迅速追了上去。可是结果却出乎意料，两只圣甲虫在碰面的一瞬间似乎达成了某种和解，它们就好像什么也没发生过一样，又一起把粪球运回了洞里。如果小偷已经跑远，或是能够巧妙地掩盖自己的踪迹，那灾祸便无可补救了。但即使是这样，圣甲虫也不会泄气，它会搓搓双颊，伸伸触角，吸吸空气，然后飞向附近的斜坡重新开始觅食，这就是圣甲虫值得赞美的刚毅的性格。假设它没有遇到不请自来的同伴，那它会在疏松的沙地里挖一个拳头那么大的洞。食物一储存好，它便把洞口封住，只留自己在洞里独自享用那美味佳肴。

圣甲虫的宴会开始了。光是粪球就几乎占满了整个餐厅，食物从地板一直堆到了天花板。在这美妙绝伦的小世界里，圣甲虫三三两两地挤在一起，欢快地享受着美味的午餐。它们没有因为分心而漏掉一口饭，也没有因为挑剔而浪费一粒粮食，所有的粪球都被它们认认真真地吃了进去。这是一项十分奇妙的化学工作。你想想，肮脏的粪土都变成了赏心悦目的鲜花和圣甲虫的鞘翅，它们装点着春天的草坪，使春天变得异常美丽。

　　圣甲虫天生具有一种神奇的消化能力，这就是它能在最短的时间内化粪土为神奇的秘诀。我对它们那极长的肠子感到惊奇。那肠子反复蠕动着，经过多次的循环，把粪土完全消化吸收掉，什么都没有剩下。庞大的粪球一口一口地进了圣甲虫的消化道，留下营养成分，然后再从它的尾部出来。当粪球整个进到胃里之后，它又重新回到地上去寻找机会。

　　从五月到六月，圣甲虫欢乐的生活一直持续着。当炎热的夏天来临的时候，圣甲虫便会躲到阴凉的土壤里，企图躲避那炎炎烈日。等到第一场秋雨落下，它们便会再度出现，不过数量远远不及春天时多，也没有春天那么积极。这段时间，它们的头等大事是孕育种族的未来。

第二章

赛西螳螂父亲的本能

在履行父亲的义务方面，身穿皮毛的动物表现得十分令人满意；鸟类也是出类拔萃的，燕子父亲就是一个很好的榜样。它和它的妻子一起，不辞辛劳地把麦秸和泥浆带回窝巢，为年幼的孩子寻找肥美的飞虫。然而，在昆虫世界中，这样的模范父亲却非常少见，简直可以说是凤毛麟角。

这些不负责任的父亲还为自己的游手好闲找借口，它们并不觉得需要为安置子女花多大的力气，新生的幼虫强壮又结实，只需要把它们生在有利的环境中——一个能够提供居住和膳食的场所，或是一个让幼虫能够自己找到食物的地方，这就可以了。比如，对粉蝶来说，只要把卵产在甘蓝的叶子上，就足以使它的家族人丁兴旺。

不过，并非所有昆虫都这样养育下一代，膜翅目昆虫就会精心地给子女置办嫁妆，为子女提前备好吃住。在灵巧的昆虫中，膜翅目昆虫是最有天赋和才华的一种，它在修建堆放幼虫食物的

食品柜方面技术精湛，堪称行家。然而，幼虫的需要并未激发父亲去发挥它那卓越的才能，这项兼具建筑和食品供应性质的重担完全落到了母亲的肩上。

那些懒惰迟钝的父亲往往把身体衰弱当成理由，但这实在是个非常差劲的借口，就算不能像妻子一样能干，至少也可以做它的助手，帮助它把将要放置的器物收集起来，耙干净一株茸毛植物的茸毛，切割圆一小片树叶，在到处都是污泥的地方寻找一小块泥浆，这些并不需要有多高超的技术，都不是什么干不了的事情啊。它为什么就不肯去帮帮忙呢？

它该学一学粪金龟一家的榜样呀！粪金龟父亲用它那强壮有力的挤压器官帮助妻子制造压缩香肠，和妻子一起齐心协力为子女准备家业。它懂得怎样减轻家务，它明白单靠自己或妻子不

能负担的任务，由夫妻二人共同劳动就能完成。

这是一个迄今为止独一无二的例子，在普遍离群索居的环境中，这上等家庭的习俗让我感到十分吃惊。不过，在坚持不懈地研究之后，我可以再添加另外三个例子。这三个例子都是食粪虫行会提供的，都十分有趣。埃及圣甲虫和西班牙粪蜣螂的故事我就暂不赘述了，在这里主要讲一讲赛西蜣螂吧。

赛西蜣螂是体形最小的推粪工，它活动灵敏，动作迅速。不过，这位勤恳的推粪工在搬运粪球时，经常会冷不丁地从崎岖不平的路上滚下来，双腿抖动，肚子朝天；然而这似乎并不影响它的心情，它始终保持着愉快的心情，凭着坚强的毅力重新站起来，调整姿势，再回到原来的路上。有人叫它"西绪福斯"，因为这一连串极耗体力的动作和它那毫不动摇的耐心像极了古希腊神话中的西绪福斯。

据说，西绪福斯因为触犯了宙斯的权威，被罚在山下做苦役。这个不幸的人每天拼死累活，就是为了把一块巨石搬上山顶。可是，每当巨石就要到达山顶时，却忽然一个跟头滚下山来。可怜的搬运者就再搬，巨石再次滚下山脚，一切又都归零。就这样，西绪福斯周而复始地重复着无效无望的劳动。

对于人类的辛酸苦楚，昆虫界的西绪福斯并不了解。颠簸、碰撞、跌倒，对它来说好像不算什么，它像孩童一般无忧无虑。无论走到哪里，它都带着宝贝粪球，这东西有时是它的面包，有时是它子女的面包。

　　这名叫西绪福斯的虫儿在我们这片地区十分罕见，而我现在却拥有六对，这可是一笔我从来都没敢奢望的财富啊！不过，单凭我昏花的眼睛和耳朵的老鼓膜，大概永远都得不到这么多令人满意的实验对象。现有的丰硕成果多半应该归功于我的得力助手——我的儿子小保尔。

　　小保尔今年七岁，这是一个多么让人羡慕的美好年纪啊！他凡事都爱追根问底，蓝色的大眼睛里写满了好奇，小脑袋瓜儿里每天不知要蹦出多少个问号。

　　他和我的年龄相差了 60 岁。他那灵敏的耳朵，能听见我的老鼓膜捕捉不到的蝈蝈儿的轻声鸣叫；他那明亮的眼睛，能够从成堆的东西中，辨认出真正的洞穴。他是我的耳朵、我的眼睛，他是我捕捉昆虫时的好帮手；作为交换，我给他思想见解，帮助

他解答疑问，和他一起分享田野研究的喜悦。

他有自己的笼子，在那里，圣甲虫为他制作粪梨；他有自己的小园子，菜豆正在里面发芽，他常常掘出菜豆，看看胚根是否延伸；他有自己的森林，在那里，四棵一拃高的橡树挺拔地矗立着，每棵树上都结满了圆润的橡栗。对顽皮又天真的小保尔来说，这些大自然的可爱生命，比书本上干巴巴的语法更招人喜欢，它们使得汲取知识的过程变得有趣起来。

看吧，这就是孩子，他们智慧的花蕾正要绽放，他们的好奇心是如此不知疲倦。如果学校在枯燥无味的书本中融入生动活泼的田野学习；如果官僚们不再制定死板的条条框框，去束缚孩子们积极的好奇心和求知欲，那该是件多么美好的事情啊！

亲爱的小保尔，就让我们在梧桐树枝上、在迷迭香丛中学习吧！让我们去倾听蟋蟀的歌声，让我们去探寻蝴蝶的秘密，让我们的身体在迷人的乡野中舒缓放松，让我们的心灵在大自然中享受纯美的快乐！孩子，今天是假日，学校的黑板派不上用场了。让我们早早起床，去开始计划中的探险吧！虽然我们起得太早，没时间享用早餐了，不过你放心吧，我的袋子里早就备好了旅行的干粮，只要我们来了胃口，就找个阴凉的树荫享受苹果和面包。

临近五月，我们所要寻找的赛西蜣螂想必已经出现。我那能干的助手小保尔，他受过专业的教育和训练，比同龄的任何孩子都更加了解草丛中的小生物；现在，他摘除粪核的技术也十分了

得，是一位小行家了。他和我一起勘察羊群走过的贫瘠草地，草地上有绵羊那圆面包似的粪便。我们用手指把粪便一片一片地弄碎。虽然它已经被滚烫的阳光晒硬了，但硬壳下的面包心还保存完好。小行家努力地嗅气味浓烈的粪块，从那个面包心里找到缩成一团的赛西蜣螂。

饲养赛西蜣螂不是件难事，不需要用笼子，金属钟形网罩加上沙土层和合口味的食物，这就完全可以了。它们体形很小，勉强能有樱桃核那么大；它们的模样十分奇怪，身子短粗，后部浓缩成一个子弹头；足很长，像蜘蛛的足那样展开；后足弯曲并且异常的大，是很适合搂抱和紧勒粪球的器官。

大约五月初，两夫妻就开始为安置子女奔波劳碌起来。它们齐心协力、不辞辛劳地揉面做饼，运输和烘烤给孩子吃的面包。和圣甲虫一样，赛西蜣螂是精通食品长期保存最佳形状的几何学家。它们没有使用滚压机，用前爪的大切面从大块的粪球上切下厚度适中的一小块，然后一齐处理这块面包，一下下地轻轻拍打、压紧，把它制作成了豌豆大小的浑圆小球。它们的技术简直无懈可击，甚至在变换地方、支撑点受到动摇以前，切下的粪块就被塑造成球体了。

小球很快准备妥当，为了保护球心不受过快蒸发的损害，必须让它通过剧烈的滚动来加厚皮层。母亲套在车子上座前面，它的身材稍微粗壮些，因而容易辨认出来。它的前足放在小球上，长长的后足搁在地上。它一边后退，一边把小球拉向自己。此时，

父亲位于相反的位置，头朝地面，在后面帮忙往前推。

　　这种双重套驾的运输方式和圣甲虫的一模一样。不过，西绪福斯夫妻俩的套车上运送着为子女准备的嫁妆；而两只圣甲虫的套车则是运输它们为自己准备的宴会圆面包。像赛西蜣螂一样，圣甲虫也会两只一起制作粪球，然而，这只是两个偶然相遇的合伙者的相互合作，它们加工和运输面包完全是为了自己的私利，除此之外再没有其他动机了。在安置家庭方面，圣甲虫母亲得不到丈夫的帮助，所有繁重的耗尽心力的劳动它不得不独自完成；而此时，做丈夫的却早已将家中的妻儿忘得干干净净，不知跑到哪里躲清闲去了。和它相比，矮子食粪虫西绪福斯父亲是多么伟大呀！

现在，这勤劳的父亲正和妻子一起，在倒退中无法避开的坑坑洼洼的地面上穿行。有时，夫妻俩的套车在遍地沙砾的小丘上翻倒了，驾车的从车上滚了下来，仰面朝天。不过，它很快就重新爬起来，迅速恢复驾车的姿势。西绪福斯夫妇对一路上的跌跌撞撞并不感到忧虑，甚至好像希望它们的套车滚下来。难道，让小圆球坚硬、成熟不应该是目前最紧迫的事情吗？翻车事故连续地发生，塞西蜣螂夫妻俩就这样漫无目的、近乎狂热地拖着套车走了一个小时又一个小时。

最后，母亲觉得粪球已经揉滚得恰到好处了，于是，它就离开一小会儿，去寻找安置粪球的合适场所；父亲则蹲在粪球上守护它们的宝贝，等着它的伴侣回来。如果等待的时间长了，它就给自己找点事情解闷。它的后腿竖立在空中，像娴熟的杂技演员一样，让那颗珍贵的小圆球在它的双腿之间迅速转动。它用这欢喜的姿势不停地摇摆着，好像在炫耀一位食粪虫父亲的幸福：看啊，这块浑圆又柔软的面包是我烹制出来的，是我为即将出生的孩子准备的。这位父亲的快乐溢于言表，或许一想到它的孩子已经有了充足的食物，它就情不自禁地感到满足了。

没过多久，前去勘探的母亲已经完成了巢穴的选址工作，而且还挖好了一个坑，不过，这个坑只是巢穴的奠基工程，艰苦的工作还在后面。小圆粪球被带到了这个地基附近，父亲寸步不离地护卫在它旁边，警觉地监视着它周围的环境，甚至不放过一点风吹草动。确实，在住所完工之前，这个放置在洞口的小面包可

千万不能有什么闪失。在此期间，垂涎三尺的蜉金龟和小飞虫随时都可能来抢夺这块面包，提高警惕、严密提防小偷和强盗，是明智谨慎之举。

这时，手脚麻利的母亲用足和额突很快把小洞窝挖大，足够容纳下它那个形态完美的小球。它用背触触小球，大概感觉到小球在背上向后摆动；确认这块小面包没有受到什么损害之后，母亲便下定决心继续向前挖掘。小球被放进了洞穴里，一半插入了这个盆子似的粗坯里。母亲在下面拖拉小球，父亲在上面减缓震动，调节降落动作，帮助母亲清除可能阻碍行动的物体。它们配合得天衣无缝，可以说是最佳拍档，赛西蜣螂夫妻二人齐心协作，一切都进行得十分顺利。又花了一些功夫，小球就和这对技术高超的掘地工人一起在地下消失了。随后的一段时间中，它们大概都只是重复我刚才所讲述的过程。

又等了半天左右，我注意到父亲独自出现在地上，它正在离洞穴不远的沙土里休息。母亲在地下的小洞窝里还有未完成的工作，但是父亲却帮不上什么忙。因为小窝不太深，又比较狭窄，刚好只够模型工母亲围着小球转动身体；非技术型工人西绪福斯父亲不能在小洞窝里长久逗留，就早早退离，以便让它能干的妻子能够自由活动、尽快完工。然而，在地下的狭小空间安置好小球的工作必定需要耗费母亲大量的精力，因为直到第二天它才走上地面和父亲团聚。母亲一出现，做父亲的就从它小睡的沙土中出来与它会合，夫妻俩一起来到粮堆，吃东西恢复元气。重新获

得能量之后，它们又开始一起从粮堆上切割第二块，再制成浑圆的小球，再将它运输入仓。

我十分欣赏配偶之间的这种忠贞，在整个赛西蜣螂社区里，或许也会有一些临时家庭，这些家庭在烘烤和运输完第一个小面包之后就一拍两散了。不过，这已无关紧要，我所看到的这些情况，足以令我对西绪福斯家庭的习俗产生高度的敬意。

在观察西绪福斯埋藏在洞穴的小粪球之前，让我们总结一下它们的习性。父亲和母亲一样尽心尽力、不辞辛劳地为幼虫准备嫁妆。父亲和母亲一起揉捏小面包；它也参与运输工作，不过它的角色没有母亲重要；当母亲暂时离家，外出为小洞窝寻找合适的挖掘场地时，父亲担任这块面包的保镖；父亲协助母亲挖掘孩子的居所，把地下室的土方运到外面。它还有一个令人敬佩的品质，对配偶非常忠实。如果要我在脑海里找寻几个词来形容西绪福斯父亲，那么这些词都应该列出：勤劳、体贴、谨慎、快乐，还有一个很重要的词——忠贞。

是时候去探望一下洞穴里的小球了，它是地下室里唯一的物体。它小巧玲珑，就像是圣甲虫小梨的微缩版，最大直径为12～18毫米。正是由于这个微缩小梨的小，它表面的光泽和优雅的弧度分外突出，简直是造型大师的艺术作品。技术精湛的各种食粪虫，都有自己漂亮的作品。

但是，美丽优雅的状态没有维持多久，小梨的表面就覆盖上了丑陋扭曲的黑色瘿瘤，把小梨原本光鲜的外表弄得毫无美感。

这些丑陋不堪的结节真给我出了一道难题：它们到底是什么？又从何而来呢？我曾猜测这结节是某种隐花植物，譬如说球草，这种植物可以凭借有乳突的黑色硬皮辨认出来。不过，我的猜测不是正确答案，居住在小梨中的幼虫帮助我揭开了真相。

这只幼虫具有排粪快捷类昆虫的一些普遍特征，它和其他食粪虫幼虫一样，身体弯曲呈钩状，背上背着一个巨大的包囊。在这个包囊里储备着黏胶，如果小梨偶然出现天窗，幼虫就立即喷射含粪的黏胶来堵住。在这方面，这种幼虫和圣甲虫幼虫一样，都十分擅长。此外，这种幼虫还掌握着另一种食粪虫类不会的粉丝加工技术。

蜗居的幼虫开始慢慢长大，我便更加密切地观察小梨。我发

现，有时候小梨表面的某个部位会湿润起来，变薄、变软；然后从一块不太坚固的屏板上涌出一棵暗绿色的新芽，接着，新芽倒下、扭曲，形成一个瘤；最后由于干燥而失去原有的颜色，变得黑乎乎的。

到底发生了什么事情？原来，是住在小梨中的幼虫在住所的内壁上打开了一个临时缺口，它通过只剩下一张薄纱的通气窗，越过围墙拉屎，把家里放不下的黏胶排出小梨外。这与其他食粪虫幼虫的做法不太一样，其他幼虫也都利用消化的残渣粗涂它们的小居所，但不会打开临时窗户进行排污工作；因为小居所比较宽敞，能够容许这种清除残渣的方式。或许是因为空间不够宽敞，或许是因为其他我不得而知的原因，赛西蜣螂幼虫在粗涂居所的内壁之后，将多余的东西排了出去。

不过，这只幼虫似乎并不担心它开凿的天窗会威胁到自己的安全，因为窗子很快就会被新芽的底部堵塞起来，继而被压紧。尽管小居所的墙壁出现了小孔，但有这样一个灵活好用的塞子，粮食仍然能够保持新鲜，不会有积聚大量干燥空气的危险。

烈日如焚的夏天对于那个很小而且在土里埋得不深的小梨来说，并不是什么好时节；关于这点，赛西蜣螂似乎也很明白。它非常早熟，在四五月份就开始劳动；从七月上旬起，它们就打碎外壳，着手寻找在炎炎酷暑能给它们提供吃住的居所；秋天，它们经历了短暂的欢乐时光；在严寒的冬日又退隐地下；再之后就

是春天的复苏；最后是阳光下的欢庆。这就是赛西蜣螂的一次生命旅程。

关于赛西蜣螂，我还有一项人口普查数据。寄宿在我的金属钟形网罩里的六对赛西蜣螂，一共制造了57个住着幼虫的小梨，平均每个家庭产卵6枚。这个数字远远超过了埃及圣甲虫。种族繁衍兴旺归因于什么呢？在我看来，有一个最为重要的原因：父亲和母亲平等劳动。单独一人完成不了的工作，两个人齐心协力就相对容易了。

CHAPTER 3
第三章

负葬甲

四月，大地回春，鲜花初绽，柳树在微风的呢喃中，抽出嫩黄嫩黄的新芽，这是一个多么令人陶醉的时节啊！然而，对于动物界的某些成员来说，这四月天的柔和春风中，到处弥漫着危险和血腥。

很多生命等不到夏日炎热的阳光便死去了。不过，这些尸体不会烦恼人们多久的，因为一支庞大的尸体清理队伍正在赶来。蚂蚁作为先头部队第一个赶到，它们迫不及待地奔向尸体，将尸体分割成碎片。随后，其他昆虫，长着深暗色宽大鞘翅的葬尸甲、腹部涂抹得雪白的皮蠹、碎步小跑且鞘翅发光的腐阎虫、细瘦的隐翅虫等，成群结队地匆忙赶来，似乎是约定好了一样。

真是难以想象，羊肠小道边一只死鼹鼠的身体下面到底遮掩着怎样的景象啊！对于热衷于观察和实验的研究者来说，它却是一种特殊形式的宝物。我克服自己内心的厌恶，将脚下这具肮脏

的尸体拿起来。眼前的景象太让人震惊了！

鼹鼠尸体的下面一片嘈杂喧闹、哄乱拥挤的景象。这些不知道从哪里赶来的大大小小、形形色色的虫子在下面乱作一团、你推我搡，就像是在哄抢打仗后的战利品。还有另一些体形更小的昆虫也风风火火地赶来凑热闹，也想从这个巨大的蛋糕中抢得一小块。

葬尸甲发狂似的奔逃，然后在土地的裂缝里蜷缩成一团；一只身穿浅黄褐色短披肩的皮蠹，努力地尝试飞走；腐阎虫身披一件闪闪发亮的黑衣，慌慌忙忙地碎步小跑，离开现场。

这些狂热地奔忙的虫子到底在干什么呀？它们在执行大自然的法则：一切生命向自然索取，最终也都要回归自然。它们

是自然的净化系统，将肮脏可恶的腐烂物变成生命的燃料。这些环境的净化者、大自然的执法者，它们疯狂地劳动着，直到所有生命的残渣都回归到生命的另一种循环。

春耕的这些受害者们，田鼠、鼩鼱、鼹鼠、蜥蜴、癞蛤蟆，它们的尸体被葬尸甲、皮蠹和其他昆虫大吃特吃，然而有一位赴宴者吃得很少，非常少。它在这群大快朵颐的食客之中显得有些格格不入。它身穿一袭米黄色法兰绒衣，鞘翅上佩戴着齿形边饰的朱红色腰带，触角顶挂着红色绒球，浑身散发着麝香气味。

它就是最享誉盛名、最刚健有力的土地维护者，负葬甲。它不是解剖实验室的研究者，它没有把实验对象的肉剪切下来，尽管它拥有锋利的大颚解剖刀。准确地说，它是一位大自然殡仪馆的工作人员，它是掘墓者、是葬尸者，它那身庄重的衣服是葬礼的着装，是它对逝去生命的哀悼，是它对自己崇高职务的尊重。

这位葬尸者将残骸就地掩埋在地窖里，待残骸在地窖中烘熟了之后，将成为它幼虫的家产。它埋葬尸体是为了家庭，为了安顿好孩子的未来。

负葬甲这位有家庭责任感的掘墓者，它处理整个儿尸体，将其掩埋。它平常的时候动作迟钝，在将尸体埋入地窖时，却手脚麻利，动作迅速。在几个小时之内，一具相当大的鼹鼠尸体，就被它整个儿掩埋在地下，不见踪影了。原来散发着尸臭的地方，

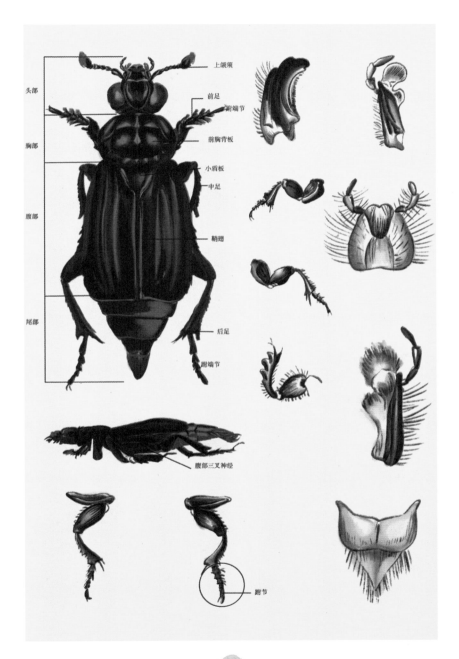

头部

上颚须

前足

胸部

跗端节

前胸背板

小盾板

中足

腹部

鞘翅

尾部

后足

跗端节

腹部三叉神经

跗节

一下子就被腾空，整理得干干净净，似乎这里从来没有发生过死亡和昆虫的食腐欢宴。唯一与之前不同的是，这里留下了一个被沙土覆盖的鼹鼠丘，这是亡者的墓碑，也是葬尸者的劳动纪念碑。

这位收殓葬尸工使用的方法简单快捷，是田野清洁队伍中的佼佼者。有人说，负葬甲在从事埋葬工作中，表现出了近乎理性的思考和推理的才能。而这种才能，就连收集花蜜和猎物的膜翅目昆虫，它们之中的出类拔萃者也不具备。让我们来看看拉科代尔在他的著作《昆虫学导论》中是怎样说的吧！

克莱维尔报告说，他看见一只夜葬甲想埋葬一只死老鼠，但发现鼠尸所躺的地方泥土太硬，于是就去离该地有一段距离、土质比较疏松的地方挖洞。然后，它就试着把老鼠埋在洞穴里，但是没有成功。于是，它很快离开，不久后又返回，身边跟着四个同伴。这几个同伴帮助它运输和埋葬死鼠。

拉科代尔还补充说，人们不能否认在这样的行动过程中，有思维在起作用。他还在书中写道：

格勒迪希报道的下列行为，也具有理性起作用的所有迹象。他的一个朋友想风干一只死癞蛤蟆，就把它挂在一根插在地里的棍子上，以防负葬甲来把它搬走。但是，这项预防措施不管用。负葬甲无法爬上棍子，够不着死癞蛤蟆，于是就在插棍子的地上挖掘。棍子倒下后，它们就把棍子连同癞蛤蟆的尸体一

起埋葬了。

拉科代尔对负葬甲的这种才能赞颂有加，但是，以上这两则小故事是否具有不容置疑的真实性呢？人们据此得出的结论是否放之整个负葬甲家族而皆准呢？如若将此作为具有普遍性的事实，从而推导出这种昆虫是具有智力的、是能够认识劳动目的与方法之间的关系的，这样的言论未免有些武断和轻率了。

诚然，在科学研究的道路上确实需要某种意义上的异想天开，需要大胆和果断的推测，如果没有这种精神，或许我们就还会停滞在以地球为宇宙中心的谬误中无法自拔，或许我们的科学永远无法接近真理。但是，任何勇敢的结论，都必须建立在牢固的推理和实验基础上，才能在人们的质疑中屹立不倒，才能经受住时间的淘洗和历史的考验。

在认为昆虫会思考之前，我们必须先思考；在承认昆虫有理性之前，我们必须保持理性。轻言结论不可取。对于实验的结论应该反复加以验证，偶然的现象并不能成为普遍的规律。

但是，勤恳的掘墓者，我绝对无意贬低你的声誉，绝对没有。相反，在我的笔记本中，汇集了你英勇和勤劳的事迹，它们将擦亮你名誉的光环。我在这里所说的，只是一个博物学家坚守的科学的严谨。历史是最开明也是最谨慎的评判家，它不盲目坚持，也不轻易相信，所有的结论都接受事实的引导。我只想问你一个问题：你是否像有的人所说的那样，拥有思维的指导、拥有人类

理性的萌芽？

　　为了找到问题的答案，我开始了长时间地研究。不过，在这之前，我要先准备一个笼子和住在笼中的实验对象。后者的收集十分令我苦恼，因为在我居住的地区，负葬甲的品种十分稀少，据我所知，只有一种残葬甲。而田野中的残葬甲又十分罕见，每次寻捕它们几乎都是空手而归，我从前最好的业绩也只是找到三四只而已。四月，这是实验最有利的月份，可是就快要过去了，捕捉残葬甲的结果如何，真是很难说。

　　在情势如此紧急的情况下，我需要的一打实验对象还没有着落。看来，我不得不采用布设陷阱的办法了。到哪里去收集呢？我求助于邻村的一个园丁，他为我提供新鲜的蔬菜，每个星期要来我这儿两三次。在鼹鼠收集这件事上，他是再合适不过的提供者了。春耕时期，这些讨厌的家伙把他的作物弄得一塌糊涂，他对它们厌恶到了极点，每天都绞尽脑汁设置陷阱、拎着铁锹四处捕杀这些破坏者。他对我迫切的要求惊讶不已，不过还是答应了我。尽管他有自己的想法，他认为我大概是为了减轻风湿带来的痛苦，想要收集柔软的鼹鼠皮，为自己做一件温暖的法兰绒背心。随他怎么想吧，只要帮助我把死鼹鼠带来就行。

　　这位善良的老好人很快就履行了约定，我需要的诱饵被包在甘蓝叶子里，有时两只、有时三只地被带来，短短几天，我就有了三十几只鼹鼠，肥美的野味终于收集好了。我将它们散布在荒石园中光秃的土地上，接下来需要做的只是等待和查看。这对于

没有激情的人来说，也许是一件令人恶心的苦差事。不过我有我的小保尔，这位能干的小助手用他明亮的眼睛和敏捷的小手帮助我捕猎这些虫子。

等待的时间并不长，风带着野味的气息召唤着这些葬尸工。它们从四面八方奔向太阳底下被晒熟了的尸体。很快地，我的实验对象由4只增加到14只，这可是我从来未曾敢想象过的数目啊，我还是第一次拥有这么多的残葬甲呢！看来，这次布设陷阱、使用诱饵的计策取得了圆满成功。

实验对象总算是收集全了，我心里的一块大石头也就落了地，在深入研究笼子中的虫子之前，让我们先谈一谈负葬甲的正常劳动环境条件吧。如果要是来评选一位田野卫生队伍中的先进员工，负葬甲一定当选。它不但工作效率高，更难能可贵的是，它对于大自然这位领导安排的工作从不挑挑拣拣、敷衍了事，它用一种近乎狂热的执着对待每次任务，大自然给它安排什么，它就接受什么。

在负葬甲遇到的尸体中，有小一点的，比如鼩鼱；有中号的，比如田鼠；也有大的，比如鼹鼠。这些动物的残骸比它的体形都大出许多，埋葬工作所需的力量也远远超过了一只负葬甲所能承受的负担。因而，运输是不可行的，负葬甲只能将尸体就地掩埋。

埋葬地点是不可选择的，而且变化无常。这一次幸运些，尸体躺在疏松的沙土上；下一次可能会异常艰难，碰到布满鹅

卵石的埋葬地。有时，挖掘地点在一片光秃秃的土地上；有时，在一片盘根错节的杂草中；甚至有时会在布满荆棘的地方，刚刚被剖开肚腔的鼹鼠被农民用铁锹随便那么一扔，扔到了荆棘的托架上，离地面还有几法寸的距离。忙忙碌碌的负葬甲啊，永远猜不出下一次的工作地点会是在哪里。

这些变化无常的地点给埋葬工作带来的困难也是多种多样，如果负葬甲采用一成不变的方式方法来对待这些难以预料的困难，那么它也就无法成为称职的掘墓者了。它受偶然的条件所支配，在它那微小的一点辨别能力范围之中选择不同的策略。扫清、锯开、砸烂、震动、升起、移动，这些都是负葬甲的绝技，没有这些，它就会变成碌碌无为、死气沉沉的虫子。

谈到这里，大家就会了解，仅仅凭着一个偶然的现象就做出结论，是多么武断轻率的事情。在负葬甲的劳动过程中，我们有理由相信，其中存在着本能的行动。但是，昆虫是否有能力判断和策划这种行动呢？想要回答这个问题，我们必须充分了解负葬甲的劳动全过程，必须找到更多的资料和证据来帮助我们。

我将负葬甲安置在瓦钵的金属钟形罩中，为了欢迎这些新来到的寄居者，我在瓦钵中装满了压紧的新鲜沙土，一直溢到瓦钵的边沿。为了保证实验顺利进行，防止受野味吸引的馋嘴的猫来捣乱，我将笼子放在一个封闭的玻璃房里。好啦，一切都准备妥当啦！

让我们先说说负葬甲的食物问题。它在这方面毫不挑剔，对于任何散发着腐臭味道的尸体都欣然接受；如果没有这样，有那样也行。两栖动物挺好，爬行动物也不错；长羽毛的动物可以，穿皮毛的动物也行。它对所有遇到的尸体都同样尽心尽力地开发，一视同仁，都放在地窖里，给予同样的重视和关注，对于那些它们从未见过的、尚不了解的新鲜事物，也乐于接受。

一次，我将一只红色的鱼放进笼子里。这是一只中国的金鱼，是负葬甲从未遇到过的。但是，这些开明的掘墓者很快将其判定为好东西，用和埋鼹鼠一样的方法将其掩埋了。牛排骨、羊肋条在腐烂变臭时，也成为它们的新品菜肴，被迅速地埋到地窖里。总之，对于任何尸体，负葬甲都不会拒绝。

现在，让我们来看看负葬甲是怎么工作的吧！一只死鼹鼠躺在荒石园的中央，我为这些掘墓工选择的工作地点，土质疏松，易于挖掘。四只负葬甲，一雌三雄，已经赶到了施工现场。它们钻到鼹鼠尸体下使劲地摇动，那只失去生命的死鼹鼠仿佛复活了一般，如果不明情况的人看到一定会大吃一惊。

等了很久，有一位掘墓工，几乎总是同一只雄虫，它从鼹鼠的尸体下面爬出来，围着尸体转圈，它对施工对象进行了一番仔细的勘探。然后，它又急急忙忙地钻回死鼹鼠身下，接着又爬出来探测新的情况，然后再次钻回去。随后，这只死鼹鼠恢复了摆动，而且动个不停，像是中邪发狂了一样。与此同时，它周围的沙土被压紧，形成一个环形软垫。鼹鼠身下的泥土被破坏，它已经失去了支撑物，加上四位掘墓工的大力摇动和鼹鼠自身的重量，这具残骸陷入了地下。

这四位掘墓工此时还在地下进行着推土工作，不见踪影。不过它们没有休息，而是推动着那堆堆成环形的被压紧的沙土。沙土很快被推入坑中，将尸体掩埋起来。这具尸体就像是陷入沼泽一般，自动被吞没了。在我们看不到的沙土里，它将一直下降，直到我们的埋葬工认为深度已经足够为止。掘墓者一边挖洞，一边摇动和拖曳尸体。随着洞穴的不断加深，即使四位掘墓工停止摇动，墓穴也会由于沙土的震动、崩塌而自动填平。

负葬甲所使用的方法和工具都十分简单。它的爪端有锋利的铲子，帮助它迅速地挖好墓穴；它背部强壮有力，能够让沙土产生轻微的震动。这些工具就足够了。不过，它还需要一项必不可少的技能，这就是它必须频繁地摇动埋葬对象。这种摇动的目的是将尸体的体积压缩得更小，以减少它下降时所受的阻碍。这种技艺是负葬甲基本的任职要求，在它的工作中发挥着十分重要的作用。对于这一点，我们很快就可以看到。

鼹鼠的尸体虽然已经埋到了地下，但是，这只是全部工作的一个序曲而已。这四位殓葬工现在还在地下，从事着和之前我们所叙述的一样的劳动，我们还是等两三天再来吧。

时间到了，我和我的得力助手小保尔前来查看，我们看到的情况真是令人震惊！

鼹鼠已经找不到了，只剩下了两只负葬甲，一雄一雌，它们是一对夫妇，在那里看守和加工尸体。那其他两只雄虫呢？我看到它们已经到了地窖的顶端，在接近地面的地方休息。我所看到的这个现象并不是偶然的、孤立的。我曾多次观察到一群负葬甲共同协力合作，在将尸体顺利地入殓之后，只有一对负葬甲夫妇留在了地窖里，其他的则爬上地面。在地面上的这些多数是雄虫，每一只都身怀绝技，干劲十足。它们干活时候的激情四射，和帮助那对夫妻埋葬猎物之后离开时的默默无语，形成了鲜明的对比。

没错，我们在这里看到的是父亲。尽管，我们在前面已经了解到，昆虫界的父亲多数是无所事事、游手好闲的家伙。

但是，我们在这里看到的是父亲中的先进、模范。负葬甲

的族群中，所有的父亲都尽心尽力地干活；不论为了帮助别人，还是为了自己，它们都不遗余力。每当一对负葬甲夫妇陷入劳动量超负荷的困难中，这些热心的帮手就会循着猎物的气味赶来，和猎物的所有者一起，挖坑、摇动、探测、掩埋，直至任务完成。当男女主人庆祝猎物成功入库时，它们就默默地悄然离去。到现在为止，我已经两次找到了尽心尽力为子女积攒财产的父亲，它们是推粪工赛西蜣螂和掘墓者负葬甲。这些可敬的父亲将被我铭记。

负葬甲的幼虫的生长以及变态，这是一个次要的问题，而且大家已经比较了解了，这样枯燥无趣的题目，我在这里就简单地讲一讲好了。

大概在五月末，我挖出了一只负葬甲埋了半个月的褐家鼠。这具令人毛骨悚然的尸体经过殓尸工的处理，现在已经变成了一摊褐色的黏糊糊。上面寄居着 15 只幼虫，其中大部分都已经接近成熟。从褐家鼠下葬到现在，最多也就过去了两个星期，负葬甲幼虫就已经接近变态了，如此早熟真令人惊讶。看来，地窖里那些腐烂的臭烘烘的东西，对人的胃是致命的，却十分有助于这些未来的殓尸工的生长。洞穴里还有几只成虫，想必是这些幼虫的家长了，产卵的任务已经完成，食物也已经准备充足，它们现在无事可做，就悠闲地待在它们的孩子旁边。

负葬甲的幼虫具有在黑暗中生活的普遍特性，呈白色、裸露、瞎眼。它的相貌有点像是螃蟹，呈披针形；黑色的大颚强健有

习性大揭秘

力，是大自然赐予的履行环境净化工作的重要工具；腹部的腹面有一块狭窄的红棕色腹板，腹板上装有四根骨针，这四根骨针是幼虫在离开出生的小间、降落到地上时作为支撑点用的；足很短，但是在奔向猎物时迅速敏捷；胸部体节的护甲很宽，没有刺。

负葬甲家长此时陪着它们的幼虫，寄居在褐家鼠的腐尸里。记得四月时，它们在第一批鼠尸下面时，衣着整洁，全身发亮；而现在，寄生虫折磨着掘墓者，它们钻进掘墓者的关节，一大片一大片的，在负葬甲的身上形成了一件难看至极的衣服。

我认出这种寄生虫是蜱螨，这种蛛形纲动物坏事不少干，它们经常把粪金龟腹部美丽的紫晶弄得污秽不堪。我试图用画笔

43

尖将它们从可怜的负葬甲身上扫除，被扫下来之后，它们身子有点变形，可是又爬到寄主身上，就是赖着不走。这些环境的净化者，这些勤勤恳恳的掘墓工，它们从事有意义的工作，它们热心帮助同族，它们为家庭奋斗，可是现在，它们却要忍受这些害虫的欺侮！

此时，我的笼子里出现了奇怪的现象。六月中旬，负葬甲已经储备了足够的财产，就再也看不到它们埋葬尸体的忙碌身影了。有时，某个掘墓者从地窖里出来散散步，还带着懒洋洋的神情。对于我后来提供的老鼠和麻雀的尸体，它们毫无兴趣，一点没动。

回来看看负葬甲的幼虫吧。这只幼虫在身体刚开始变得结实时，就离开了出生的地窖，来到了地面。它用足和强健的背

部硬甲，把身体周围的土向后推，为自己准备了一间变态时所需要的蛹室。然后，它就进入了半睡半醒的蛹期。它一动不动地躺着，仿佛死掉了一样；但是，一有风吹草动，它就又找回了生命，动了起来，围着自己的轴旋转。

　　负葬甲必须在夏季时达到成虫状态。就像食粪虫一样，它只有几天不必为家庭奔波劳累的欢乐日子。然后，寒冬将至，它躲在冬天的地下室里；等到春天来到，它就又回到阳光之中了。

第四章

假死的黑步甲

　　我们很容易就能够让黑步甲从生机勃勃的状态转至无精打采，我的方式是把它夹在手指间不停地转动；或者将它悬空，当然不能过高，然后再让它呈自由落体式掉落在桌面上，这样一直持续两三回。由于黑步甲的身体一而再地受到震动，它很快就会翻着身子肚朝天地瘫在桌上。黑步甲俨然呈现出一副已经死去的样子：交叉着呈十字形状的触角，贴着肚子的爪子合拢着，还有那钳子一般的肢爪也张开了。

　　这只小虫子就是我们所要探究的有关昆虫装死现象的第一个对象。在试验的过程中我始终用表来把握时间，因为昆虫每次装死持续的时间会比较长，所以对于我们这些观测者来说耐心是至关重要的。昆虫每次装死的持续时间都不一样，甚至在相同的气候和时日之下也不一同。我唯一能做的就是将观测的结果记录下来，因为这其中的缘由我也不曾知晓。也许是受到外界某些因素的干扰，抑或是来自小虫内心的想法。

　　黑步甲假死的表现令人惊叹，无论触角还是触须，抑或是它的跗骨，身上的所有部位都看不出一点动静。我计算了黑步甲维持假死状态的平均时间是 20 分钟。它保持着这种毫无生机的状态有时可长达 50 分钟，有时候甚至还超出了一个小时。在黑步甲装死的过程中，苍蝇是最能干扰它行为的可恶家伙。倘若想要整个实验的过程不受侵扰，而且想要让黑步甲装死的时间达到意想不到的长度，那么就需要用一个玻璃罩似的容器将这只小昆虫罩住。

　　终于，黑步甲的触角和触须都开始动了，复活的时刻到了。在前爪跗骨微颤之后，它的爪子也开始在空中摇摆。黑步甲让自己的背部和头部作为支撑它身体的架子，逐渐挣扎地将整个身体翻了过来，然后就迅速地逃跑。我也开始对它实施再一次的假死试验，之后这只小昆虫再一次肚朝天地瘫在了桌子上面。就这样，

我对这只黑步甲连续进行了五次假死试验，每次它装死的时间都会比前一次延长，这也许是为了耗费试验者的耐心和体力吧。因为只有把比它强壮的敌人的精力耗费干净，黑步甲才能够最终成功地逃走。

经观测，这只黑步甲从第一次装死到最后的第五次，持续时间分别是17分钟、20分钟、25分钟、30分钟以及50分钟。显然，它装死的时间越来越长。由于对昆虫的观测和研究还非常欠缺，所以为什么这种昆虫每次都会将假死的时间延长的原因还不确切。或许是为了与敌人抗争，抑或由于其他的原因。也许等到我们的精力全都被耗光的时候，黑步甲自身的耐心也消失掉了。那个时候的黑步甲就会完全不知所措，在假死之后会迅速地再活过来，当外界给予稍微的碰撞之后又会立刻昏死过去。它可能也认为这种装死的逃跑方式不会再生效了吧。

我想也许是因为桌子太坚硬了，使得黑步甲对于它所擅长的挖掘工作不再抱有信心，因此才会以假死来期望逃跑。究竟是不是如此？接下来我换了一种试验方式，我把这只小虫子放在了除桌子之外的很多种材质上面，玻璃、木头、腐殖土还有沙土。可是出乎意料的是，无论将它放在哪一种材料上面，黑步甲仍旧按照之前的方式装死。甚至在沙土之中，这只小虫子也不会用它那灵巧的爪子向下挖掘。看来黑步甲的装死与它所依附物体的材质并不相关，那我们只好进行下一种猜测与实验。

我目不转睛地看着桌子上的黑步甲，这只家伙也用它那被触

角遮挡住的眼睛直瞪瞪地望着我。真不知道它会怎么看我这个庞然大物呢？还是让我们转回正题吧。它也许已经把我当作了敌人，由于害怕被我迫害，只要我站在它的旁边，它可能都不会动弹。就算是想要动一下，也是在将我的耐心费尽之后才可能发生的事。那么假如我离它远一点呢？它会不会因为看到周围没有危险而迅速起身逃走呢？我一边猜想着，一边远离桌子走着，十来步左右，我来到了大厅的另一个方位藏了起来。为了保持安静，我站在角落里一动也不动。

那只家伙翻过身来了吗？我探头向桌子的方位望了望。遗憾的是，黑步甲依旧保持着假死的状态，就像我没有离开之前一样地安静。是不是因为它还能感觉到我的存在呢？于是我将实验又进了一步，我把刚刚那个为了防止苍蝇干扰实验的玻璃罩子又罩在了黑步甲的上方，想必小昆虫这回不会再有什么担心了吧。于是我离开了大厅，走进了小园子。房间内的门窗都是紧闭着的，没有任何动静会打扰到那只家伙，大厅内安静无比。

然而，接下来的结果让我对问题有了新的看法。在园子里待了将近40分钟后，我便回到大厅去看黑步甲的举动。它依旧纹丝不动地仰天躺在桌子上。我把这个实验反反复复地进行了好几次，结果都是一样。看来黑步甲装死的行径与外界的威胁毫无关系，因为我刚才为它所设置的环境对它来说已经没有任何危险。对于它为何装死，我只好另寻原因。

黑步甲向来以好战著称，它身上穿有盔甲，相比其他昆虫还

49

是比较强大和安全的。在黑步甲的领地——海滩之上，没有任何一种昆虫能够对它造成威胁。就连皮麦里虫和金龟子这样强劲有力的昆虫也都属于温顺一族，它们只会为黑步甲的洞穴添加食物，而不会对黑步甲进行攻击。相反，黑步甲却会时不时地对金龟子和皮麦里虫进攻，有时候甚至是将它们杀死，非常残忍。我理解一些弱势群体，它们在遇到危险时总要使用一两种逃难的花招，因为它们自身的力量实在是敌不过强大的对手。然而黑步甲并不是弱者啊，那么它究竟为什么要用假死这一防御性措施呢？哪怕是听到外界一丁点的风声，它们都会立刻变得胆小起来。我越来越觉得疑惑。

它会不会是担心鸟类的袭击呢？假如鸟儿真的会以黑步甲为攻击的对象，黑步甲散遍全身的刺激性物质也会对鸟类造成威胁。而且黑步甲在白天往往会把身子蜷缩成一团，待在自己洞穴的最深处，等到天黑之后才会出来活动。显然它们在夜间活动的时候鸟儿根本看不到它们，那又怎么可能对它们进行捕食呢？这样看来，黑步甲装死的行为是因为担心遭受鸟类的攻击，这种猜测也是不成立的。

我们现在所谈论的黑步甲是大头黑步甲，相比起光滑黑步甲，它们显然是大个儿的强者。光滑黑步甲同样生活在海滩上，但是它们的个头远远比不上大头黑步甲，虽然它们与大头黑步甲的长相和穿着甚至习性都差不多。奇怪的是，光滑黑步甲虽然体积上逊色于大头黑步甲，然而它们却从来不会装死。它们在受到一点

干扰之后也会肚朝天地躺下，但是会立刻将身子再翻过来逃走，倒地与翻身之间相隔只有几秒钟的时间。仅仅有一次是例外的，那也是因为我过于有耐心，光滑黑步甲才在地上躺了 15 分钟左右。明显地，大头黑步甲的优势远远大过光滑黑步甲，然而前者却在一点风吹草动之后就开始装死。按理来讲，强者一般都不会采用这种伎俩，然而事实却恰好相反。

为了弄清这其中的奥妙，我苦思冥想，想要找出一个黑步甲所谓的敌人，一个会对它们产生威胁的族类。最后我选择了苍蝇。之前我也提到过，在对黑步甲进行实验的过程中，苍蝇是最让人讨厌的，因为它会经常干扰实验的正常运作。为了防止它的干扰，我只好用玻璃罩将昆虫盖住。但是这次我不会使用玻璃罩，我要让苍蝇对黑步甲尽情地打扰。

苍蝇开始轻微地碰触黑步甲，这时的黑步甲像是受到了细微的电流震动，它的跗骨开始颤抖起来。黑步甲的表现仅此而已，

假如苍蝇只是这样轻轻地触碰它一两下。可是，如果苍蝇继续环绕在黑步甲的四周，甚至是长时间地待在黑步甲那张布满食物汁液和唾沫的嘴巴周围，那么黑步甲就会立刻翻过身子逃跑。对于黑步甲来说，或许苍蝇只是只让它蔑视的小虫子，根本没有必要在这种弱者面前使用诡计。看到危险并不存在，黑步甲不再装死了。

在这种情况下，我只好去寻找另一种更加有威胁性的虫子。刚好我这里有一只叫作天牛的家伙，它有着强健的大颚和爪子。我非常清楚，天牛是长角昆虫，这类昆虫一般都不好斗，它们是维护和平的使者。不过对于黑步甲来说并不一样，因为黑步甲根本没有见过这种虫子，而且对天牛的习性完全不了解，它们的生活环境也完全不同。也许当黑步甲看到这么个庞然大物出现在自己的面前会吓得半死吧。当天牛把自己的爪子搭在黑步甲的身上时，原本安静地躺着的黑步甲立刻开始颤抖。天牛的这种行为持续的时间越来越久的时候，黑步甲就不再装死了，它会很快地翻过身子逃走。也许黑步甲认为这是真正的威胁，而且它也没有经历过这种威胁，所以比起装死来，逃跑才是上策吧。这种现象就是双翅目昆虫微微发痒时所表现出来的行为，一点也不稀奇。

在黑步甲一动不动地躺在桌子上的时候，我开始另一种实验了。我用硬邦邦的物体敲打桌子腿的下方，用力很轻，因为过大的敲击力量可能会扰乱黑步甲静止的状态。我只是让承载着黑步

甲的桌子内部产生振动，通过这样间接的方式来对黑步甲产生影响。实验显示，每当我用硬物敲一下桌子腿的时候，黑步甲的趾肢节就会稍微颤抖，而且还会弯曲一下。

对黑步甲假死的最后一种实验与光照的强弱有关。之前我们所进行的实验都是在房间内部，光照不强不弱。现在我要把这张躺着黑步甲的桌子移动到窗户旁边，那里是光线强烈的地方。只见在强光照射下的黑步甲毫不犹豫地翻转身子，之后便逃之夭夭。

尝试了以上这么多种实验之后，我们对黑步甲装死也只有一半的了解。苍蝇的挑逗、天牛的捉弄、隔着桌子的敲击以及强光的照射，黑步甲在受到威胁时的表现就是装死。但是如果威胁持续的时间过长，也就是说假如来自外界的挑弄持续地进行，那么黑步甲就会毫不犹豫地拔腿就跑，那个时候的黑步甲绝对不会认为装死比逃跑更管用。多种实验向我们表明，黑步甲根本不会耍什么阴谋诡计，它的装死完全是自然现象，即在遇到外界碰触时身体内产生的一种酥麻现象，之后就会昏死过去。由于黑布甲的神经系统非常娇弱，所以哪怕是一丁点儿的碰触都会使它陷入昏迷，然后又是一丁点儿的碰触就能让它再次复苏。光照就是非常典型的一个例子。

在装死方面与黑步甲有一拼的是一种叫作吉丁的虫子，它的拉丁学名是 Capnodis tenebrㄧonis。裹着白粉的吉丁常常在杏树、黑刺李树和山楂树上玩耍。如同黑步甲一样却比黑步甲更甚，吉

丁在装死的时候会把自己的触角压低，爪子也会合拢，这样一动不动的姿势甚至能够保持一个多小时。有时候吉丁也会迅速地翻身离开，也许是大气的条件发生了变化。在这方面我并不是十分精通，静止一两分钟是我所了解到的全部情况。我需要重申的是，由于外界环境时刻都在变化，因此我们实验对象的假死保持状态也会或长或短。我对黑吉丁进行了之前对大头黑步甲所进行的所有实验，其结果并没有什么不同，为了避免重复，在这里就不一一详述了。

在这里我只想叙述一下当我把吉丁暴露在强光之下时它的反应。吉丁对于光的热爱是我们想象不到的，在气温很高的下午时分，这只虫子会待在黑刺李树的树皮上尽情地享受高温的刺激，半梦半醒。在我将这只原本静止不动的虫子移动到窗户旁边的时候，光照的热量让它的身体迅速地有了反应。短短的几秒钟之后吉丁就开始扇动翅膀而振翅欲飞了。假如我抓它的动作稍微慢一点，它真的就会飞走。

吉丁对阳光的爱好程度让我冒出了另一种极端的想法，那就是假如我把纹丝不动的它拿到阴冷之处，它又会作何反应呢？由于昆虫在极度寒冷的环境下会变得迟钝而因此患上嗜眠症，所以我不会把吉丁放在过于阴冷的地方，因为它需要保存充足的生命力。温度的降低必须是逐渐的，而且要缓慢地进行，以保证吉丁正常的行为能力不被打乱和受到干扰。在实验进行之前，我猜想吉丁在冷环境中会更长久地装死下去。就这样，我开始了有节奏

的实验活动。

我拿了一只装着适量井水的小木桶,这只木桶是适合冷冻的。在炎热的夏日,木桶中水的温度比空气中低了将近12℃左右。为了让实验继续,我用手轻微地碰触了吉丁几次,它很快地就昏死过去。我把它放入了一只小短颈大口瓶,它一动不动地躺在瓶底。之后我将瓶子密封,然后再放入刚刚的那只盛着井水的木桶。我一边注视着瓶底的这只装死的家伙,一边每次少量地更新着木桶中的井水,为的是能够使井水保持它原本的凉度。时间一分一秒地过去,长达五个小时之后吉丁仍旧一动不动地躺在瓶底。五个小时的时间足以让我的耐心耗尽而使整个人筋疲力尽,假如不是这样,我还会让吉丁在水中停留的时间变得更长。

不过五个小时的实验已经足够为吉丁洗刷装死的罪名。我对它的碰触使它因受到了刺激而变得敏感,之后便一动不动地昏死过去。水的冰冷又延长了它假死的时间。我想要看看大头黑步甲在冷水中的状态是不是同黑吉丁一样,但是实验的结果却没有达到我的预想。大头黑步甲的假死状态最多只是持续了50分钟,远远不及黑吉丁。50分钟的时间长度在黑步甲身上是十分常见的,而且不用将其放入冷水之中也能这样,这正如之前对大头黑步甲所做的种种实验。

黑步甲生活在土地的深处,阴冷潮湿,温度的降低对于它们来说不是什么稀奇的事情,因此大头黑步甲在冷水中的装死时间和在一般环境下没有太大区别。而吉丁却对炽热的阳光有

着独特的钟爱之情，让它们处于温度低的冷水之中显然是一种刺激，因此才会出现长时间的假死状态。两种生活在不同环境下的昆虫对于冷水的敏感程度当然也会不同，这一点我应该能够料想。

假死的持续状态根据昆虫对阳光的热爱或躲避程度各有不同，或长或短。根据这种思路所进行的另外几次实验也没有对我产生更大的启发，于是我改换了实验方式。我把一只粪金龟和一只粉吉丁装在了一个短颈大口瓶里，这两只虫子都是在同一天捕捉到的。在把两只虫子放入瓶子之前我还在瓶子里滴入了一些乙醚，待其蒸发以后我才把虫子放进去。

　　蒸发的乙醚让两只虫子陷入昏迷状态，我见势将它们从瓶子之中取了出来。就像受到了某种碰触一样，它们都肚朝天地躺在桌上。粪金龟的爪子显得十分僵硬，而且通通都伸展出来，非常零乱。而粉吉丁的爪子却紧贴着肚子和胸部，呈折叠状。我不知道它们是不是已经死了。大约过了两分钟之后，只见粪金龟的触须开始颤抖，它脚上的跗节也抖动了起来；之后触角也随之摆动，紧接着就是前爪的乱颤，软软地没有气力。粪金龟的表现跟其他受到震荡的昆虫没有什么不同。

　　然而粉吉丁却始终没有任何反应，我真的以为它已经死掉了。可是这个家伙居然在夜里活了过来，而且像平常一样活动着。看来乙醚并不能够将吉丁致死，只是它的恢复时间比起粪金龟来要长得多。看来对温度冷却和外界碰触最敏感的昆虫，对乙醚的敏感程度也要更甚。一般情况下，在乙醚实验中一旦达到了我所想要的效果，我就会立刻停止实验，这样就不会让昆虫死掉。

　　假如受到外界的碰触，或者是被人的手指捏搓，昆虫都会呈现出假死的状态。但是不同的昆虫对于这种情况的反应程度也是不一样的，甚至有着很大的差别。我们可以用易感性来对这种情况进行解释。吉丁的假死时间可以长达一个小时，而粪金龟在短短的两分钟之后就开始活动了。粪金龟有着粗大的身体和坚硬无比的甲胄，甚至连针尖都无法穿透这甲胄。这或许就是粪金龟比吉丁需要较少时间装死的原因吧。

昆虫的种类实在是多得不得了，我们的实验也会受到各种各样的干扰。我们根本不可能根据昆虫的外形、生活方式和种类来进行全部的探索和发现。在受到碰触的昆虫之中，有的会立刻昏死过去，而有的则不然。粉吉丁就属于前一种，但是与它有着相同身体构造、属于同一族类的昆虫都会如此吗？不尽然。为了证明这个说法，我抓到了九点吉丁和亮丽吉丁。我发现九点吉丁在受到外界的侵扰之后会很快地昏迷过去，但是它假死的持续时间却短得可怜，最长也只能达到五分钟。亮丽吉丁就更不用说了，我一抓它，它就开始乱动，甚至还用爪子抓我的手指。

由表面现象所猜测的情况往往与事实非常不符。小步快走的短爪鞘翅目昆虫好像应该更会惯用伎俩逃跑，可是事实却相反。在我对扁尸甲属、包尔波塞虫、鞘翅属、叶甲属、啄象属、瓢虫属以及金匠花金龟属等昆虫进行实验之后，我发现它们在昏死过去后的短短几分钟之内就立刻复原，开始正常活动。其中有些昆虫甚至根本不会装死。

麦拉索姆虫绝对是黑步甲强有力的对手，我时常发现它们在丘陵的碎石堆下面一动不动地保持一个小时以上。我们是不是能够把麦拉索姆虫昏死的状态归因于它属于步甲昆虫类呢？然而我也经常会看到这类昆虫在相当短的时间内立刻恢复行走。琵琶甲会在假死一两分钟之后就开始挣扎，由于它们的背脊很平，而且身子也肥胖，再加上粘连着的鞘翅，这些都使得它们无法顺利地翻转身子。此外，两斑皮麦里虫在翻了跟斗之后也

会立即翻身活动。

　　上面所提到的一些昆虫都是具有步行逃跑技能的鞘翅目昆虫，它们中有的会进行顽强的抗争，而有的则会假死一段时间，而以前者居多。我们无法对昆虫的假死进行分类，正如没有任何一本书中写道："第一类昆虫很容易进入昏死状态，第二类昆虫根本不愿意假死，而第三类昆虫也处于前两者之间。"目前所获得的经验还不能够让我们十分了解昆虫的假死，但是我却希望在这些杂乱无章的现象之中得到一个安稳人心的结论。

第五章

粪金龟和公共卫生

　　很多昆虫的一辈子似乎一直在为了一个任务而生存，这个任务一旦完成，它们也就随之死亡了。就像步甲，很多人都认为它厚厚的胸甲可以所向披靡，殊不知，它一生的任务就是把自己的后代安顿在碎石下面，在做这些事情的时候它似乎还生气勃勃，可一旦后代安顿好了，它就立刻颓然倒地，再也没有力气了；还有蜜蜂，在人们眼中它是一个辛勤的小家伙，嗡嗡地飞来飞去，采蜜是它一辈子的工作，它的目标只有一个，就是把蜜罐装满，一旦蜜罐满了，它就好像立刻失去了生存的意义，一命呜呼了；蝶蛾也不例外，这些美丽的小家伙似乎也是为后代而活的，等到把自己一团团的卵固定好以后，就立刻死去了。但是在昆虫界却有一个小家伙跟大家很不一样，那就是食粪虫家族，它们在产完后代后非但不会死去，在来年的春天还会跟自己的子女们一起享受春天的生机，甚至还可以让自己家族的规模再扩大一倍，这是让人感到惊叹的。

研究昆虫的人很可能都会有这样的经历，就像我一样，起初我花费很多时间和精力去寻找那些让同行们啧啧称赞的昆虫，像是铺满层叠状黑绒的黄色衣服的天使鱼楔天牛；身上闪着黄金和铜器光芒又有着绿色孔雀石的雍容高雅，能将二者结合在一起的就非那些火红的吉丁莫属了；还有拥有镶着紫水晶般绲边的黑色鞘翅的步甲。每当我们一起外出寻找昆虫的时候，如果能够发现这些稀有罕见的种类，发现的人会有些得意地惊呼一声，我们其他的人也会随之祝贺。当然，也有一点点的嫉妒情绪在里面，因为这些昆虫实在太稀少了，能够找到的人着实是幸运的。

到了七八月份的时候，这种情况更为明显，因为这个时候，很多昆虫都因为酷暑的原因不愿从自己的洞穴中走出来，这种高温会让很多昆虫都晕头转向，但是食粪昆虫就不一样，它们整天忙忙碌碌地寻觅着粪便，并且乐此不疲，根本不去理会气温的变化，似乎在炎热的太阳下，它们工作得更加起劲了。后来我发现，我要是想大量地进行实验和观察，就要与这些成群结队的小东西为伍。因为当其他昆虫已经寥寥无几很难找到时，我依然可以不费吹灰之力地在一堆粪便下面找到成千上万的食粪虫，像是蜉金龟和嗡蜣螂，这些东西有时候多得会让我有一种直接用铲子把它们装进口袋的冲动。

这些小东西之所以能够有这么庞大的家族也是有一定原因的，那些比较稀少的昆虫其实并不是因为母亲每次只产下很少数量的卵，而是因为高贵者只能保留少数的大自然规则而被无情地

扼杀了。但是这些食粪昆虫就不一样了，也许自然界的操控者怜悯它们是地下的滚粪工人，是大自然的清道夫，所以它们躲过了大批的扼杀，在田野或者草原上开心地生活，畜牧业的发达使得它们一直过着满足的生活，所以它们都是小个头的老寿星。我之所以能够大规模地发现这些十分小的昆虫，跟它们的长寿是有很大关系的。那些比较少见的昆虫每次出游都只能跟自己的兄弟姐妹做伴，甚至有的时候只有自己。但是这些食粪虫就不一样了，它们出行的时候身边不仅有自己的兄弟姐妹，还有自己成群的后代，一簇一簇，尽管总能看见数量很多的群体，但是每当发现一个新的家族，我还是抑制不住地兴奋。

有时候我在想，大自然操控者是不是一个偏心的家伙，要不然为什么它对那些小乡村那么好，赐给它们两种很强大的清道夫。第一种清道夫就是我刚刚说的食粪虫，在小乡村里，似乎人们更加随性、更加自然一些。这里没有大城市那种干净清

洁但是却有着浓烈刺鼻的氨气味道的厕所。可能有人会问，那这里的人想要方便的时候该怎么办呢？其实很简单，随便找一排篱笆，一堵围墙，只要蹲下去可以遮羞，那么这个地方就是他想要的。也许这会让很多城市里的人苦恼，他们选择乡村采风、放松，被开满牵牛花的篱笆吸引，被小围墙底下厚厚的青苔所吸引，慢慢地靠近这些吸引自己的风景线，等想自己欣赏的时候，可能脸色会大变，看见了那些恶心粗俗的东西，什么欣赏的心情都没有了。但是如果你第二天抱着侥幸的心理再来看看，就会惊喜地发现，这个地方现在只有让你满心欢喜的风景，只有美丽的花朵，没有任何肮脏的东西，你甚至会怀疑昨天是自己的眼睛出了问题。这些小东西不仅仅是勤劳的不嫌脏不嫌累的劳动者，也不仅仅是一个把粪料视为美味的贪吃鬼，它们的任务还有一个更崇高的目的，就是为人类的健康做出贡献。很多科学家通过研究发现，能威胁到人类健康的最恐怖的因素就在微生物身上，这些跟霉菌有些相像的东西处在植物界的最边缘。它们在动物的排泄物中不停地繁衍生息，生殖能力甚至让人感到惊叹。如果不及时处理，这成千上万的微生物会带着我们知道的和不知道的数不清的病菌散播到各个角落。空气、水、食物，它们能落到的地方都会被污染，人类很难在这种状况里健康地生活。大自然的操控者看到这种状况后，赐给了人类一个个小家伙，就是这些小小的食粪虫，它们不知疲倦地工作着，为人们创造了一个健康的生活环境。

写给孩子的昆虫记

　　排泄物留在地面上到底是好还是不好？答案可想而知，当然
是不好。因为不只大自然的操控者看出了这个问题，为了生态的
平衡制造了食粪者这个物种，其实很久以前的贤人们似乎也意识
到了这个问题。东方人似乎更加懂得如何处理好这些垃圾，因为
他们更容易受到流行病的危害。

　　还有一种清道夫是分解动物尸体的劳动者。可能有人会怀疑
大自然哪里会有那么多等待分解的动物尸体，其实是很多的，只
是很多时候我们没有注意而已。我们没有注意，不代表那些喜欢
分解享受动物尸体的小昆虫不会注意。如果没有这些勤劳的小家
伙，那么尸体腐烂后的恶臭和随之产生的病菌也是无法让人忽略
的。但是现在不用为这个担心了，这些小东西会很快地处理完这
些尸体，不到一天，尸体就不见了，原来那个令人恐惧的地方现
在已经干干净净了。

　　有时候我会觉得，大自然这样有点偏心。乡村里有这样两
种清道夫，恐怕永远也不用为这些粪便或者是动物的尸体而烦
忧。但是大城市该怎么办呢？这个大城市费尽人力、物力和财
力都无法解决的问题，反而在乡村里却没有，功劳就在这些勤
劳的清道夫身上。

　　这些清道夫的工作意义是十分重大的。它们把我们眼中的
脏东西视为美味的食物，并把这些粪料分解成小块搬运到地下，
为自己后代的孵化提供养分，当然在非孵化时期这些粪料也是
它们自己的食物。它们看见排泄物就忙忙碌碌地把它们搬运到

地底下，这样病菌就没有办法传播，人们生存环境的健康指数就得到了大大的提升。可是却有很多人非但不对我们可爱的劳动者表示尊重和赞扬，反而给它们扣上各种各样难听的名字，甚至还对它们施以更加暴力的行为，用脚踩、拿石头砸，这些可怜的小家伙辛辛苦苦地为我们创造良好的生活环境，但是到头来却连最起码的理解都得不到。更过分的是有的动物似乎仗着人类不理解食粪虫这一点，也对它们进行大规模的杀戮，但这种行为却被很多愚昧的人认为是一个很好的行为，认为这些动物，像刺猬、蟾蜍、猫头鹰等，都是帮助我们消灭害虫的好帮手。

但无论别人的态度怎样或是对它们做了什么不可原谅的事情，似乎都影响不了这些食粪虫对粪便的兴趣。我们这个地区的环境主要靠的是粪金龟，说主要靠的是它们并不是说它们比其他的清道夫更加勤劳，而是它们强壮的体格使得它们所从事的劳动是最辛苦的。通常这种小小的躯体能够完成的劳动量是很让人惊叹的。我家周围就有从事食粪工作的粪金龟。一共有四个种类，具刺粪金龟和变粪金龟以及粪堆粪金龟和黑粪金龟。相比较而言，前两种类型的粪金龟比较少见。所以我没打算选择它们作为我研究的对象，因为这会大大降低我实验的效率。后面两种粪金龟的外形有点相似，让我感到十分惊叹的是，在别人眼里从事着这样低下工作的粪金龟却有着如此华丽的外表。这也许是造物者补偿它们的一种方式——胸前是贵气十足的衣裳，背部乌黑

发亮，在这两种粪金龟脸部的下方都佩戴着华丽璀璨的首饰，黑粪金龟拥有的是有着黄铜般光泽的珠宝，而粪堆粪金龟拥有的是紫水晶一样美丽的珠宝。

我想知道华丽的外表到底有没有让它们在工作中变得也同样娇气，于是我挑选了12只这两个种类的粪金龟，放在同一个饲养笼里。这次与以前不同的是，我没有放任饲养瓶中的食物不管，而是把它们清理干净，因为我想计算一下一只粪金龟在固定的时间里能够处理的粪便的量。我把它们放进饲养瓶中之后就开始在门口耐心地等待，傍晚时分，一头驴子经过我门前，并

适时地排出了一大坨粪便。我把这些带回去放进饲养瓶里，我估计粪便的分量是足够的，对于它们来说可能甚至是有些庞大的，因为这些粪便被我带回来的时候差不多装了一筐子。我本以为这样大的工作量可以够它们好好地忙活一阵子，事实证明我又低估了这些清道

夫。第二天早上我再去饲养瓶前看的时候，我真的怀疑自己昨天下午有没有放进去那么大的一坨粪便，此时玻璃器皿内的土地上只有那么一点粪便中的碎屑，这 12 位搬运工已经把所有的粪便都搬运到了地下。我大概估算了一下，要是把这坨粪便分成 12 等份的话，那么大概一只粪金龟要搬运到地下的粪料体积就有大约一立方分米那么大，这对于这个小东西来说简直是不可能完成的任务，但是它就在这样短的时间内完成了，不但完成得很快，而且完成得干净利落。

有时候我在想，粪金龟在地下储藏了这么多可口的食物，是不是它们会在一段时间内不再走出地面了呢？当然不可能，盛夏的阳光可能不是它们的最爱，但是黄昏的静谧可是它们最喜欢的氛围。每每到了这个时候，它们就会成群结队地从自己的洞穴中爬出来，不管洞穴中的食物是不是已经对它们产生了极大的诱惑，这些小虫子似乎对外面的世界有着更大的眷恋，也许是因为这个时候也同样正是觅食的好时刻。黄昏一到，它们就齐齐地从洞里爬出来，我甚至可以听得到它们窸窸窣窣的爬行声，这些被我带回来的粪金龟并没有因为环境的改变就改变了自己的这一习惯。到了黄昏的时候，它们开始奋力地向外爬，有的时候我觉得这些小东西真的很执着，光滑的玻璃壁对于它们来说完全是不可翻越的障碍，但是它们却依然坚持向外爬。我在此之前早已在外面准备好了食物，因为我知道它们这个时候肯定会像往常一样雀跃。它们就这么窸窸

窒窒地爬了出来，看见了我准备好的
食物，又开始兴高采烈地忙碌起
来。第二天早上，这里就像
我想象的一样，又变得干
干净净的了。

如果我手
头都有很多它们
喜欢的食物的话，我想每
天的这个时候它们都会如此忙碌，有的时候我有些想不明白，
它们要这么多的食物用来做什么呢？难道是它们的食量大到跟
它们小小的身躯不成正比？粪金龟每晚都外出奔波，不管自己
的洞穴中已经储藏了多少粪料，它们还是会辛勤地更新自己的
仓库，这到底是为什么呢？眼看着饲养粪金龟的玻璃器皿中的
土越来越高，我不得不重新挖开一些粪料，这样才能保证它们
不从这里跑出去。挖开粪料的时候我也得到了我想要的答案，
这些小东西的食量根本就不大，拨开表面的土层，下面是厚厚
的粪料。实际上粪金龟每次吃的都不多，它们喜欢储藏很多的
粪料，每天食用的时候就随机打开一个小仓库，取出其中的粪
料作为可口的食物，吃掉一部分，剩余的部分就丢掉了。相比
之下，它们丢掉的部分要远远多过于吃掉的部分。所以我之前
的疑问得到了解答，它们并不是因为自己过于夸张的食量才会
这么频繁地寻找食物，恰恰相反的是，它们是食量很小的小家

伙，每次所吃下的食物只是自己拿出来准备食用的很小的一部分，剩下的部分就全部丢掉了。我为了继续清楚地进行自己的观察，就必须把这个玻璃器皿先清扫一下，当然，在清理的过程中，粪料的减少是一个必然的结果，这也是我最初清理这里的原因，但是我留下的粪料还是足以让它们在往后的日子里清闲好一阵子的。可它们并没有因此而落得清闲，尽管白天的时候还是会兴奋地守着自己满仓的食物，黄昏一到，它们又窸窸窣窣地向外爬，开始了新的搜集、搬运和掩埋的过程。可见，它们对于食物的热情远远不及寻找食物的热情，在每天的黄昏中尽情地忙碌并不是以寻找食物为主要目的，它们更享受发现食物、搬运食物的乐趣。

　　整个自然界就像一个大家庭，所有的成员之间都有着或多或少的联系，事实上，动物们是给了我们很大帮助的，无论我们注意还是没有注意，它们都在以自己的方式为这个家庭做着贡献。从某个角度来说，我们是应该向它们学习的，就像我们会在已经饱经风雨而变得有些破旧的门楣上看见一个黄莺的小巢，整个门楣显得生机勃勃。蓑蛾也一样，它们的幼虫一样会用自己翅膀上的鳞片来修葺那些有点残破的小茅屋。其实食粪虫也一样，如果人类可以不用那种可笑的眼光看待粪金龟的工作，那么就很容易发现粪金龟的工作对人类有很大的帮助。首先，由于粪金龟辛勤劳作的精神，使得地面上的清洁有了保证；其次，粪金龟的帮助是一个很奇妙的循环，如果细心地观察、联想，

很容易发现其中的联系。一群大大小小的粪金龟把地面上的粪料忙忙碌碌地搬运到地下埋好，这块土地自然就变得比较肥沃，那么日后长在这片土地上的植物肯定就比较茂盛，就像牛羊最爱的禾本科植物，这些一簇一丛的植物茂盛地生长起来后，牛羊就有了良好的食料，这样一来牛羊自然就长得很肥硕，这不正是我们所需要的吗？肥牛肉、羊腿肉，这又为我们的生活提供更多更有营养的食物。

粪金龟搜集粪便不仅仅是盲目地追求量的积累，它们也是一群有智慧的小东西。粪料其中有植物需要的养分，也有这些食粪虫需要的养料，但是养料也有保存的条件。比如长期地处于潮湿的环境当中，或是长久地暴晒在日光之下，在这样的环境下粪料里的养分就会流失，不管对植物还是对这些食粪虫来说，就基本没有什么利用价值了。当然这些小食粪虫也知道这一点，什么样的食物对它们是有利的、是美味的，它们都很明白。所以粪金龟在搜索粪料的时候，都会挑选相对来说很新鲜的，因为这样的粪料中富含氮肥、磷肥、钾肥等，这样的粪料对它们来说是美味松软的食物，它们会兴奋地窜来窜去，忙忙碌碌地把这些粪料埋在地下，干得热火朝天。可是对于那些被雨水浸泡已久的粪料，或是那些在阳光下暴晒已久的已经变得干裂的粪料它们连看都不看，因为这样的粪料对于它们来说，根本算不上食物，更谈不上美味，就算埋在地下，也不会对自己或是对土地还有以后生长在这片土地上的植物有什么益处。

習性大揭秘

　　糞金龜在搜集糞料的時候不僅要考慮糞料的新鮮程度，還有一個大的環境因素，所以有很多人說，糞金龜是一個小的天氣預報員。田野裡的糞金龜只在太陽下山後才會從自己的洞穴中爬出來，但是它們爬出來搜集糞料是有前提的，如果天氣很冷、刮起了大風，或是下雨的天氣，它們都不會爬出洞來。因為這樣的天氣裡糞料不會有什麼營養，它們也沒有辦法在這種天氣裡好好地尋找糞料。它們需要熱烘烘的空氣，需要寧靜的環境。這樣的天氣裡它們會成群結隊地爬出洞穴，熱火朝天地開始尋找新鮮的糞料，有的時候看見一塊上好的糞料，它們會急切地扑上去，有時候我會為它們憨厚的行為逗得很開心，因為它們急切的心理，會有點控制不好自己的平衡，有時候會踉蹌地在糞料旁邊翻滾，然後才會停下來，停下後就興奮地開始往自己的洞穴裡搬運這些新鮮的糞料。

　　這是田野裡的糞金龜，那麼我的飼養瓶中的糞金龜會怎麼樣呢？每天傍晚太陽下山後，我都會記錄下它們的活動，第二天的時候再記錄下當時的天氣，然後對比前一天晚上玻璃瓶中的糞金龜的活動。對照之後我發現，在實驗室裡的糞金龜雖然看不見外面的世界，也沒有什麼先進的感應設備，但是實驗的結果同樣是驚人的。第二天如果艷陽高照，那麼前一天的黃昏糞金龜肯定是窸窸窣窣地往外爬，開始把我準備的新鮮的糞料搬運回自己的洞穴裡，或是再尋找一個倉庫，大小根據自己尋找到的糞料來決定。相反，如果第二天天氣不好，或是刮風下雨或是陰雲密佈，那麼

前一天黄昏，整个玻璃瓶里都很安静，这群小家伙似乎集体给自己休假一样，安安静静地一动不动。当然，它们储藏的粪料是足以在天气不好的时候支撑它们很长一段时间的。有的时候，我想跟这些小家伙较较劲儿，看看到底是谁的判断比较准确。有的时候，在晚上记录完粪金龟的活动后，我会出去观察当晚的天气状况，有的时候，黄昏的天气很好，我感觉第二天也会是一个好天气，但是这些小小的天气预报员却按兵不动，刚开始的时候我会暗自窃喜，心想这些小东西也有出错的时候。可是往往这种感觉到了半夜就会消失了，因为夜里就突然下起了雨或是起了大风。

其中最值得提的一次记录是 1894 年 9 月份的 12 到 14 日这三天，这几天，玻璃瓶里的粪金龟比往常更为兴奋，我以为第二天会是一个好天气，似乎还是一个特别好的天气，我到自己的屋子外面去看了看，外面的粪金龟似乎因为活动的范围大而显得更为疯狂，到处急切地飞，有时甚至会撞到护栏上，栽了跟头又赶紧起飞，似乎比往常更为勤奋地搜集粪料。我以为这只是好天气的预兆。13 号依然如此，当时我还不知道其中的蹊跷，只是看着它们比往常更为忙碌地搜寻、搬运。直到 14 号傍晚，开始不断地有乌云在天空中聚集，在此之前，这些疯狂的小家伙还恨不得一刻也不肯安分地寻找着粪料，但是 14 号到 15 号晚上，它们骤然安静下来了。乌云布满天空后，紧跟着雨滴就掉了下来，一点两点到绵绵不断，这样的雨天一直持续到 18 号。这样的雨期对于粪金龟来说是没有办法外出觅食的，怪不得前几天它们异常疯

狂地搜集粪料，这是对它们的天气预报能力的一个最好肯定。

我像赌气似的连续观察了三个月，事实证明，这些小小的食粪虫身体里的确像安装了一个精密的水银气压仪一样，它们对于气压的感知是相当精确的。气压能够预报的不仅是晴天或是雨天的变化，像风暴这样的恶劣天气来临之前它们一样是不安的。粪金龟不仅是很棒的清道夫，为了我们的生存环境的卫生做出了很大的贡献，而且还能很好地对气压的变化做出反应，如果能加以科学的研究，将又是一个重要的科学应用。

第六章

CHAPTER 6

蒂菲粪金龟的道德

　　寒冷的冬天过去之后，蒂菲粪金龟就开始寻找自己生命中的另一半，并且和它一起在地下安家落户。雌性蒂菲粪金龟决心在孩子没有独立之前，绝不踏出家门一步，所以就以毫无消减的热情给予雄性支持和帮助。丈夫让妻子做的是一些较轻松的耙土工作，而自己所干的却是最为辛苦的活，连续一个多月来都坚持着用带三叉戟的篓子把挖掘出来的土搬运到洞外。从一条狭长的地下长廊里往外运土。它十分有耐心，从来不会因为路途的艰险而泄气。之后，搬土工又开始忙着采集粮食，它得去采购食物，为孩子储备粮食；为了帮妻子简化剥皮、分拣、装罐头的工作，它又得磨粉，在离洞底一定距离的地方把被太阳晒硬了的粮食碾碎，把它加工成粗粉；接着，面粉就落到妻子的面包房里。为了让孩子将来能够过上幸福的生活，它勇敢地完成了作为父亲的责任和义务，义无反顾地献出了自己的一切。

　　而这时的雌蒂菲粪金龟虽然还活着，却闭门不出，尽心尽力

地操持着家务。古人把那些模范母亲称作"多米芒希"，它就像多米芒希那样，把面包搓揉成棍状，将一枚卵放在里面，从此便一直守着，直到它的孩子们破壳而出，大批迁移。等秋天到来时，它终于带着一群孩子来到了地面。孩子们自由地奔走四方，去羊群经常光顾的地方大快朵颐，而恪尽职守的母亲现在已无事可做，便死去了。

　　有的父亲对孩子毫不关心，但蒂菲粪金龟的父亲却并非如此，它在孩子身上倾注了极其深厚的感情，达到了忘我的地步。它原本可以去欣赏春天的美景，可以跟伙伴们一起宴饮，和女邻居们嬉戏玩闹，但它却没有这么做。它不为灿烂的春光所心动，坚持在地下工作，尽心竭力地想要为孩子们留下一份家业。当最后离开这个世界时，它可以欣慰地对自己说："我已经尽力了，我履行了自己的义务。"这位勤劳的父亲，为何会有如此崇高的献身精神和热烈的激情去为孩子的幸福而奔波劳碌呢？事实告诉我们，它的品德是在点滴之中培养而成的，和人一样，它也在实践中学习，也在变化、发展和完善，从平凡到优秀，从优秀到出色。一些偶然性的有利和不利的条件共同造就了它。时间使它成熟，使它的行动更为周密，以往的教训在这个小小的食粪虫的脑瓜里留下了深刻的印象。本能由需要所驱动，动物在需要的激励下造就了自己；它通过自己的能力把自己塑造成现在我们所熟悉的这个样子。它有自己的工具和工作，它的习性、能力、技艺，都是依靠在漫长的道路上所获得的点滴经

验积累而成的。

这些评价就是理论家给予蒂菲粪金龟的。如果他们没有用空洞浮华之词代替具有说服力的事实，那么这一伟大的评价会使任何一个具备独立思考能力的人产生好奇和向往。我们应该向蒂菲粪金龟请教，但它肯定不会向我们透露本能来自何处；它不会揭示这个谜底的答案；但至少它可以让我们看见一丝光亮，这丝光亮再昏暗难见，再飘摇不定，也能够帮助我们在黑暗的洞穴中探索着前进。

为了孩子，蒂菲粪金龟专门挑选那种被太阳烤干、晒硬了的羊粪。这是一个奇怪的选择，因为其他的拾粪者没有一个像它这样采集粮食的，不论是圣甲虫、粪蜣螂、粪金龟还是其他的食粪虫，它们青睐新鲜的食物。对所有的食粪虫而言，无论大小，无论是塑造粪梨的艺术家还是粪香肠的制造者，它们无一例外地需要富有弹性、货真价实的原料。但是，持三叉戟的蒂菲粪金龟却偏偏选择普通的"橄榄"，也就是失去了水分的羊粪蛋。还是不要讨论这个问题为妙，毕竟世界本就异彩纷呈，存在这种爱好也不足为奇。但是，我依然想追根究底，明明有来自羊或其他动物的柔嫩且富有水分的食物，这个持三叉戟的食粪虫，为什么偏偏要把别人嫌弃的东西当作宝贝呢？如果不是它天生就对这道菜情有独钟，那么又为何要放弃它也应该有份的好东西而去选择这种粗劣的、别人都弃而不顾的东西呢？在这个问题上，我们没必要再追究下去了。无论如何，干羊粪球给予了蒂菲粪金龟，而它一旦接

受了这一份赠予，后来的事也就水到渠成了。似乎是促使进步的原动力"需要"，让蒂菲粪金龟逐渐担当起了合作者的责任。过去的它喜欢四处游戏欢宴，这也是出于昆虫的习性；而经过无数次尝试，这个家族感受到了劳动给它们带来的满足，所以现在的它则成了干劲十足的劳动者。

它收集这种干燥的羊粪有什么用呢？其实很简单，当这些难以下咽的粮食在洞穴里潮气的作用下软化下来时，就可以吃了。它以粮食为原料制成毯子，这样在严冬到来时就能够躲在里面御寒。但这只不过是这条毯子最次要的用途，最主要的还是为了孩子的将来着想，这是为它们提供的食物。但是，幼虫的消化能力很弱，它们从不肯直接吃没有经过任何加工的食物。为了它们能够接受这些粮食，也为了使食物吃起来更香，就必须经过加工，让它变得柔嫩而又甜美。那么，到哪儿去加工呢？当然是在地下。因为只有那里能够维持稳定的湿度，同时又不会太潮湿而影响卫生；为了使食物的质量能有所保障，它就必须挖洞，而且洞挖得越深越好，否则，食物被夏天的酷热烘干了的话就无法食用了。幼虫的生长速度很是缓慢，要到九月才能长成成虫，因此一年中最酷热的季节到来时，它必须躲在地窖里避暑，要知道，只有那里面包才不至于被烘干。要让幼虫和粮食能够不受炎夏骄阳的炙烤，1.5 米的洞穴其实也并不算深。这口井虽然要向下挖得很深，但是母亲一个人就能够完成这项任务。当它独自坚韧地工作时，没有旁人会来帮助；但是要使

巷道里始终留有空间,这样既便于运输粮食,也便于孩子们迁移,挖出的土就必须及时搬运出去。既要挖掘又要运土,想要按期完成这么浩大的工程,光靠它自己是不可能的,而且对母亲来说实在太过吃力。

看着雌食粪虫夜以继日不停地劳作,雄食粪虫的脑子里灵光一闪。它心想:我的三叉戟可以用作背篓,帮助它把挖出来的土运上去,有了我的帮忙,事情就会好办多啦。于是两只虫就结成了合作的关系,家庭也就此建立了。其他地方也得要雄食粪虫帮忙。蒂菲粪金龟的食物原料又干又硬,必须得撕开、研碎、碾成粗粉,最后再加工成糕点;经过细心的研磨之后,还要把原料揉制成圆柱形,再通过发酵来提高食品的质量,这些事情既琐碎又费时。为了缩短这个流程的时间以充分利用暖和的时节,蒂菲粪金龟两两组合,分工合作。丈夫从外面把粗粮采集来,在楼上把它们研磨成粉。身处底层的妻子得到面粉后,把其中的杂质清除干净,然后把它们堆成圆柱形,一层一层轻轻地拍实,再揉成团。它负责揉面,而丈夫负责磨粉,有了分工,工作进度就大大加快了,短暂的时期也得到了充分有效的利用。

两位合作者像是在长期的学习和实践中,通过实验学会了这些,并时常能从中体会到幸福,似乎它们不会通过别的方法办事似的。迄今为止,事情进展都很顺利。但是,任何事物的表象背后都隐藏着与之相对立的东西,现在,问题就来了。刚刚完成的面包是一条幼虫的口粮,只够用来养活一条幼虫,而

种族的兴盛发达需要有更多的宝宝。可是，那位父亲是怎么回事？这个好帮手经常是刚做完一块糕点就撇下女面包师离家出走，最后死在异域他乡。四月份，我在野外挖掘洞穴时，总能看到一雄一雌，雄虫在屋子的上层磨粉，雌虫则在底层加工堆放在那里的粮食。但是没一会儿，总是只剩下雌虫，雄虫却没有踪影了。

只要母亲还要产卵，它就必须得孤军奋战，继续工作。在花费了大量的财力和体力之后，深洞总算挖好了，第一个蓄卵的巢也完成了，但是孩子生得越多越好，所以它还得继续筑造其他的巢。为了安置孩子，一向在家足不出户的母亲不得不常常出门。不喜欢出门的母亲现在还得去附近捡粪球，并把粪球带回井里积累储存起来，或揉成圆柱形的面包堆积起来。而就在这个妻子生产的关键时刻，丈夫偏偏离家出走了。不是它不想帮忙，而是造化弄人，因为它已垂垂老矣，只能含恨而去，无情的岁月夺走了它的生命。你们也许会说：既然持续地进化能让你建立美满的家庭，并让你发明出夏天让食物保存在地窖里的方法，让你能够磨碎粮食，把干燥的食物变得柔软细腻，把它做成香肠并且发酵，那么进化为什么就没能够让你把生命延长几周呢？如果按照一种更为合理的行为方法去做，事情看来并不是无法做到的。有个容器中的雄蒂菲粪金龟就为伴侣准备好了大量的粪球，一直活到了六月。雄蒂菲粪金龟同样有资格反驳说：山羊并不总是乐善好施的，洞穴附近常常没有多少粪球可以捡。当我把自

己所能找到的粮食运到井里之后，就会因无聊而一天天老去。我那位生活在科学家的容器里的同类，它的身边有充裕的粮食，能够随心所欲地进行储存，从而使生活变得温馨，这样才能一直活到六月。稳定的工作延长了它的寿命。但我却没有那么富足的粮食，当我把周围那点少得可怜的粮食采集完成之后，无所事事的我无聊得要死。

好吧，就算你说得不无道理，可是你长着翅膀，你会飞，干吗不去远一点的地方呢？无论如何，你总可以找到点什么来让你的采集爱好得以满足吧。但你压根儿没这么做，为什么会这样呢？为什么不到离家远一点的地方去进行探索呢？因为时间还没有教会你。既然你无法把这项重大的、艰巨的工作再多坚持几天，也不会到稍远一些的地方去采集食物；那你还怎么能帮助你的妻子直到工作完成呢？要是真的如人们所说的，进化教会了你如何进行这项艰巨的工作，却没有教给你一些只要稍微学一下就很容易掌握并应用，而且非常重要的具体方法，那么，它就没有教会你做任何事。既没有教会你做家务，也没让你学会挖深洞和做面包。你的进化是稳步进行的，你陷入了一个无法伸展的怪圈里。你现在是，将来依然是从前那个把第一个粪球推进地窖时的样子。我承认，这相当于什么也没说，不过学会不去探究自己不知道的事，至少能够使我们那不安定的好奇心得到平和与宁静。

我们对生命之谜的追寻是徒劳无功的，因为我们永远都捕捉

不到真正的真理。我们依靠理论去抓住的不过是一些幻想，这些幻想今天被当作具有权威性的理论而被人们推到高处，明天又会被认为是谬误而被别的理论所取代；同样，其他的理论早晚也会成为谬误。真理，到底身在何处？它就像那几何学中的近似线，我们满怀好奇，锲而不舍地追寻着，总是无限靠近但从来都无法触及。它是不是永远都可望而不可即呢？要是科学是一条规则的弧线，这个比方就是恰如其分的。但事实上，科学是一条不规则的曲线，这条线弯弯曲曲，时而前进，时而后退，时而向上，时而向下，它明明靠向近似线，可又在突然间远离。它和之前那条线相交是有可能的，但是稍不注意，我们就失去了完全掌握真理的机会。

我通过多次观察已经在隐约之间发现蒂菲粪金龟夫妇对孩子投注了特别的热情，但我还是应该往前追溯得更久一些，再在动物中找出一些类似的例子，而禽鸟类和兽类中几乎都找不到相似的例子。要是这事发生在我们身上，而不是发生在食粪虫的身上，我们肯定会称之为美德。这个词用在食粪虫身上也许有些夸张，因为只有人才有道德，动物身上是没有道德可言的。人类在纯洁无瑕的良知上聚集了人类在真善美明镜的教化下形成的道德，并将它逐步完善。

通向最高境界的前进步伐是非常缓慢的。拳头之后出现了棍子、狼牙棒和投石器射出的石子；进步带来了箭和燧石制造的斧头；后来又产生了青铜大刀、铁矛、钢剑；再后来连化学都加了

进来，它的杀伤力可以说是空前绝后。今天，狼群也许可以告诉我们，新式的炸药使得它们多少同伴命丧黄泉。将来还会给我们带来什么？我连想都不敢去想。既然能够用硝酸甘油炸药、雷汞引爆剂和花样百出的各种烈性炸药炸掉一座座山，那么随着科学的进步，震慑力大上千倍的炸药不断研制成功，难道地球不会被人类炸掉吗？可怕的震荡会不会导致地块爆裂，产生的碎片在空中飞腾而起，就像小行星那样旋转呢？那大概就是已经消失了的地球的残骸吧？这可能就是理想而又美好的事物的结局，但也应该是诸多恶行和苦难的结局。今天，我们身处唯物主义兴盛的时期，现代物理学正是要破坏物质，将构成物质的原子分裂得无限小直至消失无踪，把物质转化为能量。我们所能看得见摸得着的只不过是物体的外表，事实上，所有的物体都是能量。如果未来的科学往前追溯后发现物质的起源是些突然转化成能量的岩层，那么也许就可以把地球分解成能量区，到那时，就会实现吉尔伯特崇高宏伟的文学构想：

翅膀和虚假从此都被剥落，

毁灭了的星球上时间沉睡着，一动不动。

假如说动物不讲道德，不需要通过劳动来致富，也用不着努力完善自己的思想，但它们至少也有自己天生的、恒久不变的戒律。这些戒律在它们身上留下的烙印，就像呼吸和吃饭一样重要，已经成了生命中不可分割的一部分。其中，最重要的一条就是母

亲对幼儿的爱护。既然生活的目的首先是让生命延续下去，那么
作为母亲，就应该使那些刚刚落地的弱小的生命能够生存下来。
没有一位母亲会忘记自己的责任，哪怕最笨拙的母亲至少也会把
卵产在适当的场所，让新生儿能够在那里吃得饱饱的。最能干的
母亲则会给婴儿哺乳、喂食、供应食物、筑巢、造房子和建托儿
所，它们的作品往往精美绝伦。

　　我们要尊敬父母，但要是能够谈谈父亲对子女的责任和义务，
那就再好不过了。父亲说起话来与以前的专制家长总有些相似，

他把自己凌驾于所有人之上，不太关心别人。过了很长时间人们才明白，现在是要对未来负责的，作为父亲，最重要的职责是让孩子做好与艰难的生活拼搏的准备。当我们人类在这个问题上还没有弄明白时，那些低等动物先我们而行了。凭借着无意识的灵感和直觉，它们一下子就顺顺当当地处理好了父权问题，尤其是蒂菲粪金龟的父亲。如果蒂菲粪金龟在这些重大的问题上具有表决权，我们的规则就得改动改动了。它也许会模仿教科书那样，用通俗的形式写上：

　　您应该养育您的孩子，
　　尽您所能的勇敢坚强。

第七章

老朋友绿蝇

我从没有像现在这样喜欢独自去思考生活。我钟情于幻想着有一个自己的天地，这个天地独立而有空间，是一个能够让我稍微避开尘世打扰的地方。这个地方长着灯芯草，中间是一个池塘，水上还漂浮着水浮莲。在我闲暇的时候我可以在美丽的杨柳树下，微风轻抚着我的双臂，看着水中小动物的生活，那是纯粹的自然生活，充满了荒蛮和温馨但又不失质朴。

我对软体动物的栖息地进行观察，赞赏着欢快玩耍的豉甲、在水中滑行的迟螺、跳水的龙虱、逆风滑行的仰泳蝽。特别是仰泳蝽，它慵懒地划着它的桨板，而把用来捕捉猎物的前腿放在胸前，守株待兔。其实钻研扁卷螺产卵也是一件很有意思的事情，你会发现原来生命就孕育在这看不清的润滑的分泌物里。它们闪闪发光，似乎是星星之火，运动给了生命延续的条件，它不停地旋转着，渐渐地留下了痕迹，这个痕迹的延续就是将来要诞生的贝壳。略懂几何的人们会发现，这些痕迹竟然构成了天体运动的轨迹。

　　常常到水塘边游玩使得我产生了很多深重的思想，可是天不遂人愿，人世间好多事并不是你想怎样就怎样，心里的想法最终只是水月镜花。我只能依靠工业文明的东西来满足我心里美好的构想，人工的水塘并不能真正实现某种类似于新陈代谢的东西，而人为建造的空间却始终不能超越自然的法则，它们还是自然而然地形成了适合自己生存的巢穴，生命就在这里诞生了。

　　阳春时节，紫色的英格兰山楂树鲜花盛开，夜莺时分蟋蟀陆续鸣叫，我的第二个愿望隐隐约约在我脑海里时时闪现。我恰巧在路上碰见了令我难以释怀的悲惨故事，一只死鼹鼠和一条被人打死的游蛇，它们的死因可想而知。

　　把尸体分解的过程依然约定俗成，忙碌的分解者在按部就班地将分解的物质转化成另外一种存在形式。而对这一切的观察成了我另一个久未实现的梦想。我要走了，虽然我不忍离去，但我

却不能在这里看惨死的鼹鼠以及它的分解者。这里并不适合我去讲大道理，我要离开这发臭的现场，如若不立即离去，过路的人们会怎样看待我的行为呢？

如果书本上的知识就在现场，我们会将关注点放在哪里呢？我们有无坚定而明确的立场？是可怜遇难者还是鄙视分解尸体的啃尸者？其实，我们并不需要从这个角度来思考问题，我们最应该关心生命从开始到结束这个短暂的过程，生命由微生物慢慢累积而来，可是宿命却是注定的。我们谁也逃脱不了被另一种物质分解的命运。到这里我的问题的答案也就有了。水塘里的扁卷螺明确地回答了我的第一个疑问，而可怜的鼹鼠也恰当地诠释了我的第二个疑问。总结起来，一切都是融化的过程，熄灭即开始，我们无须惺惺作态！让不了解生命的人们尽早离开不属于他们的空间吧。

我的第二个愿望已见端倪，我似乎找到了一个适合隐居的地方，这里很安静也没有人来打扰我，有一个独门小院，对像我这样的研究者来说再合适不过了。

但是像猫这样捣蛋的家伙还是让我很担心，它们游手好闲，要是被这些家伙发现我的研究场地，后果可想而知。被破坏掉成了最有可能发生的事情，我事先预料到了这一点，因此我着手建造了一个空中楼阁，只有那些专门用来制作腐烂物的昆虫才能飞到的地方。

具体的制作过程其实很简单，我把三根芦苇枝绑在一起，形成一个三脚架的形状，并将其布局在院子里不同的角落，支架的

高度大约有一人那么高，上面吊着一个装满沙子的罐子。为了在下雨的时候将多余的水排出，我在罐底钻了一个小洞。我把收集到的各类生物的尸体放在罐子里，当然条件允许的话，我会首选游蛇、蜥蜴、癞蛤蟆，原因是这些东西都有一个共同的特点，它们都是皮肤没有毛的，这样更容易看清入侵尸体的不速之客。时间长了罐子里的东西慢慢地多起来了，为了不让一些讨厌的家伙来访问我的作坊，我才用心良苦地把罐子吊得如此之高。但是嘲笑者还是来了，一只蚂蚁顺着芦苇秆爬了上来，真是贪婪的家伙啊！这只刚死的动物，并没有什么味道显示出其已死亡。但是猎食者却发现了它，如果胃口合适，它们就会在这附近定居下来直至将这个食物吃完为止。

蚂蚁在属于自己的季节是最忙碌的，它们会在第一时间发现死尸，并在死尸已确定没有任何可以啃的东西后再缓缓离去，这个到处觅食的蚂蚁在自己并不能看见的高处发现了这具死尸，可是它并不是最专业的分解死尸者，这就是蚂蚁嗅觉灵敏的缘故。当死尸真正开始发臭，专业部队就蜂拥而至，这里面包括：皮蠹、腐阎虫、扁尸甲、埋葬虫、苍蝇和隐翅虫。就是它们把死尸完全彻底地消化了。

这里面不得不提的就是比其他分解者更为高级的苍蝇，从苍蝇的活动习性上我们可以去观察研究苍蝇，我们不妨用绿蝇和麻蝇作为实验者。

绿蝇，大家熟知的双翅目昆虫。它的颜色很特别，而且光泽亮丽，和金匠花金龟、吉丁一样美丽。我常常感叹这么美丽的外衣却穿在了分解死尸的清洁工身上，是那么不相称。屡次来我作坊的三种绿蝇分别是叉叶绿蝇、食尸绿蝇、居佩绿蝇。叉叶和食尸绿蝇的颜色是金绿色，而居佩绿蝇的颜色是铜色。但是它们有一个共同点那就是它们眼睛的颜色都是红色，周边还有银边环绕。单论绿蝇的个头，食尸绿蝇是绿蝇中个头最大的，我无意中碰巧发现了处在生育期的它，它找的地方很温暖，然后把卵产在了羊的脊椎上。我似乎看见了它的红眼睛以及银白色发亮的面孔，我很容易就收集到了这些卵，一共约有 157 个，根据绿蝇的生产规律这只是它产下卵的一部分而已。如何得知绿蝇分次分批进行产卵呢？这个场景应该可以作为例证。一只鼹鼠已多日平躺在沙滩上，经常暴晒，它肚皮上出现了一个鼓胀的部位，我们知道，绿蝇及双翅昆虫都不会把卵产在裸露的表面，它们会选择比较阴暗的地方以避开暴晒对胚芽的破坏。那么死动物的皮是较好的栖息地，前提是得想办法进去。

仔细研究发现，进入皮的入口就是肚皮下的褶皱。它们在这里进行了生产建设，它们非常喜欢这个地方，也是因为这个地方的质量很高，不停地有出来的还有匆忙进去的，进出的过程显得井井有条。细心的你还会知道，这个排卵是一个系统的过程，有工作的时候以及休息的时候，但是总的来说要把握的就是生产的卵是否进入输卵管了，一旦进入了它们才会松懈下来。

为了更为细致地进行观察，我小心地将产卵的动物拿起，当

然不会影响到它的产卵活动。整个过程依然那么紧张有序，唯一的目的就是能将卵放在卵堆的深处。插曲自然会有，灵敏的蚂蚁还是会来捣乱，它们会来抢一些卵拿走，当然这并不影响到整体的产卵数量。绿蝇有理由不去阻止这种抢劫行为，因为它们的肚子里还有卵来弥补这些损失。当然存活下来的卵足可以保证绿蝇的延续。

　　在我的作坊的罐子里，有一条游蛇，它那弯曲身体以及爬行动物身上一圈圈的纹理成为产卵的最佳去处，这里一直有前来产卵的苍蝇。它们有时会奋不顾身，因为得拼命把腹部及输卵管往更深的地方塞。产卵的过程极为复杂，时而会有中断，但是速度还是可以保证的。三四个小时你就会发现这个密密麻麻的产卵地真的布满了一层卵。我用纸做的小铲子采集了一些白色的卵，把它们放在玻璃管里，然后补充一些必要的食物。快要孵出的形状呈圆柱形，此后 24 个小时我将会注意产出的这些东西。产出的幼虫是如何进食的，它们独特的吃法是否真的在吃？如果仅从吃的角度考虑，它们其实是有道理的。

　　对于那些头部稍大的幼虫来说，它们的身体造型更为有趣，身体的整体构造大致为长的锥形，具体说来就是头部很尖，头部以下较宽，尾部为截面状。如果稍微注意的话你会发现，它的尾部有棕红色的点，谓之气门。头部其实是它的肠道入口，里面有两条黑色的爪钩，可以伸缩，但是我们不能把它理解为大颚。因为它们的作用不同而且大颚的两个爪钩是不能碰在一起的。

　　我们把爪钩理解成咀嚼器官其实有失偏颇，它真正的作用是用来移动的，而反复地伸缩能够使其产生行走的动力。如果你细致地观察整个过程的话，你可以在显微镜下观察蛆虫的行走全过程。试验是这样的：我们把蛆虫放在一块肉上面观察，就会发现蛆虫的移动细节，它时而低头，时而抬头，还不停地用爪钩去碰触一下肉，从肉的数量并没有减少上我们也可以说它从未吞下用

爪钩带走的肉。

　　这就更奇怪了，既然蛆虫在一天一天地成长，而我们却没有发现它消费食物的过程，如果没有吃固体的食物，那么它就是消费了液体，或者把固体的东西液化了？

　　我们必须去研究蛆虫消费食物的过程。首先我们选用一块经过处理确已干燥的肉，把肉放在一个试管里，然后把从游蛇身上收集来的卵放在这块肉上面。另外选同样条件的另一块肉但是不需要放卵，以此作为参考。

　　试验的结果是非常惊人的，有蛆虫的这块肉已经变得非常湿润了，而且所有蛆虫经过的地方玻璃上都留下了很重的水汽，而那个参照试管的肉仍然是干燥的，可见凡是蛆虫运动经过的地方的肉变湿的缘故并非是肉本身而是来自蛆虫。随着蛆虫的运动，研究试管里的肉一点点全部融化了，完全变成了液体，这个液体的名字叫作李比希提取液。也许有研究者会认为是肉本身被氧化成为液体，但是答案是否定的，因为我们参照试管里的肉除了颜色和味道变了以外，并没有发现质的变化。因此蛆虫对肉的质地产生了化学反应，也许这个作用类似胃液的作用。

第八章

爱食腐的麻蝇

　　与绿蝇有着同样生活方式的另外一种昆虫，虽然它们的颜色并不相同，但都是以死尸为主要猎食对象，当然它也有将肉体进行液化的能力。它就是麻蝇。麻蝇整体颜色为灰色，身体比绿蝇稍大，背部的颜色为褐色，腹部有银光点。红色的眼睛似乎和它分解者的工作极为切合。

　　也有人把麻蝇叫食肉蝇或者肉灰蝇，但是那些在我们没有看管好的肉上下蛆的罪魁祸首却是肉蓝蝇，这种蝇的特点就是比较肥胖而且飞到玻璃上会嗡嗡作响。

　　麻蝇和绿蝇是比较多合作的伙伴。绿蝇是户外运动者，它从不会到家里来进行觅食。但是麻蝇却是比较胆大的，有时候如果在外面没有觅到食物，它就会来到住宅里进行自己的活动，一旦得逞，它们会迅速逃之夭夭。在我的露天实验室，麻蝇会来此进行活动，储物柜里的其他东西诸如大口瓶、茶杯、玻璃杯等容器都可能是它的目的地。

　　我有时会专门收集一些胡蜂幼虫来做试验。麻蝇悄然来临，发现了如此丰盛的午餐就立刻把家里的其他成员也都安排到这块肥差上面。我又掰了些煮熟的鸡蛋来分给绿蝇的幼虫，把剩下的另外一大部分放在了玻璃杯底部，这时麻蝇占据了这一部分，并在上面进行繁殖。这并不是喜新厌旧，而是只要有蛋白质的地方就会有麻蝇，因为蛋白质是最适合它的口味的。

　　但是它的最爱还是死尸，无论毛皮动物还是禽鸟，总之从爬行动物到鱼类都是它的猎食对象。它的忠实合作者绿蝇相伴在麻蝇左右，麻蝇的出勤率很高，它会经常来沙罐看游蛇是否已经成熟。来来去去、轻车熟路。但是我不打算在喧闹的环境里进行我的研究和观察，我的办公桌上放着一块便于我观察的肉块，来这里打野食的有食尸麻蝇和红尾粪麻蝇。食尸麻蝇的数量较多，力量占优势，这也是沙罐里很多工作由它们来做的缘故。

　　食尸麻蝇突然造访，自己也很小心，但是慢慢就会平静下来，它心里只有那块肉，而且一旦工作效率很高，只要将腹部对准肉嚓嚓两下，就完成此次任务。蛆虫就这样产生了，而且蛆虫也立即消失，再也找不见它们的踪迹了。它们难道一出生就会投入到劳动中吗？但是物质不可能凭空产生也不可能凭空消亡，麻蝇的去向成了我研究的重要内容。细心观察后你会发现麻蝇幼虫藏在肉的褶皱里，它们已经在行动了，数量大约有 12 只，它们就是在你不经意间产下的。

　　这里会有一些误解，我来做一些澄清。首先麻蝇产下的那些

幼虫原来不是我们通常所说的卵，这下就理解了，麻蝇不是生蛋的而是直接生出幼虫。也许是忙碌的缘故，它们根本来不及去生蛋而是代之以生幼虫。对于负责殡葬的它们来讲，时间是弥足珍贵的。而绿蝇的卵却要等到一天以后才能孵化出幼虫。麻蝇直接略去了这一环节，从降生开始它们就是一群独立的劳动者了。

这里劳动群组的成员不是很多，但是它们数量增加的可能性却很高。雷沃米尔对麻蝇的描写确实很到位：这是一条履带，履带上面有一层薄膜，膜里面裹着一个个幼虫，它们整整齐齐地排在一起，像一张羊皮。有位历史学家对麻蝇数量的统计给出的数据是两万只，一个令人瞠目结舌的数据。

麻蝇怎样组织自己的家庭呢，更为复杂的是它得一包一包地进行安置，这个过程很漫长也很细微，很多处都需要亲力亲为。

如果猎物数量足够多，它可能会多次光顾这里，并显示出较旺盛的精力。在繁殖的高峰季节，它会源源不断地把一包包幼虫安顿在各个地方，当然也会把肚子里的幼虫安顿好。如果这样的日子永不停歇，那么繁殖的次数和幼虫的数量将会是怎样的一个数字啊。

接下来让我们走进麻蝇蛆虫的世界吧。它和绿蝇蛆虫最大的区别就是它的体形较大而且尾部呈平切形，并有一个很深的槽状形构造，在槽的底部有它的呼吸系统，也就是气门。在气门的边缘有数条放射线状的月牙纹理，蛆虫利用对月牙纹理的收缩和放松来使气门关闭和打开，这样能达到保护的作用，使得一些黏性物质无法阻塞气门而引起窒息。而当蛆虫被整体淹没后，气门就会关闭，如同枯萎的花朵收缩在了一起，任何液体都进不来。

浮出水面的幼虫，首先露出来的是它的尾巴，当尾部完全离开水面这时气门又会重新打开，像一朵盛开的花朵，这花朵中间有红色的花蕊和白色的花瓣。所有的蛆虫齐刷刷地将头伸进恶臭的液体里，形成了一个白色的地毯，看着这些类似帽子的东西，一开一闭，发出轻微的噗噗声，这时人们不会去注意那些令人作呕的恶臭，而代之以欣赏这自然的动态之美。蛆虫也是美丽的。

一切存在都有其内部的合理性及逻辑性。为了不至于在工作的时候被淹死，这些蛆虫会采取极为严密而且有效的防护手段，它们的主要活动地也就是水泽地多的地方。它们尾部的气门虽然看起来很好看，一张一弛，但是好看并不是最终的目的。我又得以麻蝇为例,麻蝇身上的放射线纹理机械地活动也在暗示观察者,它们从事的是高危行业,也就是开发死尸也存在会被淹死的危险。让我们回顾一下绿蝇蛆虫通过熟蛋白养活自己的事情吧。虽然食物是合口味的,但是在化学液体的作用下这些食物会慢慢地变得很稀,以至于把幼虫也淹死在固体食物转化的液体里了。自身的原因导致这样的事情发生即它们的尾部和水面齐平,没有相关的防护措施,当它们沉浸在液体里而没有依托的话,丧生的事就会屡见不鲜了。

麻蝇蛆虫自身拥有天然的避险优势,这使得它们从没有在液体中面临被淹死的可能,纵使在沼泽地里。它凸起的尾部使得气门浮在水上,如果需要到深水的地方,它那类似花瓣的器官就自动关闭,防止气门进水而溺死。

为了便于更好地进行研究,我找了一些麻蝇蛆虫放在一个干净的硬纸板上面。到纸板上面它们异常活跃,气门也随之打开了。气门整体的运动使得身体能够保持基本的支撑。硬纸板就放在距离窗子大概一米远的位置,虽然光线比较暗,但是蛆虫却没有停歇的意思,它们全部涌向光线照不见的地方。它们其实能找到自己要去的方向,如果你把纸片朝向窗户的方向掉过来,它们立刻会做出反应,经过简单的判断它们还是会奔向没有光线的地方,丝毫不会因为你掉转方向而失去判断去向的能力。

在这么有限的空间里它们固执地做出自己的判断,如果我们扩大活动的范围,会是怎样的结果呢?我把它们全部放在地板上

面，为了对个体进行独立的判断，我用镊子将它们逃窜的方向改变，可是不管怎样改变，它们始终会选择自己的道路，我对此很无奈，但同时也感叹蛆虫的自然属性是多么伟大。它们在逃避有限的光线恨不得再也不要见到这该死的光线。我做了这么个有趣的实验，我用一个遮阳板挡住窗户射进来的光线，这时候不管你掉转纸板的方向还是用镊子改变它们活动的方向，它们会顺着这条路走下去，除非你让光线进来，它们立马会向没有光线的方向奔去。

对于蛆虫的生活环境和生活习性我们都有所了解，它们长期生活在阴暗潮湿的地方，逃避光线自然是顺理成章的事情，通过前面的实验我们发现它们居然会对光那么敏感。那么它们的感光器官在哪里呢？蛆虫如果有头部或者它那个可以称作头部的地方自然不会有类似于感光器官的东西，那么它那细滑的皮肤光秃秃、滑溜溜的也不会有感光的部位。

没有任何神经媒介来引导它们对光做出极其敏感的阻止，但是它们却异常地对光有如此之大的反应，即使在昏暗的光线下它们也能表现出焦躁和不安，就是人类这么粗糙的皮肤也能体会到光线变化对人身体的直接影响。

对光线异常的反应使得它们看见光就选择逃避，这其中是否有我们需要探寻的科学依据？也许是光线里的化学辐射使得它们无法忍受，或者是光线里的某种射线或者离子刺激了它们。最好用精密的光学仪器来进行研究，也许会得到这方面有利的科学依

据，我个人对此事抱着浓厚的兴趣，但是现实是没有足够多的资金来支持这项工作。现在没有人支持，我不奢望到将来会有人从事这项工作，但是我的信念使我绝不放弃对这项工作的研究。

幼虫只有钻进土里才能得到安全，在土里它们会变成蛹。当然钻进土里的另外一个原因就是避开可恶的光线，还有就是所有的蛆虫它们都喜欢离开群体生活，孤独地散处一方，也许是避开尘嚣吧。

它们会选择土质相对疏松的地方往下钻，通常钻的深度不会超过10厘米，因为苍蝇相对纤细柔弱的翅膀会给破土带来一定的困难。当然这是一个蜕化的过程，在变成成虫后它们会成为真正的苍蝇。在相对合适的土层深度的时候，它们找到了安乐园和栖息地，因为这里足够黑暗、足够安全。但是如果我们改变土层的厚度是不是会使得蛆虫无法得到安全和宁静？下面我将通过一个实验来做一个猜想。我用一个长约100厘米、宽2.5厘米的玻璃管，一头用软木塞塞住，里面装满用筛子筛过的细沙，然后把食肉长大的麻蝇蛆虫放进去，竖着挂起来。另外，按照上面的做法用一个张开大拇指和中指（或小指）两端的距离宽的大口的玻璃瓶，同样在里面填满细沙放进蛆虫，下面我们将要做的就是静候观察。

我们先看大口瓶里的结果：大口瓶里的麻蝇蛆虫钻进土里的状态和我在野外观察得到的结果是一样的。它们完全找到了栖息地，上面以及四周都有厚厚的土层保护，这使得它们不再焦躁不

安，相反它们得到了宁静。但是玻璃管里的情形似乎不是那么好，它们使劲地往下钻，钻的深度其实早已经超过了它们自身的承受能力，它们有的甚至钻到了最底部软木塞的地方。是什么东西使得它们如此不安，以至于想通过如此厚的土层来找到安宁呢？答案是逃避。但是它们逃避的到底是什么呢？光线，显然不尽然。因为即使一厘米厚的土层也是完全不透光的。所以光并不是唯一的原因，还有其他的射线使得它们十分不安，以至于想通过逃遁来找到自我的安宁。这只是一个猜测，因为我没有条件做专业的实验来得出结论。

当然这是实验造成的结果，麻蝇蛆虫其实并不需要钻得那么深，其实它们知道自己钻得太深就不好破土了。破土是一件浩瀚复杂的工程，要克服种种困难才能得到解脱，不光是不断地挖和不断地塌陷，只有通过艰苦卓绝的不使用工具的艰辛劳动才能获得自由。蛆虫在往下钻的时候依靠的是它的爪钩，而破土时它却没有任何可以依靠的工具，我们知道麻蝇是双翅目昆虫，它只有柔弱的身体，它是怎样破土的呢？通过观察试管里麻蝇蛆虫破土的方法我们可以推理出其他蝇类是如何破土的，这就是相似相容原理。当然柔弱并不代表无力，蛆虫的眼部有两个鼓鼓的包，正是这个鼓包使得它的头部迅速增大两三倍，这股能量能使得蛹壳破裂。当然这个是抖动的过程，交替不断地运动使压力逐渐松动。

最终头部首先钻了出来，如果不仔细观察你会发现这时的蛆

虫身体似乎是不动的,只有它头部的包在一直鼓着并不断运动着,它的目的就是要脱去裹着蛹的那层外衣,鼓胀的最后就是让麻蝇的眼睛诞生,鼓包的压力最终打开了蛹壳。

在破壳之后,它的气囊还是没有瘪下来而是一直鼓着,通过研究我发现,气囊的作用原来那样大。气囊对昆虫自身来讲其实是一个储物袋,昆虫为了更好地分娩以及脱掉蛹壳外衣会尽力减少身体的体积,这样在分娩的过程中它会把大量的血送到气囊里,这就是气囊鼓胀的原因所在,当然整个过程极为艰难和耗时。

这就是麻蝇蛆虫破壳的基本过程,也是蝇类摆脱蛹壳的过程。麻蝇幼虫发育不完整的翅膀差一点就够不着腹部,这时的翅膀是柔弱的,在破壳后它的翅膀极为柔弱经不起任何摩擦,幸亏它的翅膀外侧有一条深深的缺口,整个缺口自然会减少外

力对麻蝇幼虫幼小翅膀的摩擦。

　　循环往复地使用它头部的鼓包，是它们摆脱泥土的主要方法，鼓包的一鼓一瘪会顶起沙土往下滑，当然这个过程需要它的腿做辅助运动，它需要做的就是尽量把腿绷紧，使得上面运动后能在身体下面产生由此带来的空间，这样泥土自然会滑到脚下。然后它需要踩住脚下的泥土以使自己的身体往上前进一步，头部前进的距离就会产生泥土从而填进后面的空隙。当然破土过程的长短还取决于沙土的干燥程度及是否易流动。如果遇见较干燥和流动性好的沙土地，那么整个破土的过程会缩短很多，大概用一刻钟就会使身体向上推进1.5分米。

　　破土后的苍蝇满身都是沙子和泥土，它们会立即抖掉身上的沙土，鼓起前额以使前足的跗节能将鼓包里面刷干净，在关闭整个特殊的装置以前它必须确认里面是没有杂物的。当然关闭以后它的额头就会永不开裂，它们很仔细地一遍一遍刷着，到最后刷得异常干净才会收起整个装置。这时候它们也似乎长大了，翅膀外的缺口也没有了，翅膀大了也硬了。此时，它们会像举行仪式一样地站在沙土上面一动不动，这是成年后苍蝇第一次真正享受自由来临前的快乐。

第九章

昆虫心理学

　　我年轻的时候，人们在四分钱的书里教导我们，人是一种有理性的动物；而后来，人们通过学术著作向我们证明，人的理智是架在最低级动物性上面的梯子，那梯子一个叠着一个。这种传递没有断裂，一个连着一个，从最低的到最高的。理智在细胞的蛋白质中是从零开始，一直增加到聪明至牛顿的那种程度。令人类如此自豪的官能是所有动物的财富，从生命的原子到巨大的类人猿，都拥有理性。

　　在我看来，这种说法不过是像为了开辟平原而把山峰人为地削平，再把山谷填满一样。没有的事情被说得像有一样就是拜这种平均主义理论所赐。我企图找到一些证据来证明，这种把万物拉起的说法。但是这种证据书中不会有，靠不住的证据也不能用，为了找到可靠的物证，我再一次亲自观察和实验。

　　通过这40年不间断的与昆虫打交道，我终于对它们有所了解。为了说话能够有把握，每件事情我都去咨询天赋最好的膜翅

目昆虫。那些最有才能的昆虫在哪里？让那些质疑我的人去跟昆虫请教好了。自然界也知道在创造万物的时候，要让最小个的拥有最多的才艺。如鸟这么好的建筑师，它所建造的房屋也比不上石蜂的巢穴。蜂窝是多么高超的几何学作品啊！就连人类也忍不住把它看作竞争对手。我们建造城市，这拥有一对小翅膀的昆虫也建造小城；我们可以用仆人，它们也有；我们圈养牲畜，它们圈养蚜虫；我们喂养家畜，它们也饲养制糖动物。

这么优秀又得天独厚的昆虫，它会思考吗？读者请不要笑，这着实是值得我们深思的问题。对我们冥思苦想的问题进行提问就是观察昆虫。我们是什么？我们打哪里来？膜翅目昆虫的

脑袋是怎么回事？它们的构造跟我们相同吗？它们也有思想吗？如果我们能够解决这个问题，那将是多么有趣。如果我们将这些内容写下来，又将是多么重要的学术资料啊。但一旦开始研究，总是会发现许多难以解决的奥秘。既然我们连自己都无法了解，又怎么能够去研究别的生物呢？只要我能有一点点发现，就很满足了。

哲学上给我们许多什么是理智的学术性定义。我们还是谦虚些，只谈论动物就好了。理智是把因果相联系，使行为符合必然性，从而指导行为的能力。这样限定过之后，动物能够思考吗？它们能把自己的动机和行为结合在一起吗？面对事故，它们能够更正自己的行为吗？

前人没有留下什么相关的研究成果，就算有零星散落于文献中的资料，也基本经不起严格的检查。我最重视的一份资料是伊拉斯谟·达尔文在《动物志》中提到的。他的对象是胡蜂，它刚捉到一只苍蝇。当时在刮风，由于猎物太大，胡蜂飞起来都很吃力。于是它停在地上切断猎物的肚子、头，然后是翅膀，最后只带着胸部飞走，这样风的阻力就不大了。如果单看这样的材料，我完全相信胡蜂是有理智的动物。因为猎物与空气接触的面积太大，飞行受到了阻力，所以减少面积，去掉头、腹部，尤其是翅膀，这样阻力就会变小。多么有逻辑性的推理！

但是这种简单又连贯的思想真的是昆虫的智力所产生的吗？我不相信。我的证据是没有漏洞的。在第一卷中我曾经通过

实验证明了达尔文的胡蜂只是服从了它惯有的智力，把猎物切块，并且留下最有营养的胸部。无论有没有风，无论在什么样的地方，它总是把干瘪的和美味的食物进行筛选，只留下最美味的胸部给幼虫做肉酱吃。那么，刮风只是一个特殊条件。就算不刮风，它也会这样做的。达尔文匆忙地做出了结论，这件事产自于他的脑袋而不是事实。如果他曾经了解胡蜂的习性，那他就不会把这个现象与动物理智的大问题结合起来，还拿来当成非常严肃的证据。我这样说只是为了指出一个人只精心于偶然观察到的例子，哪怕是再仔细，也会遇到巨大的困难。我们都不应当对这一次的证据存在侥幸心理，而应该反复观察，并将结果相互核对。这是提出结论的必要条件。

我找不到这样严格收集来的资料，所以虽然我很想有别人留下来的资料，我还是得自己去寻找。我的石蜂把窝挂在门廊的墙壁上，这样与其他膜翅目昆虫比起来就更便于我利用它们来做一系列实验。我整天都可以在我家看到它们，有什么比这个更方便的吗？我随时都可以关注它们的一举一动，无论这个实验要延续多长时间我都能进行到底。况且它们还有那么庞大的数量，足够我用来观察，直到取得的物证无懈可击为止。

在开始实验之前，我得先介绍一下这个复杂的建筑。棚檐石蜂先是用土块做旧过道，并慷慨地将一部分过道让给两种壁蜂——三叉壁蜂和拉氏壁蜂。这些过道虽然旧，却省去了壁蜂的麻烦，因而很受欢迎。可是里面的空间不够两种蜂种瓜分的。恰

恰壁蜂比石蜂成熟得早，很快就成为大部分蜂窝的主人，所以不久石蜂就得建造新房屋。蜂房不是一次建成的，而是石蜂交替涂上灰浆和储存蜂蜜，经年累月加厚的。蜂窝最早像个燕子窝，两个小碗似的叠在旧蜂房的墙壁上。

小碗做好了，就可以开始储存蜂蜜了。石蜂停运石浆，而改运蜂蜜。送了几趟之后，石蜂又开始把那小碗的边加高。它来回更换着工种，由泥瓦匠变成采蜜员，过一会儿又变回来。这样来回多次，直到蜂房高到可以存储足够的蜂蜜供蜜蜂食用。在干旱的小路上采集水泥，把水泥搅拌好，到花丛中让蜜囊装满蜂蜜，让肚子粘满花粉，建造每个蜂房，石蜂都要在这样的路途上多次往返。

产卵的时候终于到了。我看到石蜂带着一团灰浆飞来。它看了蜂房一眼，检查一切是否就绪；它把肚子伸进蜂房产下卵后，立即用水泥团将洞口封闭，材料非常齐备。洞口一下子就给封上了。现在要做的就是用新的泥浆来加固封盖，跟马上把洞口封起来相比，这个工作并不急。看来最重要的工作就是在产卵之后把洞口封起来，以免母亲不在时有不怀好意的人来造访。这也就是石蜂产卵后就把洞穴封起来的重要理由。设想一下，如果它在产卵后才去寻找封洞口的泥浆，也许会有盗贼来用自己的卵代替石蜂的卵。石蜂是那么谨慎，以至于卵宝宝一会儿都不能暴露在贪婪的小偷面前。

只要是情况正常，为了达到某种目的，小虫子们的行为总是

提前就策划好的。比如说，捕食性膜翅目昆虫为了向幼虫们提供保险的食物，还要安全地享用，就得让猎物麻痹。这是多么符合逻辑的行为啊。这么合理的办法，我看人类也无法想出第二个。但是虫子们这么做并不是出于理智，动物根本不理解活体解剖，我想谁都不会反对这个说法。因此，昆虫只要是出于本能，就能做出最理智的行为，但是我们一定不能认为这就是它们拥有理智的证据。

如果情况不同了它们又会怎么样呢？首先我们得把两种情况区分开来。第一种情况是，当昆虫正在进行某种工作时，事故发生了，它就会开始补救事故，然后用类似的方式把原来的工作进行下去。可以看出它仍然处于当时的心理状态下。第二种情况是，昆虫已经开始了另一样工作，然而事故与它之前从事的工作有关，这时它就不得不恢复到原先的心理状态中去，先进行补救工作，然后把工作继续下去。昆虫能这样做吗？能放下手头的工作去干别的吗？它能意识到那个事故才是比当下的工作更迫切的事情吗？如果能有证据证明这一点，才是昆虫比较有理智的证据。

以下是第一种情况下的几件事情。

一只石蜂刚刚砌好蜂房盖子的第一层，出去寻找另一些泥灰来加固盖子。我趁它不在，用一根针穿过这个盖子，戳了一个有洞口一半大的缺口。石蜂回来之后，就把这个缺口完全补好了。第二种情况是，泥蜂正在砌房子，它才砌了几层，房子里还没有放蜂蜜。我就在碗底戳了一个大洞，泥蜂连忙把这个洞补好了。

它自然地转身把洞补上就继续自己的工作了。第三只石蜂，已经产了卵并且封好蜂房。趁它外出寻找泥灰来把门牢牢封死的时候，我在靠近盖子的地方挖了个大缺口，缺口开得高高的，保证蜜不会流出来。过一会儿，石蜂带着灰浆来了，这灰浆不是用来封盖的，可是当它发觉盖子上有个缺口就把这个缺口补得好好的。这实在是很了不起，有这么强识别力的昆虫实在是很少见。不过我们先不要滥加表扬，石蜂回来的时候看到门上有条裂缝，就觉得自己没有封好，所以继续把它封好了。这也只能算是在完成它目前的工作而已。

我从大量的相似事例中提取出这三个相似的例子，从中我们可以得出这样的结论：昆虫是可以应对偶然事件的，只要这件事仍在它的工作范围之内。昆虫一直维持着完成工作的心情，对于已经开头的事情它是非完成不可的。我们不能断定这就是理智，那种对偶然事件的应对充其量不过是对不够好的地方加以完善。

如果我们认为昆虫的这种行为是出于理智，那接下来的这件事情就会彻底改变人们的评价。第一种情况是蜂房的小碗不深但是已经盛放了许多蜂蜜，蜜的主人又外出采蜜。我在碗底戳了个洞，蜜流了出来。另一种情形是，蜂房已经基本建好了，里面存放着大量的蜂蜜，我也在蜂巢的底部戳了个洞，让蜜都流下来。根据前几个实验，读者也许会认为石蜂会马上修补这个巨大的漏洞——这可是关系到幼虫生命的大事故！然而石蜂多次往来奔波，有时运蜜，有时运石浆，没有一只石蜂去顾及那个致命的大漏洞。每个人都各司其职，仿佛什么事情都没有发生一样。当戳了洞的房间已经盖得足够高，并且存放了足够多的食物时，石蜂就把卵产进去，封上房门，接着去建造新的蜂房了，没有对漏蜜的现象采取丝毫的措施。过了两三天，这些蜂房里的蜜完全流完了，在巢的表面上留下了长长的痕迹。

这又是因为什么呢？是智力不够还是能力不够呢？难道是石蜂们准备的灰浆不能完全凝固被蜜糊住的边缘，流下来的蜜使水

泥没法再发挥效用吗？石蜂们感到无能为力，所以就不再顾及？但现在我仍然不能给出结论，必须再证明一下。我用镊子把一只石蜂的灰浆团偷走，把它贴在流着蜜的洞口。我成功了！虽然我的手法笨拙，不能与泥瓦匠相媲美，但是我能做到这分上，已经很不错了。我用抹刀涂上的灰浆粘在开膛破肚的墙壁上，灰逐渐变硬，蜜不再流了。如果是石蜂来完成这项工作，它会完成得多么出色呢！所以说，石蜂不是因为无能为力才不做，而是因为它不愿意做。马上就有人反对说，蜂蜜淌出来是因为蜂房被戳了个洞，为了防止蜜继续流，就得把洞口堵住。这样的思想对石蜂来说太精深了，毕竟它的脑袋才那么小一点点。这个洞被流淌的蜜遮住了，昆虫怎么能发现呢？

我曾见过这样的例子，在一个没有储存蜂蜜的蜂房底部戳一个宽三四毫米的洞，过不多久，就会有石蜂来把它堵住。一旦洞补好了，石蜂就会开始储存粮食。我再次在同一个地方戳了个洞，当石蜂把它第一次带回来的花粉放在蜂房里，花粉从洞口漏了出来。这样的事故被石蜂发现了，它把脑袋伸进去看它刚存储的蜜怎么样的时候，它用触角打探这个人造的洞，拍打、探测，它一定发现这个洞了。我甚至看到它的触角在洞外颤动着。过一会儿它飞走了，我猜想它是否会带灰浆回来修补破洞呢？

根本不是。它带着蜂蜜回来了，它吐出蜜，刷下花粉，然后搅拌。蜜浆黏糊糊的，可以堵住缺口而不至于流下来。我用纸把堵住的洞口扒开，洞再次漏出来，一眼可以望见里面。只要石蜂

运来的食物堵住了洞口，我都会将它们清扫干净。有时是当着石蜂的面，有时是在它不在时，我就这样肆无忌惮地扫荡着仓库，使蜂巢底部的缺口一直敞开着。尽管石蜂将这一切尽收眼底，可是它一直在积极做着自己眼前的活，不知道给这个达纳伊特的酒桶上塞一个塞子。它固执地要将戳了洞的容器装满，即使粮食刚放进去就不见了。它把这间小房子不断加高，不断地送来粮食，可是我就是不停地弄个洞出来让蜂蜜流走。我眼见它来回 32 次之多，有时来送蜂蜜，有时来送泥浆，就是不知道要把房间底部的漏洞堵住。

傍晚五点，石蜂停下了手头的工作，第二天继续。这一次我没有再继续搞破坏，而是放任蜜浆慢慢流。最后石蜂产好卵，封好门，没有针对这个灾难性的洞口采取任何措施。一团泥浆就是一个良好的塞子，当这个小房间里什么都没装的时候，它立即就把我戳出来的洞补上了。为什么一装上东西就不会补了呢？这就说明，石蜂不会倒退到原来进行的工作中去。在第一个缺口出现时，石蜂恰好在建造蜂房，当时它所从事的工作与我搞的破坏有直接关系。一个小洞只是建筑中的一个缺点，在新造的房屋中经常会出现这种现象，所以石蜂改正这个缺点不过是在完善自己的工作。

但是当石蜂开始储备粮食时，建造房间的工作已经收工了。不管再出现什么问题，石蜂都不会再操心了。采蜜工作需要继续采蜜，就算花粉从洞口流到了地上。把缺口堵住，需要再变回泥

瓦工，石蜂做不到这点，一旦它开始采蜜就不能再重新去收集泥浆。当采蜜工作暂停时，它会再去衔来泥浆，将建筑物再堆高一层。就算这时石蜂需要再去掺和水泥，它也不会去管底部的泄露了。现在它操心的是正在建造的这层房屋。只有这层房屋出了问题，它才会去修补。但是底部的问题，就算是很严重的问题，那也是过去的事情了，这只石蜂不会再去理睬它了。

不但这个小洞是如此，目前的楼层和以后马上要建起来的楼层都是一样的待遇。那就是只有正在建设中的楼层才会受到石蜂的严密监督，一旦建好，就难以避免被遗忘的命运。下面是我的另一个例子。在一栋已经建好的蜂房上，我在蜜浆的中间开了个大洞。石蜂搬了一会儿泥浆，就开始产卵。通过这个洞，我看到石蜂把卵产在蜜浆上，然后十分仔细地盖上了盖子。盖子上的每一个隙缝都被它精心地盖起来了，唯独我戳开的大洞一直大大地敞开着。它甚至多次回到这个缺口处，把头伸进去检查，就是没想过要用泥浆把这个洞补起来。破的蜂房就是破的蜂房，谁让那是以前被破坏的呢，它是不会理会的。

这些例子已经足够说明，昆虫对偶然事件是无能为力的，仅仅是心理上的无能为力。这一论断在实验中已经被反复证明过了。只有反复实验才是完善一切实验不可缺少的条件。但是仅仅反复实验还是不够的，我还得用不同方式来测试。现在我会通过另一种角度来检查昆虫的智力。一切膜翅目昆虫都是爱清洁的，石蜂也不例外，它们不会容许自己的蜜罐有脏东西的。然而这个容器

是敞开的，经常会有脏东西掉入宝贵的蜜中。比如上层蜂房的女工会把灰浆掉到下层蜂房；蜂王会在扩大蜜罐时把小块的水泥掉入蜜中；苍蝇会被蜂蜜的味道吸引钻入蜜里；蜂房里的小石蜂们也会经常为地盘争吵，而使蜂蜜上撒上灰尘。所以它们知道如何把异物从蜂房里清除，而且十分擅长。

为此，我在蜂房里放入了一个异物——五六根一毫米长的麦秸屑，而且是放在石蜂们最宝贵的蜂蜜上。当石蜂看到这些垃圾的时候，感到很惊讶——它的仓库可是从来没有这么脏过。石蜂把麦秸屑一根根拖走，每根都被它扔得远远的。这可比清扫场地难处理多了。我看到它从旁边的一棵有十多米高的梧桐树上飞过，把那个讨厌的麦秸屑扔掉。它不能直接把它扔到自己的窝下面，否则那里会被碎屑填满。

我又把石蜂在我眼前产下来的一颗卵，放在另一个蜂房的蜜浆上。石蜂就把这颗卵像刚才的麦秸屑一样扔掉了。这至少能说明两个问题，第一，石蜂只顾惜自己的卵，如果卵是别人的，那么大可以扔掉。石蜂对自己的家庭那么热爱，却对同族的其他成员那么残忍、冷漠。第二，我在想，寄生虫是如何将自己的卵混在石蜂的卵里，让它们的幼虫享有一样的食物的呢？对这个问题，我真是束手无策。如果寄生虫是把自己的卵产在蜜浆上，那么石蜂就会把这些卵扔掉。可是如果要等石蜂生完卵再把自己的卵混进去的话，根本一点门都没有，石蜂一产完卵就会马上把门堵起来。真是没辙了，还是让其他人来解决这个问题吧。

　　最后，我把一根两三分米长的麦秸插入蜜浆，麦秸大大超过了蜂房的高度。石蜂费了很大的力气，才把粘着蜜的麦秸扔掉。我等到它即将产卵时，前脚支在石井栏上，肚子伸到蜂房里，产完卵后，刚要封门，我就把这位母亲拨到一边去。紧接着把麦秸插上去，大概有一分米长的一根麦秸管。这时石蜂会怎么做呢？它要是想让蜂房里一尘不染，就得把这根麦秸拔掉，否则麦秸会毁了幼虫的。我刚看到它扔掉了一根比这根长两三倍的麦秸，我想这不会是它的能力问题。它明明可以做到却没有做。它飞来飞去许多次把蜂房密封起来，麦秸被它裹在灰浆里，并且被大量的水泥加固了。它没有理会这根麦秸。这样我接连实验了 8 次，每次都能看到完工的蜂房上突兀地树立着一根麦秸。这不就是石蜂

智力愚钝的证据吗？

　　我还注意到，在我第二次插入麦秸时，因为石蜂的大颚上衔着东西，挖掘的工具不能使用。我猜石蜂会为了拔掉这个麦秸而放弃自己的灰浆。石蜂要把这些灰浆收集起来不过需要三四分钟。若是收集花粉的话，就得用十几分钟。把灰浆扔掉，把麦秸拔掉，再去准备水泥，顶多就用五分钟而已。可是石蜂却没有这样。如果它不用灰浆把房间门封起来，幼虫们可能就会死掉。当盖子封起来之后再去拔麦秸，盖子就可能掉下来跌碎。石蜂显然不想这样，它只能继续运水泥来，把盖子加固。也许石蜂有第二种选择，就是把灰浆放在蜂房的护栏上，腾出大颚去拔麦秸，然后立刻拿起灰浆来封门。可是石蜂没有这样做，它的灰浆拿来就要用掉。

　　如果有人在石蜂这样的行为上看出它拥有理性，那他真是有一双比其他人都更敏锐的眼睛。我只是感觉到，昆虫对自己已经开始的行为，就必须一口气做下去。大颚咬着灰浆团，只要灰浆没用上，大颚就不会松开。好像齿轮机械已经开始咬合，其他的齿轮就不得不跟着转起来一样。更荒谬的是，只要封门的工程开始了，就必须把它完成，哪怕要使用许多新采来的灰浆。它精心加固毫无用处的门，却对影响幼虫生存的麦秸毫不在意。这哪里是指引昆虫的理性之光？

　　还有一个更能说服人的例子。堆积在蜂房的蜂蜜是根据未来幼虫的需要准备的。那石蜂怎么会知道存储的蜜已经够了呢？原来蜂房的容积几乎都一样，装蜜的只占三分之二，还有一大片空间被留下来。石蜂要根据蜜浆的高度来估计里面食物的数量。但是光凭视力是不够的。如果是我，就需要一个探测器，但是石蜂没有这种东西。它们根据空余部分就知道装了多少蜜。这是一种近似于几何学家的精确的眼力吧。如果它是靠欧几里得原理来指引自己，那就实在是了不起了。这个例子也就证明了石蜂具有微弱的理性。

当五个蜂房都已经储存好食物，我用镊子夹着棉花球把里面的蜜掏空。石蜂再运来新的食物，我再把蜜刮掉。有时候是完全刮空，有时候是留下薄薄的一层。虽然那些石蜂都看到了我的抢劫行径，但它们还是继续工作。就算是看到了粘在上面的棉花丝，也就是把它拿掉，再把它像往常一样扔到远处。最后，石蜂产好卵，把蜂房的门封上。等我把五个封好的门打开，第一个，卵产在三毫米的蜜上；有两个，蜜厚度有一毫米；另外两个，卵下面就完全没有蜜，这都是因为我用粘蜜的棉花给墙壁涂了一层清漆。

实验的结果是明显的：昆虫是不会根据蜜层的高度来判断蜜的数量的。它根本就没有进行任何推理，只是内心有一种力量推动它去采蜜，直到把粮食完全准备好。直到它的这种推动力得到了满足，它就会停止劳动，压根不管中间有没有摧毁它劳动价值的破坏性活动。没有什么感觉提醒它蜜的数量多少。本能的秉性是它唯一的向导。在大多数情况下，本能是可靠的，但是一旦遇

到偶发状况，石蜂们就晕头转向了。

　　在另一个方面，本能也有本能的好处，它没有让昆虫自己决定自己要做什么，至少避免了昆虫犯错误。每一位母亲为了不犯错，都必须具备特殊的秉性。就是这种本能，在它的心里树立了标准。

写给孩子的**昆虫记**